高等教育系列教材

计算机应用基础

马希荣　主　编

林　东　副主编

電子工業出版社

Publishing House of Electronics Industry

北京 • BEIJING

内 容 简 介

本书根据成人高等教育非计算机专业本科学生的培养目标编写，强调实用性及对学生计算机素养的培养。全书共分为3大部分，第1部分为程序设计基础，以C语言作为编程语言，介绍了程序设计思想和使用C语言进行程序设计的方法；第2部分为数据库技术及应用，介绍了Access 2003数据库管理系统的使用和解决实际问题的方法；第3部分为图像处理技术及应用，介绍了利用Photoshop图像设计与制作工具软件进行图像处理的方法和技巧。

本书既可作为成人高等教育各专业本科学生计算机课程的教材，也可作为初学者学习计算机相关知识的参考书。

图书在版编目（CIP）数据

计算机应用基础 / 马希荣主编. —北京：电子工业出版社，2013.12
高等教育系列教材
ISBN 978-7-121-22006-7

Ⅰ.①计… Ⅱ.①马… Ⅲ.①电子计算机－成人高等教育－教材 Ⅳ.①TP3

中国版本图书馆CIP数据核字（2013）第281689号

策划编辑：施玉新
责任编辑：周宏敏
印　　刷：北京虎彩文化传播有限公司
装　　订：北京虎彩文化传播有限公司
出版发行：电子工业出版社
　　　　　北京市海淀区万寿路173信箱　邮编 100036
开　　本：787×1 092　1/16　印张：15.75　字数：488千字
版　　次：2013年12月第1版
印　　次：2020年10月第3次印刷
定　　价：33.00元

凡所购买电子工业出版社图书有缺损问题，请向购买书店调换。若书店售缺，请与本社发行部联系，联系及邮购电话：（010）88254888，88258888。

质量投诉请发邮件至 zlts@phei.com.cn，盗版侵权举报请发邮件至 dbqq@phei.com.cn。

本书咨询联系方式：（010）88254598，syx@phei.com.cn。

前　言

计算机技术作为当今世界发展最快、应用最为广泛的科技领域，其应用已渗透到人们工作、生活的方方面面，并发挥着越来越重要的作用；计算机知识的掌握和应用能力已经成为从事各种职业的人们不可或缺的基本知识和能力；操作、使用计算机已经成为社会各行各业劳动者必备的工作技能。

各类高等院校的各个专业都已开设计算机应用基础课程，并将其作为必修课。由于成人高等学校与普通高校相比有其自身的特点，学生大多来自企业中的生产第一线，并在一定程度上接触、使用过计算机，因此成人高等学校对学生的培养目标更强调实践和动手能力，其教学应有自己的特点和要求。

天津市教育委员会为了加强、规范成人高等学校计算机应用基础课程的教学，经有关专家论证，组织各方面的专家、教师根据对学生的培养目标和要求编写了本教程。

本教材强调实用性及对学生计算机实践能力的培养，教材取材合理，深度适当，体现了“与时俱进”的思想；注重理论联系实际，突出技能训练；教材图文并茂，编排层次清晰，结构严谨。全书共分为 3 大部分，第 1 部分为程序设计基础，含 9 章内容，以 C 语言作为编程语言，介绍了程序设计思想和使用 C 语言进行程序设计的方法；第 2 部分为数据库技术及应用，含 6 章的内容，介绍了 Access 2003 数据库管理系统的使用和解决实际问题的方法；第 3 部分为图像处理技术及应用，含 5 章的内容，介绍了利用 Photoshop 图像设计与制作工具软件进行图像处理的方法和技巧。

其中，第 1 部分由马希荣、于美娟负责编写，第 2 部分由孙锋、孙德兵负责编写，第 3 部分由王嵘、梁景莲负责编写，本书由马希荣教授担任主编，林东担任副主编。

在本书编写过程中得到了天津市教育委员会成人教育处相关领导的大力帮助，南开大学的齐金芬，天津大学的黄健、高玉鹏、王雅娜，天津理工大学的邵云虹，天津工业大学的于俊乐，天津科技大学的李晶，天津商业大学的冯报祥、高育奇等老师对本书编写给予了具体指导，并提出了很多宝贵意见，李静、张海涛、夏云龙、花季伟、黄新、赵子平、杨威克、许力、于宝海、刘亮、武立雅等老师也为本书的编写做了大量的工作，在此一并表示感谢。

由于编者水平所限，书中难免存在错误及不妥之处，恳请广大读者不吝指正。

编　者

2013 年 09 月

目　　录

第1部分　程序设计基础

第 1 章　C 语言基础

C 语言是 20 世纪 70 年代初由美国贝尔（Bell）实验室的 Dennis M. Ritchie（里奇）为了开发 UNIX 操作系统而设计的一种程序设计语言，正式发表于 1978 年。它是在一种称为 B 语言的基础上进行重新设计的语言，由于是 B 语言的后继，故称为 C 语言。随着 UNIX 操作系统的广泛使用，C 语言也得到迅速普及。1978 年 Brian W. Kernighan 和 Dennis M. Ritchie（合称 K&R）合著了影响深远的 *The C Programming Language*，该书所介绍的 C 语言成为后来广泛使用的 C 语言版本的基础，称为标准 C。

1983 年美国国家标准化协会（ANSI）制定了新的标准，称为 ANSI C，它比原来的标准 C 有了很大的发展。目前广泛流行的各种版本的 C 语言编译系统基本相同，但也有些区别。在微机上使用的有 Microsoft C、Turbo C、Quick C 等，它们的不同版本也略有差异，用户可以通过参阅有关手册了解所用计算机系统 C 编译的特点和规定。

本章主要介绍 C 程序的构成：main 函数和其他函数，函数的开始和结束标志，关键字、标识符和 C 语句，C 程序的书写风格，库函数和头文件。

1.1　C 程序的构成

C 程序是由一个或多个函数构成的，也就是说，C 程序的基本结构是函数。

一个 C 程序中必须有且只能有一个用“main”命名的主函数，其他函数由用户自行命名；C 函数由函数名、形式参数和函数体三部分组成，其一般格式为：

```
函数名([形式参数])
  {
       函数体
  }
```

例 1-1

```
/ * This is the  C program * /
main ()
{
}
```

这是一个最简单的 C 源程序，仅由一个主函数构成，且程序体为空，程序运行时无任何实际的执行动作。本程序的第一行是注释部分，注释内容用一对“/*”和“*/”括起来。注释往往表明程序员编程的意图和思想。提倡在程序中多用注解。第二行是 C 语言的主函数首部，main 是主函数名，这是一个特殊的函数，每个 C 语言程序都必须有一个且只能有一个主函数，它是 C 程序运行的起点。main 后的“（ ）”是函数的参数部分，可以为空，但括号不能省略。第三、四行对应一对花括号“{ }”，表示函数体的开始和结束，“{ }”内语句的集合构成函数体，函数体允许为空。

函数名代表该函数在内存中的首地址。因此，每个函数都有自己的函数名。其中，主函数的固定名称为 main，其他函数则可以根据标识符的命名方法任意取名。

形式参数用于进行函数间的数据传递。当不需要进行数据传递时，形式参数为空。

函数体是函数的主体，从左花括号开始，到与之匹配的右花括号结束。函数体主要有两大部分，第一部分是本函数内部用到的局部变量类型定义（C 语言中，所有的变量都要先定义后使用），第二部分是语句序列，完成本函数的功能。

1.2 关键字、标识符和 C 语句

关键字、标识符和 C 语句是学习 C 语言的起点，也是重要的基础。

1. 关键字

关键字也叫保留字，是 C 语言中具有特定意义和用途、不得作为他用的字符序列，其中，

基本数据类型关键字：char，int，float，double，void

存储类型关键字：auto，register，static，extern

类型修饰关键字：long，short，signed，unsigned，const，volatile

流程控制关键字：if，else，switch，case，default，break，Continue，for，while，do，return，goto

复合数据类型关键字：struct，union，enum

类型定义关键字：typedef

求数据类型长度关键字：sizeof

2. 标识符

标识符是 C 语言中用来表示变量名、数组名、函数名、指针名、结构名、联合名、枚举常数名、用户定义的数据类型名及语句标号等用途的字符序列。

3. C 语句

C 语句是组成 C 程序函数的基本单位。所有的 C 语句都以分号结尾。C 语句包括简单语句、复合语句和空语句。

（1）简单语句：任何 C 表达式或函数调用，末尾加上分号后就构成一条 C 语句。

（2）复合语句：一组 C 语句用花括号括住就构成复合语句。复合语句被视为一个整体，通常用在条件分支或循环语句中。有时为了数据隐藏的目的，用复合语句形成一个代码块，块中定义的局部变量不会对程序的其他部分发生副作用。

（3）空语句：只有一个分号的语句称为空语句。空语句用作循环语句的循环体，表示什么也不做。有时，空语句也被用作转向点（与 goto 联合使用）。

（4）注释：严格地讲，注释不是 C 语句。注释以“/*”开始，以“*/”结束，在“*”和“/”之间不能留有空格。注释既不被编译也不被执行，使用注释主要是为了增加程序的可读性。

注意，ANSI C 标准规定的 C 语言关键字共 32 个，所有 C 关键字都必须小写；标识符由 1～32 个字符组成，第一个字符必须是字母或下画线，后面的字符可以是字母、数字或下画线。标识符不能与 C 关键字相同，并区分大小写；C 语句以分号结尾，分号是 C 语句的组成部分。C 语句包括简单语句（即表达式语句）、复合语句和空语句。

1.3 C 程序的书写风格

C 程序具有自由的书写风格，各个函数在程序文件中的书写位置没有限制，但程序运行时总是从主函数 main（）开始，直到主函数结束。

每个程序行中的语句数量没有限制，既允许一行内写几条语句，也允许一条语句分几行书写，但每条语句都必须以分号（;）结束。允许在程序中加一个或多个空行。

注释可以出现在程序的任何地方，既可以独占一行或几行，也可以出现在某语句的开头或结尾处。如果注释占有几行，则每一行都要以"/*"开始，以"*/"结束。

尽管 C 程序的书写几乎没有限制，但为使程序清晰易读，通常每行写一条语句；不同结构层次的语句从不同的位置开始，即按缩进格式书写成阶梯形状，可以用空格键或 Tab 键调整各行的起始位置。

1.4　库函数和头文件

C 语言为了减少对硬件设备的依赖，不提供输入/输出语句；为了方便用户使用，C 编译系统提供了大量的内部函数。这些内部函数都存放在函数库（.lib）中，而把函数的说明放在标题文件（也称头文件）中。用户只要用 include 包含相应的头文件就可以使用其中的各种内部函数了。

1．常用头文件（头文件名不区分大小写）

alloc.h 或 stdlib.h	动态内存分配函数及随机函数
ctype.h	字符处理函数
math.h	数学函数
stdio.h	标准输入/输出及文件操作函数
string.h	字符串处理函数

2．常用函数

动态内存分配函数和随机函数（calloc、malloc、realloc、free、rand）

标准输入/输出函数（scanf、printf、getchar、putchar、gets、puts）

字符处理函数（tolower、toupper、isascii、islower、isupper）

字符串处理函数（strlen、strcpy、strcmp、strcat）

文件操作函数（fopen、fclose、fscanf、fprintf、getc、putc、fgetc、fputc、fgets、fputs、fread、fwrite、fseek、ftell、rewind）

数学函数（sin、cos、tan、asin、acos、atan、atan2、exp、log、log10、pow、pow10、sqrt、ceil、floor、fabs）

例 1-2

```
/* 打印字符串 */
main ()
{printf ( " Hello! " ) ;
}
```

这是一个完整的 C 语言程序，printf 是一个标准的输出函数，括号内双引号括起来的是所带的参数，即要打印的内容，对应的输出设备是终端屏幕。上述程序运行后在屏幕上打印出字符串：

```
Hello!
```

以上例子中使用了 printf，它称为库函数，实现标准输出功能，在 C 语言中，函数分为两类：一类是系统本身提供的库函数（标准函数），编程时只要在需要的地方写上函数名，再加上参数就可以调用此函数。一般情况下要在主函数 main 之前加上相应的蕴含函数库名，比如要调用数学库函数，应该在 main 之前加上"#include <math.h>"，C 语言提供了十分丰富的库函数；另一类称为自定义函数，程序员可以根据需要自己设计一段程序来完成一个特定的功能。

1.5 本章小结

1. C 程序的基本结构是函数，一个 C 语言程序中有且仅有一个 main 函数，是程序执行的入口，基本结构为：

```
main()
{}
```

函数体由定义部分和执行部分组成，对于变量必须定义在前，执行在后。

2. 关键字：C 语言中具有特定意义和用途、不得作为他用的字符，如 int、void、if、do 等。

3. 标识符：C 语言中用于标识名字的有效字符序列。

命名规则：只能由字母、数字、下画线组成；第一个字符必须是字母或下画线；大小写有区别。

4. 语句。

函数的基本单位是语句，分号“；”为语句的结束标志，C 语句包括简单语句、复合语句和空语句。

5. 库函数和头文件。

库函数中包含了 C 编译系统提供的大量的内部函数，这些函数的说明放在标题文件中，即为头文件。用户用 include 包含相应的头文件便可以使用其中的各种内部函数。

习题

1. 写出一个 C 语言的基本构成及书写特点。
2. 参照本章例题，编写一个 C 程序，输出以下信息：

```
Happy!
```

3. 简述标识符的组成及命名规则。
4. 简述库函数和头文件的概念及使用。

第 2 章　C 语言基本概念

本章主要介绍 C 语言支持的基本数据类型，常数的类型及其表示，变量的定义及初始化，运算符的优先级和结合性，表达式及其求值规则，数据的输入与输出。

2.1　基本数据类型

数据类型是程序中所允许使用的数据及其操作的集合，是高级语言的重要特征。

1．C 语言提供的数据类型

C 语言提供了两种数据类型，即基本类型和复合类型，见表 2-1。

（1）基本类型只代表单个数据。

（2）复合类型由基本类型组合而成，可代表一批数据。

表 2-1　数 据 类 型

基 本 类 型	复 合 类 型
字符型 char 整型 int 浮点型 float 双精度型 double 无值类型 void	数组 结构类型 struct 联合类型 union 枚举类型 enum

2．C 语言支持的五种基本数据类型

（1）字符型（char）表示单个字符，包括 char、signed char 和 unsigned char。在 Turbo C 系统中，char 和 signed char 等价。

（2）整型（int）表示整数，包括基本整型、短整型、长整型和无符号整型（int、signed int、unsigned int、short int、signed short int、unsigned short int、long int、signed long int、unsigned long int）。在 Turbo C 系统中，int 和 signed int 等价，short int 和 signed short int 等价，long int 和 signed long int 等价。

（3）浮点型（float）表示实数，精度为 6～7 位有效数字。

（4）双精度型（double）表示实数，精度为 15～16 位有效数字。

（5）无值类型（void），表示无返回值的函数或无定向指针。

数据类型决定了内存的分配模式，即不同的数据类型所占的内存字节数是不同的，内存分配模式不是 C 语言本身的规定，而是由宿主机硬件决定的，见表 2-2。不同的数据类型允许的数值范围也是不同的，超出了允许的数值范围，就会得到错误的结果，C 编译系统不具备检查此类错误的能力。C 语言对整型和字符型不加区分，可以混合使用。

表 2-2　C 基本数据类型的长度和取值范围（PC 系列）

类　　型	长度（字节）	十进制取值范围	八进制取值范围	十六进制取值范围
char	1	-128～127		
[signed] char	1	-128～127		
unsigned char	1	0～255		
int	2	-32768～32767	-100000～077777	-8000～7fff
[signed] int	2	-32768～32767	-100000～077777	-8000～7fff

续表

类　型	长度（字节）	十进制取值范围	八进制取值范围	十六进制取值范围
unsigned [int]	2	0～65535	0～177777	0～FFFF
short [int]	2	-32768～32767	-100000～077777	-8000～7fff
unsigned short [int]	2	0～65535	0～177777	0～ffff
long [int]	4	-2147483648～2147483647	-020000000000～017777777777	-8FFFFFFF～7FFFFFFF
[signed] long [int]	4	-2147483648～2147483647	-020000000000～017777777777	-8FFFFFFF～7FFFFFFF
unsigned long [int]	4	0～4294967295	0～37777777777	0～FFFFFFFF
float	4	-3.4×10^{38} ～3.4×10^{38}		
double	8	-1.7×10^{308} ～1.7×10^{308}		
long double	10	-1.7×10^{308} ～1.7×10^{308}		

注：方括号内的关键字可省略。

2.2 常量

所谓“常量”是指其值在程序运行过程中不允许改变的量。常量在程序中一般以其值本身来表示，也可以通过宏定义命令（#define 标识符 常量）来定义。

C 语言中的常量可分为算术常量和字符常量两部分，常数的类型有四种，即字符型、整型、实型和字符串型。

1. C 语言按书写形式确定常量的类型

（1）字符型常量。

字符型常量有两种表示方法：

① 普通可显示字符，用单引号括住，例如'a'，'3'，'%'，' '等。

② 不可显示字符即控制字符，用转义字符表示。转义字符由“\”后跟一个特定字母、一个1～3 位的八进制数或一个 1～2 位的十六进制数组成。八进制数要以数字 0 打头（开头的数字 0 也可以省略），十六进制数要以字母 x 打头（x 前面不要加 0）。例如，'\n'、'\012'、'\12' 或 '\xa' 都表示换行符。常用转义字符见表 2-3。

表 2-3　常用转义字符

转 义 序 列	含　义	十进制 ASCII 代码值	说　明
\0	NULL	0	零字符（即无字符）
\a	BELL	7	报警铃响
\b	BS	8	退格符（backspace）
\f	FF	12	换页符
\n	NL（LF）	10	换行符
\r	CR	13	回车符
\t	HT	9	水平制表符（Tab）
\v	VT	11	垂直制表符
\\	\	92	反斜杠
\'	'	44	单撇号（单引号）
\"	"	34	双撇号（双引号）

普通可显示字符也可以用转义字符表示，例如，'\0101'、'\101'、'\x41'都表示字母A。

（2）整型常量。

整型常量可以用十进制、八进制或十六进制表示，并分为有符号数、无符号数和长整数。例如，312为有符号十进制整数，312u为无符号十进制整数，312L为有符号十进制长整数，312uL为无符号十进制长整数，0x312uL为无符号十六进制长整数，等等。

（3）双精度型常量。

双精度型常量有两种表示方法：定点表示和浮点表示。例如，3.12是定点表示的，3.1E-6是浮点表示的。

（4）字符串型常量。

字符串型常量是用双引号括住的0或多个字符。字符串常数中允许出现转义序列。字符串常数在存储时，系统会自动在其末尾加上0字符（'\0'）。

2. 符号常量

符号常量用标识符表示，符号常量不允许被修改。符号常量有两种表示方法：

（1）用#define定义。例如，

```
#define PI    3.14159
```

定义了一个符号常量PI，它代表3.14159这一串字符。PI称为宏名，3.14159称为宏体。用#define定义的符号常量PI没有值和类型的含义。C编译系统在对源程序进行编译前，将“3.14159”视为一串字符替换程序中所有的PI。

（2）用const修饰。例如，

```
const float x=12.3;
```

定义了一个浮点型符号常量x，其值为12.3。用const定义的符号常量既有类型也有值的含义。

2.3　变量

数据项在程序中不是常量就是变量。在程序执行过程中变量的值可以改变。变量就是一般标识符，用来存储各种类型的数据以及指向存储器内部单元的地址（指针）。

所谓变量在使用之前必须加以说明，即说明变量的名称、类型、长度等信息。其格式是：

```
        类型说明符   变量表;
```

例如：

```
        int   lower, upper, step;
        char c;
```

上述说明也可以写成：

```
        int   lower;
        int   upper;
        int   step;
        char   c;
```

后一种形式会使源程序冗长，但便于给每个变量说明增加注释，也便于修改。上面说明的lower、upper、step为整数类型，c是字符类型。

2.4　运算符及表达式

C语言中提供了丰富的运算符，除了算术运算符、关系运算符、逻辑运算符之外，还提供了位运算符、增减运算符等，表达式是程序中常用的计算手段，程序中要求计算机进行某种运算，可通过表达式实现。用运算符和括号将运算对象（常量、变量和函数等）连接起来的、符合C语言语法规则的式子就是表达式。

2.4.1 算术运算符及表达式

1. 算术运算符

C 语言中允许有五种算术运算符，分别是+（加）、-（减）、*（乘）、/（除）和%（求模）。

（1）对除法运算（/）规定两个整数相除时为整除，即舍去小数部分仅取整数部分。例如，5/4=1，5.0/4=1.25。

（2）求模运算（%）要求两个运算对象都是整数，其结果是整数除法的余数。例如，5%10=5，10%3=1，-10%3=-1。

（3）算术运算符的优先级与一般数学运算相同，先乘除后加减，并且从左至右进行结合。例如，10/5*3 结果是 6，而不是 10/(5*3)=0。

（4）减号（-）既是一个算术运算符，又是一个负号运算符，负号运算符是单目运算符。例如，a=2，那么-a 的值是-2。负号运算符的优先级比较高。

表达式中的运算符都是算术运算符或自增自减运算符（后面介绍）的表达式为算术表达式，其中，%只能用于 int 型或 char 型。如 3 + 5 * 8、(x + y) / 2 − 1、15%3 等，在对表达式进行计算时，要注意各运算符优先级和结合性，算术表达式的值为计算后得到的值。

2. 算术表达式的运算规则

在计算算术表达式时，按如下规则顺次进行。

规则 1：如果表达式中含 char 型，则全部转换成 int 型。

规则 2：如果表达式中含 float 型，则全部转换成 double 型。

规则 3：同类型的运算量运算后，结果仍为同类型；不同类型的运算量运算前，先将低精度类型转换成高精度类型，运算结果为高精度类型。

3. 算术表达式计算中的自动类型转换

（1）类型精度。

不同的数据类型具有不同的精度。类型精度的高低取决于两点：

① 首先看类型的长度，长度越长，精度越高。例如，double 型的精度高于 float 型。

② 如果类型长度相等，则看类型所能表示的数的大小，能表示的数越大，精度越高。例如，int 型能表示的最大数为 32767，而 unsigned int 型能表示的最大数为 65535，因此 unsigned int 的精度高于 int。

（2）类型转换。

当不同类型的数据混合运算时，计算机系统会自动进行类型转换，并总是将低精度类型转换成高精度类型后再计算。可以归纳为三条规则：

① 有符号整数转换为无符号整数时，将符号位视为数值位。

② 短字节整数转换为长字节整数时，将短字节数放入长字节的低端，高端进行符号扩展。

③ 整数转换成浮点数不会造成值的改变。

4. 强制类型转换

在算术表达式的计算中，如果违反自动类型转换规则，可以采用强制类型转换，其一般格式为：

```
（类型关键字）（表达式）
```

例如，(int)x,(float)(a+b)等。类型关键字必须用括号括住。

强制类型转换表达式的功能是把表达式的运算结果强制转换成类型说明符所表示的类型。其中，（类型说明符）是强制类型转换符，它的优先级比较高。

经过强制类型转换后，运算结果将会发生变化。例如，5/10 的值为 0，而(float)5/10 的值为 0.5。

注意：在使用强制转换时应注意以下问题：

✓ 类型说明符和表达式都必须加括号（单个变量可以不加括号）。

例如，把(int)(x+y)写成(int)x+y 则成了把 x 转换成 int 型之后再与 y 相加。

✓ 无论是强制转换还是自动转换，都只是为了本次运算的需要而对变量的数据长度进行的临时性转换，并不改变数据说明时对该变量定义的类型。

例如，(double)a 只是将变量 a 的值转换成一个 double 型的中间量，其数据类型并未转换成 double 型。

2.4.2　关系运算符及表达式

C 语言规定了六个关系运算符：

>（大于）、<（小于）、>=（大于等于）、<=（小于等于）、!=（不等）、= =（等于）

关系运算的结果是逻辑值，C 语言中没有单独的逻辑类型数据，用整数 0 代表“假”，整数 1 代表“真”。

（1）<、<=、>、>=的优先级相同，= =和!=的优先级相同。前者运算优先级高于后者。

（2）关系运算符优先级低于算术运算符。

（3）表达式中连续使用多个运算符时要注意运算的优先级和结合性。关系表达式的值非 0 即 1。

例 2-1　若程序中已说明 int a=6，b=3，c=4，则求以下关系表达式的值：

```
a>b              (结果为 1)
a<=c             (结果为 0)
a!=b             (结果为 1)
(a>c)==b         (结果为 0)
a-b!=c           (结果为 1)
```

最后一例中，因为关系运算符优先级低于算术运算符，因此先计算。a-b 其值为 3，再计算 3!=c 成立，因此其最终结果为 1。

2.4.3　逻辑运算符及表达式

C 语言中规定了三个逻辑运算符，即逻辑与（&&）、逻辑或（||）和逻辑非（!），其中前两个是双目运算，后一个是单目运算。三者中“!”优先级最高，“&&”次之，“||”最低，“！”优先级比任何算术运算都高，而“&&”及“||”的优先级低于所有关系运算。

表 2-4 给出了逻辑运算真值表，式中 0 表示假，1 表示真，C 语言中把非 0 值也作为真来处理。由逻辑运算符和操作数组成的表达式为逻辑表达式，逻辑表达式的值非真即假。

表 2-4　逻辑真值表

a	b	!a	!b	a&&b	a||b
0	0	1	1	0	0
0	非 0	1	0	0	1
非 0	0	0	1	0	1
非 0	非 0	0	0	1	1

若变量 x 的取值范围为 0≤x≤10，不能写成“0<=x<=10”，应该采用逻辑运算符进行连接，写成“0<=x&&x<=10”。

例 2-2　给出判定某一年 year 是否为闰年的条件。

闰年是符合下面两个条件之一的年份：①能被 4 整除，但不能被 100 整除；②能被 400 整除。判别年份 year 能否被 4 整除，只要进行求模运算，即 year%4，若其值为 0，说明能被 4 整除。因此，可采用下列表达式。

```
(year%4= =0&&year%100!=0)||year%400= =0
```

当上述表达式值为 1（真）时 year 为闰年，否则不为闰年。

2.4.4 自增自减运算符及表达式

自增“++”、自减“--”都是单目运算符，其作用是使变量的值增 1 或减 1，可表示为：

++i；--i　　++、--在变量 i 之前，为“前缀”形式。

i++；i--　　++、--在变量 i 之后，为“后缀”形式。

在表达式中，前缀形式是先增减再使用，后缀形式是先使用再增减。

使用 i++或++i 时应注意以下几个问题：

（1）自增、自减运算符只能用于变量而不能用于常量或表达式。

（2）++和--的结合方向是“自右至左”而不是习惯上的“自左至右”。

（3）在表达式中出现时要尤其小心。如 i 的原值是 3，表达式(i++)+(i++)+(i++)的值是 9，实际上是先把三个 i 取出来相加，然后再对 i 自加三次，结果 i 的值为 6。

（4）i+++j 应是理解为(i++)+j，而不是 i+(++j)。

（5）若 i 原值为 3，printf(" %d，%d " ，i，i++)；那么输出是“4，3”。多数系统对函数参数的求值次序是从右向左，执行 i++时先输出 i 值再进行自加，当打印第一个参数时，其值已变为 4。

2.4.5 赋值运算符及表达式

1．赋值运算符

C 语言中规定“=”是赋值运算符，它把右边常量或变量或表达式内容赋予左边的变量，例如“a=17”，其作用是把 17 赋给变量 a。

在赋值符前加上其他运算符可以构成复合赋值运算符，例如“+=”、“*=”、……。

例如：a+=5　　　　等价于 a=a+5

　　　x*=y+8　　　等价于 x=x*(y+8)

　　　x%=5　　　　等价于 x=x%5

2．赋值表达式

由赋值运算符或复合赋值运算符，将一个变量和一个表达式连接起来的表达式，称为赋值表达式。赋值表达式的形式是：

```
<变量> （复合）赋值运算符 <常量>/<变量>/<表达式>
```

因此“a=3”是一个赋值表达式。但要注意<表达式>本身也可以是赋值表达式。例如，a=b=c=3，其结果是 a 到 c 三个变量值均被赋予 3；再例如，a=(b=l0)/(c=2)，a 的值为 5。

赋值表达式的值为被赋值变量的值，例如“a=3”这个赋值表达式，变量 a 的值“3”就是该表达式的值。

3．赋值表达式中的类型转换

C 语言规定被赋值的变量值和类型就是赋值表达式的值和类型。当赋值号两边的类型相同时，直接赋值；如果类型不一致，则计算机系统会自动将<表达式>的数值类型转换成与<变量>相同的类型后再赋值。因此，在赋值时，既有可能需要将低精度数据转换成高精度数据，也有可能需要将高精度数据转换成低精度数据。

对变量施加++或--运算，i++，表示 i=i+1，因此它是一个赋值表达式。

4．包含多个赋值运算符的表达式

赋值号作为一个运算符，可以在一个表达式中多次出现。诸如 b+=b-=b*b 和 a=(b=3)*(c=4)+1 这样的赋值表达式中就包含了多个赋值运算符。需要注意的是，每个赋值号前面必须是变量而不能

是表达式。因此，诸如 a=b+c=d、x=i++=y、u=2=v 等是错误的；当进行连续赋值时，例如，i=j=k+2，要按从右到左的顺序依次进行赋值。

2.4.6　逗号运算符及表达式

C 语言提供一种特殊的运算符叫逗号运算符。用逗号连接起来的表达式为逗号表达式，其一般形式是：

```
表达式 1，表达式 2
```

逗号表达式的优先级最低，其结合性为左结合，即逗号表达式的求值顺序是从左向右，依次计算用逗号分隔的各表达式的值。其求解过程是先求解表达式 1，再求解表达式 2，逗号表达式的值为最后一个表达式的值，而整个表达式的值为表达式 2 的值。

逗号表达式扩展形式为：表达式 1，表达式 2，…，表达式 n

其值为表达式 n 的值。

逗号表达式常用于循环 for 语句中。

2.4.7　条件运算符及表达式

条件运算符“?：”是三目运算符，条件表达式的一般形式为：

```
el ? e2 :e3
```

这里 e1、e2、e3 均是表达式，先计算 e1 的值，若非零则执行 e2，把 e2 值作为整个表达式的值；若 e1 为零，则执行 e3 的值，且把 e3 值作为整个表达式的值。

例如，x=(a>b)?a:b。该赋值语句是将 a 和 b 值较大的一个赋予 x。

2.4.8　位运算符及表达式

位运算是 C 语言具有的特点，它是对变量二进制位进行的运算，共有六种运算符：

&（按位与）　　|（按位或）　　^（按位异或）

～（按位求反）　　<<（按位左移）　　>>（按位右移）

其中按位求反（～）是单目运算符，其他都是双目运算符，位运算对象只能是整型（int）或者字符型（char）数据。

（1）“按位与”运算（&）。参加运算的两个二进制数相应位都为 1，则该位结果值为 1，否则为 0。即 0&0=0，0&1=0，1&0=0，1&1=1。例如，3&5 按位运算。

3 的补码为	00000011
5 的补码为	00000101
&：	00000001

即 3&5=1。

（2）按位或运算（|）。参加运算的两个二进制数相应位只要有一个是 1，则该结果为 1，否则为 0，即 0|0=0，0|1=1，1|0=1，1|1=1。

（3）按位异或运算（^）。异或运算是两个运算量的相应位相同，则结果为 0。相异则结果为 1，即 0^0=0，0^1=1，1^0=1，1^1=0。异或运算常用于使某个数的某几位翻转。

（4）按位求反运算（～）。该运算为单目运算，求反是把对象（二进制数）按值取反。例如，x=7，y=～x=～(00000111)=(11111000)。

（5）左移（<<）和右移（>>）运算符。左移、右移运算表达式为：

```
x<<n　或　x>>n
```

表达式把二进制的 x 全部向左或向右移动 n 位，左移时左边移出的高位舍弃，右边补 0；右移时，右边低位舍弃，对于无符号位数左边高位补 0，对有符号位数，左边高位不变。例如，a=14， b=a<<2=00001110<<2=00111000　（b 是十进制数 56，为 a 的 2^2 倍）

c=a >>2=00001110>>2=00000011　（c 是十进制数 3，为 a 的 2^{-2} 倍，有一定误差）

2.4.9 测试数据长度运算符

测试数据长度运算符为 sizeof。

（1）测试数据长度运算符 sizeof 的一般格式为：

```
sizeof(exp)
```

其中，exp 可以是类型关键字、变量或表达式。其功能是给出 exp 所代表的数据类型、变量或表达式占用的内存字节数。例如，sizeof(double)，sizeof(x)，sizeof(a+b)，sizeof(3*1.46/7.28)等。

（2）sizeof 是一元运算符，它的优先级与++、--、&、~等相同，结合性为从右至左。

（3）sizeof(exp)是一个整型表达式，它的运算结果是一个整数。

2.5 数据的输入/输出

C 语言不提供输入/输出语句，程序中的输入/输出是通过调用 C 编译系统函数库中的输入/输出函数完成的。最常用的输入/输出函数包括格式输入/输出函数、字符输入/输出函数和字符串输入/输出函数。其中，格式输入/输出函数可以输入/输出各种方式类型的数据，字符输入/输出函数用来输入/输出单个字符，字符串输入/输出函数用来输入/输出字符串。

2.5.1 数据输出

C 语言本身不提供输入/输出语句，它由函数来实现。C 语言标准函数库中提供 printf 和 scanf 函数，在程序中可以直接使用。

本节介绍两个最基本的输出函数——字符输出函数和格式输出函数，它们都以终端（系统隐含的输出设备）为对象进行输出。

1. 字符输出函数 putchar

putchar(c)；用以输出字符 c 的值，c 可以是字符变量也可以是整型变量（其值是 ASCII 码）。在使用标准 I/O（输出/输出）函数时，应该用预编译命令 " #include　<stdio.h> " 把 stdio.h 文件包括到源程序中（但只有 printf 和 scanf 两个函数例外，可以不用）。以下两种写法是等效的：

```
#include  " stdio.h " 和 #include   <stdio.h>
```

例如，

```
#include<stdio.h>
main( )
{ char a，b，c;
  a='C'; b='E'; c='O';
  putchar(a);
  putchar(b);
  putchar(c);
  }
```

程序运行结果为：CEO。如果在最后三个 putchar( )语句的左边都加上控制符输出，例如 putchar ('\n')；那么本例输出为：

```
C
E
O
```

当然，也可以输出其他转义字符。

例如：putchar('\103');　　　　/*输出八进制 103 对应字符'c'*/

```
putchar('\'');            /*输出单引号'*/
putchar('\015');          /*输出八进制 015，即光标移到行首*/
putchar(65);              /*输出英文字母'A'*/
```

2．格式输出函数 printf

printf 是 C 语言中最常用的输出函数，其作用是向终端输出若干个任意类型的数据（putchar 仅能输出一个字符）。printf 的调用格式是：

```
printf( " 控制字符串 " , 参数 1, 参数 2, …, 参数 n);
```

其中，每个参数代表一个输出数据，可以是常量、变量或表达式（输出它们的值）。控制字符串用于描述变量的输出方式，其形式为%附加格式说明符、格式转换符（附加格式说明符 ^ 可以省略），它包括两类，一类是按原样输出的字符；另一类是格式说明，用于描述输出数据的显示方式，以%号开头（若输出%本身，应在%号前加一个%号，即两个%号连写）。

例如，

```
printf( " %f%f " , a, b);
printf( " a=%f b=%f " , a, b);
```

若 a=2.1、b=5.0，则第 1 条语句输出 2.15.0，第 2 条语句输出 a=2.1 b=5.0。

格式说明：

（1）d 格式（输出十进制整数）

%d　　按数据实际长度输出。

%md　　m 是指定的输出字段宽度，若实际数据位数＜m，则数据左端补空格；若实际数据位数＞m，按实际位数输出。

%ld　　输出长整型数据，也可在 1 之前再加上 m。

例如，若 a=123，b=12345，c（long 类型）=123456，则：

printf(" %4d，%4d " ，a，b);

输出：□123，12345

printf(" %ld，%9ld " ，c，c);

输出：123456，□□□123456；

注意，c 是 long 类型，不能用%d 格式输出。

（2）o 格式（输出八进制整数）。把内存单元（连同符号位）一起按八进制形式输出，因此，不会输出负号，例如-1 在内存中以补码存放，两个字节中值为：

1	1	1	1	1	1	1	1	1	1	1	1	1	1	1	1

因此，若 a=－1：

```
printf( " %d, %o " , a, a);
```

输出：－1，177777

同 d 格式符一样，有%o、%mo、%lo 等形式。

（3）x 格式（输出十六进制整数）。类似于 o 格式，也有%x、%mx、%lx 形式，不会输出负值。

例如 a=－1，则：

```
printf( " %x, %o, %d " , a, a, a);
```

输出：FFFF，177777，－1

（4）u 格式（以十进制形式输出 unsigned 数据类型）。

例如：

```
main( )
{ unsigned a=65535;
  int b=-13
```

```
        printf( " a=%d, %o, %x, %u\n " , x, x, x, x);
        printf( " b=%d, %o, %x, %u\n " , y, y, y, y);
    }
```

a=65535 存储单元中存放二进制数为：

1111111111111111

b=-13 存储单元中存放-13 的补码：

1111111111101011

因此运行结果为：

a=-1，177777，FFFF，65535

b=-13，177753，FFEB，65515

（5）C 格式（用以输出一个字符，其 ASCII 码范围在 0～255 之间）。

例如，

```
main( )
{ char c='A'; int d=97;
  printf( " %c, %d\n " , c, c);
  printf( " %c, %d\n " , d, d);
}
```

该程序输出：

```
A, 65
a, 97
```

（6）s 格式（用于输出字符串）。

%s　按原样输出字符串。例如：printf(" %s " ， " China " ）；

输出：China（不输出双引号）

%ms　　当字符串长度大于 m 时，按实际长度输出，否则左边补空格；

%-ms　　同上，但当字符串长度小于 m 时右边补空格；

%m.ns　输出 m 列，但只取字符串左边的 n 个字符，左边补空格；

%-m.ns　同上，但 n 个字符右边补空格。

例如，

```
main( )
{printf( " %2s, %6.4s, %3.4s, %-5.3s\n " ,
        " Hello " , " Hello " , " Hello " , " Hello " ); }
```

输出显示为：

```
Hello, □□Hell, Hello, Hel□□
```

第一个字符串输出时突破域 3，第三个字符串输出时，因为 m<n，自动使 m=n=4 后再输出。

（7）f 格式（以小数点形式输出实数）。

%f　不指定宽度时，由系统自动确定，整数部分全部输出，小数部分输出 6 位，但有效数位单精度时为 7 位，双精度时为 16 位。

例如，

```
main( )
{ float a, b;
  double x, y;
  a=333333.333;
  b=111111.111;
  x=2222222222222.222222;
  y=5555555555555.555555;
  printf( " %f\n, %f\n " , a+b, x+y);
  }
```

输出显示：

444444.428125（仅前 7 位有效）

7777777777777.777010（仅前 16 位有效）

%m.nf　指定输出共 m 列，小数 n 位，若数值长度小于 m 则左端补空格。

%-m.nf　同上，输出数据长度小于 m 时右端补空格。

例如，

```
main( )
{ float   x=2314.758;
  printf( " %f\n%9f\n%9.3f\n%.2f\n%-9.2f\n " , x, x, x, x, x);
}
```

运行结果为：

2314.757994　　（实数存放有一定误差）

123.455994　　（共输出 10 位）

□□2314.758　　（小数两位，前补 4 个空格）

2314.75　　（未指定 m，按实际位数输出，但小数为两位）

2314.75□□□　　（同 10.2f 格式，但右补空格）

（8）e 格式（以指数形式输出实数）。

%e　数值按规定格式输出（即小数点前有一位非零数字），系统自动确定 6 位小数部分和 5 位阶码部分（其中 e 本身占一位，阶符一位，阶三位，例如 e+003）。123.456 用%e 输出为 1.234560e+002。

```
%m.ne
%-m.ne
```

m 为总列数，n 为小数点后位数。

例如，

```
main( )
{ float   x=1234.56;
  printf( " %e\n%10e\n%10.2e\n%.2e\n%-10.2e\n " , x, x, x, x, x);
}
```

该程序输出：

1.234560e+003　　（系统自动确定 6 位小数，5 位阶码）

1.234560e+003　　（自动使 n=6，突破场宽 10）

□□□1.23e+002　　（共 10 列，小数 2 位，左补空格）

1. 23e+002　　（未给出 m，按实际长度计）

1.23e+002□□□　　（共 10 列，小数 2 位，右补空格）

（9）g 格式（输出实数，系统自动选用 e 或 f 格式且不输出无意义的 0）。系统自动在 e 和 f 格式中选择输出宽度小的一种方式。

例如，

```
main( )
{ float x=1234.56;
  printf( " %f\n%e\n%g\n " , x, x, x);
  }
```

输出为：

1234.56000

1.234560e+003

1234.56

printf 函数常用的格式转换字符见表 2-5，附加格式说明符见表 2-6。

表 2-5 printf 的格式转换字符

格　式	说　明
%d	带符号的十进制整数输出（正数不输出+号）
%o	以八进制形式输出整数（无符号，不输出前缀）
%x	以十六进制形式输出整数（无符号，不输出前缀）
%u	以无符号十进制形式输出整数
%c	以字符形式输出一个字符
%s	输出字符串
%f	以小数形式输出单、双精度实数（小数部分 6 位）
%e	以标准指数形式（6 位小数 5 位阶码）输出单双精度数
%g	在%f 或%e 中自动输出较短的格式，且不输出无意义的 0

表 2-6 printf 附加格式说明

格　式	说　明
l	用于输出长整型数据
m（正整数）	可以在前面指定数据最小域宽
n（正整数）	对实数表示小数位个数，对字符串为截取字符数目
—	数据在输出域内向左对齐排放

2.5.2 数据输入

1. 字符输入函数 getchar( )

该函数没有参数表，表示从键盘（或系统隐含的标准输入设备）输入一个字符，使用此函数前应采用 " include<stdio.h> " ，因为该函数要用到标准 I/O 库的信息。

例如，

```
#include<stdio.h>
main( )
{ char c;
  c=getchar( );
  putchar(c);
}
```

在从键盘输入时，键入 M↙，此时把字母'M'送给了变量 c，并把它的值（'M'）显示在屏幕上。getchar( )值也可以不赋给任意变量而直接输出。例如，printf(" %c " ，getchar( ))。

2. 格式输入函数 scanf

格式输入函数常用来从键盘输入数据，其调用格式为：

scanf(" 控制字符串 " ，参数 1，参数 2，…，参数 *n*);

格式字符串与 printf 函数类似，其格式转换字符见表 2-7，附加格式说明符见表 2-8。

表 2-7 scanf 格式转换字符

格式转换字符	说　明
d	输入十进制整数
o	输入八进制整数
x	输入十六进制整数
c	输入单个字符
s	输入字符串
f	输入实数（小数或指数形式）

表 2-8　scanf 附加格式说明符

附加格式说明符	说　明
l	输入长整型数据及 double 实型数据
h	输入短整型数据
正整数	指定输入数据宽度
*	读入后不赋给相应变量

格式转换字符和附加格式说明符只能用小写字母，参数部分的每个参数若为数值变量和字符变量，则要在变量名前加上“&”（地址运算符），而对字符数组不必加“&”。下面举例说明 scanf 函数调用方法。

（1）scanf 中没有%u 格式符，对无符号数据以%d、%o 或%x 格式进行输入。

（2）指定 m 后，系统按照 m 自动截取所需数据。

例如，scanf(" %4d%2d%3d " ，&x，&y，&z);

当输入序列 1234567890↙时，执行结果为变量 x=1234，变量 y=56，变量 z=789，输入的最后一个 0 被丢掉，因为参数表中再没有参数与其对应。

（3）%*表示跳过相应数据。

例如，scanf(" %2d，%*3d，%2d " ，&x，&y);

当输入 12，345，67↙时，把 12 赋予 x，67 赋予 y，跳过 345，注意，此例中因为 scanf 格式中用“，”分隔，因此输入数据时也该用“，”隔开。

（4）输入时不能规定精度。例如，scanf(" %7.2f " ，&a)，是不合法的。

（5）用 " %c " 输入字符时，空格和转义字符均为有效字符输入。

例如，scanf(" %c%c%c " ，&cl，&c2，&c3)；当输入：a□b□c 时，将'a'赋给 c1，'□'赋给 c2，'b'赋给 c3。

（6）若“格式字符串”中除格式说明外还有其他字符，则输入时应该输入与这些字符相同的字符。例如，scanf(" %d，%d " ，%x，%y)；在输入时应输入 12，63↙，而不应该输入 12□63↙。

（7）输入数据时遇到下列情况之一时，认为数据输入结束。

- 空格、回车、跳格（Tab)。
- 遇到宽度满足时，例如 " %4d " ，只取 4 列。
- 遇到非法输入。

例如，scanf(" %d%c%f " ，&x，&y，&z);

若输入 98765a67O.34↙（其中把数字 0 错打为英文字母 O），则把 98765 赋给 x，'a'赋给 y，34 赋给 z。

例 2-3　设圆柱底面半径为 r，圆柱高为 h，求圆柱表面积和体积。

分析：圆柱体积为底面积×高，即$\pi r^2 h$，表面积为 $2\pi r^2+2\pi rh$，其中π可以定义为常量 PI=3.14159（注意，程序中不能出现希腊字母π本身），圆底半径 r 和圆柱高 h 可作为变量（用小写字母）表示，并在程序运行时由用户输入，其类型可为实型，计算出来的圆柱表面积和体积可用 S 和 V 两个变量分别表示。

因此程序为：

```
#define PI 3.14159
main( )
  { float r，h，s，v;
  printf( " input r，h please：\n " );
  scanf( " %f，%f " ，&r，&h);
  s=2*PI*r*(r+h);
```

```
v=PI*r*r*h;
printf( " S=%.2f\n " , s);
printf( " V=%.2f\n " , v);
}
```

运行结果：

```
input r，h please：
1.5，3↙
S=42.41
V=7.07
```

2.6 本章小结

1．C 语言基本数据类型。

数据类型是程序中所允许使用的数据及其操作的集合，是高级语言的重要特征。C 语言中的数据类型包括基本类型和复合类型。

2．常量：程序运行过程中不允许改变的量。

● 直接常量（值常量）

整型常量：10，15，-10，-30

实型常量：12.5，30.0，-1.5

字符常量：'A'、'b'、'c'

字符串常量："sum"，"A"，"123"

● 符号常量：用标识符代表常量。

其定义格式为：#define 符号常量 常量

3．变量：程序运行过程中，其值可以改变的量。

● 变量的两要素：变量名、变量值
● 变量的定义格式：类型说明符变量列表
● 变量的初始化：定义时赋初始值
● 变量的使用：先定义，后赋值
● 变量定义位置：一般放在函数开头

4．运算符及表达式

优先级	运算符	需要操作数的个数	结合性
高 低	()		从左向右
	~ ++ -- -（负号运算符） sizeof （类型）	1 （单目运算符）	从右向左
	* / %	2 （双目运算符）	从左向右
	+ -（减法）	2 （双目运算符）	从左向右
	<< >>	2 （双目运算符）	从左向右
	&	2 （双目运算符）	从左向右
	^	2 （双目运算符）	从左向右
	|	2 （双目运算符）	从左向右
	= += -= *= /= %= >>= <<= &= ^= |=	2 （双目运算符）	从右向左
	,		从左向右

5．数据的输出

字符输出函数 putchar(c)：用以输出字符 c 的值。

格式输出函数 printf：向终端输出若干个任意类型的数据。

printf 的格式转换字符

格　式	说　明
%d	带符号的十进制整数输出（正数不输出+号）
%o	以八进制形式输出整数（无符号，不输出前缀）
%x	以十六进制形式输出整数（无符号，不输出前缀）
%u	以无符号十进制形式输出整数
%c	以字符形式输出一个字符
%s	输出字符串
%f	以小数形式输出单、双精度实数（小数部分 6 位）
%e	以标准指数形式（6 位小数 5 位阶码）输出单双精度数
%g	在%f 或%e 中自动输出较短的格式，且不输出无意义的 0

printf 附加格式说明

格　式	说　明
l	用于输出长整型数据
m（正整数）	可以在前面指定数据最小域宽
n（正整数）	对实数表示小数位个数，对字符串为截取字符数目
–	数据在输出域内向左对齐排放

6．数据的输入。

字符输入函数 getchar( )：从键盘输入一个字符。

格式输出函数 scanf：从键盘输入任意格式的数据。

scanf 格式转换字符

格式转换字符	说　明
d	输入十进制整数
o	输入八进制整数
x	输入十六进制整数
c	输入单个字符
s	输入字符串
f	输入实数（小数或指数形式）

scanf 附加格式说明符

附加格式说明符	说　明
l	输入长整型数据及 double 实型数据
h	输入短整型数据
正整数	指定输入数据宽度
*	读入后不赋给相应变量

习题

1．字符常量与字符串常量有什么区别？

2．以下选项中，合法的用户标识符是________。

A．long　　B．_2Test　　C．3Dmax　　D．A.dat

3．若有以下程序段（n 所赋的是八进制数）：

```
int m=32767, n=032767;
printf ( " %d, %o " , m, n);
```

执行后输出的结果是________。

4．设 a 和 b 均为 double 型变量，且 a=5.5，b=2.5，则表达式（int)a+b/b 的值是________。

5．写出以下程序的输出结果：

```
main()
{
 int a=0,b=0;
 a=10;
 b=20;
 printf( " a+b=%d\n " ,a+b);
}
```

第 3 章　流 程 控 制

程序的结构分为顺序结构、选择结构和循环结构，为了编制出具有较强功能的程序，本章首先简要介绍顺序结构，然后将重点介绍用于程序流程控制的选择结构和循环结构的实现方法。主要介绍用 if 语句实现选择结构；用 switch 语句实现多分支选择结构；选择结构的嵌套；while 和 do-while 循环结构；for 循环结构；循环结构的嵌套；控制语句的 break 语句、continue 语句和 goto 语句。

3.1　顺序结构

顺序结构的程序主要由赋值语句、输入/输出操作组成，程序中的各语句按顺序执行。选择结构的程序根据选择控制语句来执行相应的语句，而循环结构则根据循环控制语句执行相应的语句，三种结构的程序执行流程图如图 3-1 所示。

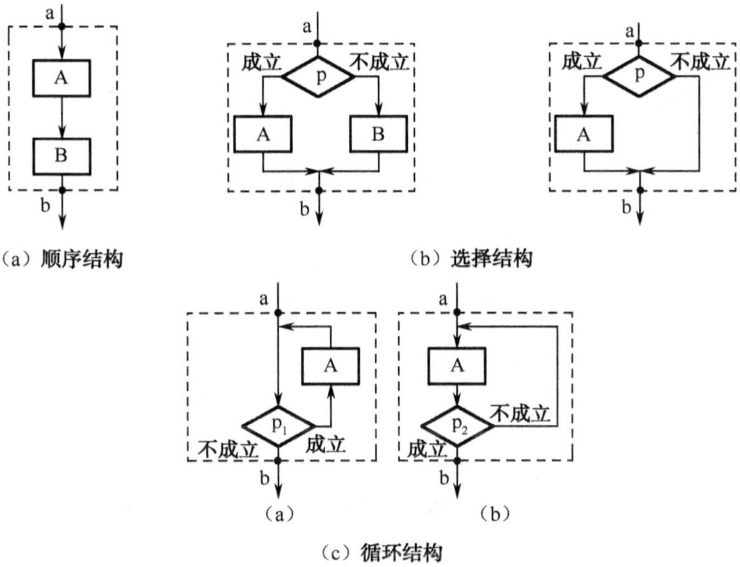

图 3-1　三种程序设计结构

三种基本结构的共同特点如下：

（1）只有一个入口。

（2）只有一个出口。（注意：一个菱形判断框有两个出口，而一个选择结构只有一个出口。不要将菱形框的出口和选择结构的出口混淆。）

（3）结构内的每一部分都有机会被执行到。

（4）结构内不存在“死循环”（无终止的循环）。

由三种基本结构顺序组成的算法结构，可以解决任何复杂的问题。由基本结构所构成的算法属于“结构化”的算法，它不存在无规律的转向，只在其基本结构内才允许存在分支和向前或向后的跳转。

例 3-1　计算输入的两个整数的和。

```
#include   <stdio.h>
void main (   )
{
   int x, y, z;
```

```
        scanf ("%d,%d", &x, &y );
        z = x + y;
        printf ("the sum of two integer is %d\n", z);
    }
```

3.2 选择结构

在 C 语言中，用来实现选择结构的语句有 if 和 switch。

3.2.1 if 语句

if 语句在 C 语言里有两种基本形式：

（1）if （条件） 语句；

（2）if （条件） 语句 1；

else 语句 2；

无论是哪种形式的 if 语句，都要首先判断括号内表达式的值，若为真（不为 0），执行括号后的语句（第（2）种形式为语句 1）；若为假（为 0）则执行括号后面语句之后的语句（第（2）种形式为 else 后的语句 2）。

使用 if 语句时应注意以下几点：

（1）if 语句后面的表达式必须用括号括起来。

（2）表达式通常是逻辑表达式或关系表达式，但也可以是其他任何表达式，如赋值表达式等，甚至还可以是一个变量。只要表达式非零，表达式的值就为真，否则就是假。

（3）在 if 语句的三种形式中，所有的语句应为单个语句，如果要想在满足条件时执行一组（多个）语句，则必须把这一组语句用{ }括起来组成一个复合语句。但要注意的是在}之后不能再加分号。

（4）在 if 语句中，如果表达式是一个判断两个数是否相等的关系表达式，要当心不要将==写成赋值运算符=。

3.2.2 switch 语句

if 语句只有两个分支供选择，当有多个分支时应该使用嵌套 if 语句，但嵌套层次较多时，程序结构复杂，阅读和修改比较困难，C 语句中提供多分支选择语句（switch 语句）来解决多分支选择问题。其一般格式为：

```
    switch (表达式 e)
       { case  常量表达式 1：语句序列 1;break;
         case  常量表达式 2：语句序列 2;break;
                  ⋮
         case  常量表达式 n：语句序列 n;break;
         default:            语句序列 n+1;break;
    }
```

switch 语句在执行时先计算表达式 e 的值，当表达式 e 的值与某一个 case 中的常量表达式的值相等时，就执行该 case 后面的语句序列，接着再执行后面各个 case 中的语句序列，一直执行完 default 后面的语句序列，然后结束 switch。如果所有 case 中的常量表达式的值都没有与表达式 e 的值相匹配，则只执行 default 后面的语句序列。

switch 语句中 break 语句的作用是重要的，它保证语句序列执行结束后跳出 switch 语句，否则会执行下一个语句序列，当然最后一个语句后的 break 可以省略。例如：

```
    switch（grade）
    { case 'A'：printf"90－100\n"}；
      case 'B'：printf（"80－89\n"）；
```

```
case 'C': printf ("70－89\n") ;
case 'D': printf ("60—69\n") ;
case 'E': printf ("<60 \ n") ;
default: printf ("error!! \ n") ;
}
```

当 grade='C'时，执行此 switch 语句，将输出：

```
70－79
60－69
<60
error!!
```

因此在每个 case 后都应该用 break 跳出 switch 语句。

switch 后面的表达式 e 只能是字符型或整型，且必须放在圆括号中，各个 case 中也只能使用整型常量或整型常量表达式。

case 与其后的常数表达式之间必须留有空格，各个 case 中的常量表达式的值应互不相同，否则会出现矛盾的结果。

case 中出现的字符常数会自动转换成整型。

switch 语句中应注意的几个问题：

（1）switch 后面的“表达式”可以是 int、char 和枚举型中的一种，但不可为浮点型。

（2）case 后面语句（组）可加{ }也可以不加{ }，但一般不加{ }。

（3）每个 case 后面“常量表达式”的值必须各不相同，否则会出现相互矛盾的现象。

（4）每个 case 后面必须是“常量表达式”，表达式中不能包含变量。

（5）case 后面的“常量表达式”仅起语句标号作用，并不进行条件判断。系统一旦找到入口标号，就从此标号开始执行，不再进行标号判断，所以必须加上 break 语句，以便结束 switch 语句。

（6）对于多个 case 子句，可共用同一语句（组）。

（7）case 子句和 default 子句如果都带有 break 子句，它们之间顺序的变化不会影响 switch 语句的功能。

（8）如果有的 case 子句和 default 子句带有 break 子句，而有的不带 break 子句，那么它们之间顺序的变化可能会影响输出的结果。

（9）switch 语句可以嵌套。

3.2.3　选择结构的嵌套

选择结构中的 if 语句和 switch 语句都可以使用嵌套结构。

1．if 语句的嵌套

if 语句可以嵌套使用，以处理更复杂的情况，例如，

```
if (测试表达式 1)
    语句 1;
else if (测试表达式 2)
    语句 2;
else if (测试表达式 3)
    语句 3;
    ⋮
else if (测试表达式 n)
    语句 n;
else
    语句 n+1;
```

可以用来进行多分支选择：语句执行时，自上而下地对测试表达式进行判断，一旦发现某测试表达式成立，就执行与之相关的语句，其余部分跳过。如果没有条件成立，就执行最后的 else；如果没有最后一条 else 并且所有条件均不成立，则不执行任何操作。

if 语句中的分支语句可以是单语句，也可以是复合语句。复合语句一定要用花括号括住，或者用逗号表达式构成的语句代替，否则会引起逻辑错误。例如，见下列两个程序段：

```
if (a>b)
    { t=a;a=b;b=t; }
printf("a=%d,b=%d",a,b);
```

和

```
if (a>b)
    t=a;a=b;b=t;
printf("a=%d,b=%d",a,b);
```

当条件成立时，执行流程没有区别；条件不成立时，执行结果则不同。

if 在嵌套使用时，要特别注意 else 和 if 的配对关系，避免引起逻辑上的混乱。C 语言规定：当 if 没有与其配对的其他 else 时，else 总是与离自己前面最近的 if 配对。例如，下面程序段的 else 应与第二个 if 配对。

```
if (a<b)
    if (b<c)
        c=a;
else
    c=b;
```

2. switch 语句的嵌套

switch 可以嵌套使用，要求内层的 switch 必须完全包含在外层的某个 case 中，允许内、外层 switch 的 case 中含有相同的常数，从而不会引起误会。

在 switch 语句中，允许多个 case 共用一个语句序列。例如，

```
switch (score)
    { case 'A':
      case 'B':
      case 'C': printf("pass\n"); break;
      case 'D': printf("fail\n"); break;
      default: printf("error\n");
    }
```

switch 语句和 if-else 的区别在于：switch 语句只能进行相等性检查，即只检查 switch 中的表达式是否与各个 case 中的常量表达式相等；而 if-else 不但可进行相等性检查，还可以使用关系表达式或逻辑表达式进行不等性比较。因此，用 if 完全可以代替任何 switch，而 switch 只能代替简单的 if 而不能完全替代 if。

3.3 循环结构

在 C 语言中有三种可以实现循环的语句：while 语句、for 语句和 do-while 语句。循环语句可以和 break、continue 及 goto 语句结合，提前结束整个循环或本次循环。

3.3.1 while 语句

while 语句的一般形式是：

```
while（表达式）语句
```

while 语句的执行流程是先计算表达式的值，如果值非 0（真），则循环控制条件成立，执

行 while 中的“语句”，然后再计算表达式的值，如果此值仍旧为非 0（真）则仍旧执行 while 中的“语句”，……，如此循环，直到表达式值为 0（假），程序控制退出 while 语句。

图 3-2 是该语句执行的控制流程。

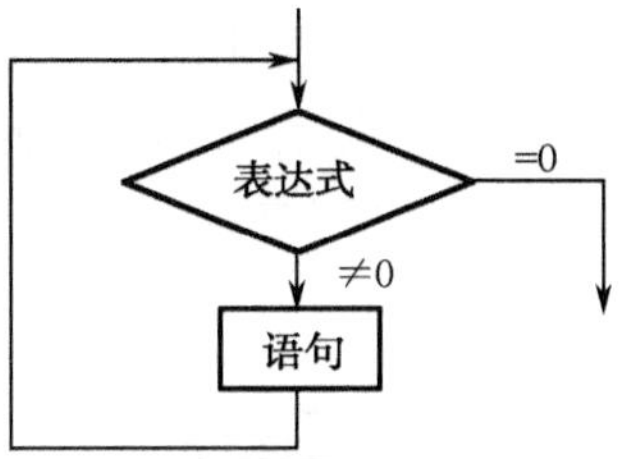

图 3-2　while 语句流程

例 3-2　计算 1+2+3+…+100 的值。

```
main( )
{ int i, sum=0;
  i=1;
  while(i<=100)
    { sum=sum+i;  i++; }
    printf("sum=%d", sum) ;
    }
```

运行结果：

```
5050
```

循环语句不止有一条语句时应该用花括号括起来构成复合形式。例 3-2 中若不加花括号，那么只对 sum=sum+i；一条语句进行循环；i++是必要的，它可以逐步改变循环的表达式值。若无此语句则 i 值不变，总是为 1（<=100），会形成“死循环”。

3.3.2　do-while 语句

do-while 语句的形式是：

```
do{语句} while(表达式);
```

在 do-while 语句中，首先要执行一次 do 后面的语句，然后判断条件表达式，其值不为 0，则再次执行 do 后面的语句，其值为 0 则 do 语句终止执行。可见，do-while 语句和 while 语句的差别是：do-while 不论表达式值如何，先执行一次 do 后面的语句，即先执行语句后判断条件；while 语句先判断条件再根据条件的真或假决定是否执行后面的语句，因此若在一次判断时条件值为 0，则什么也不执行，退出 while 语句。

例 3-3　用 do-while 语句计算 1+2+3+…+100 的值。

```
main()
  { int i=1, sum=0;
    do{ sum+=i; i++;
    } while(i<=100);
    printf("sum=%d", sum);
  }
```

例 3-4　输入一个正整数，以相反顺序输出。例如，输入 1356，输出 6531。

```
main()
  { unsigned number;
    printf("Input a number: ");
    scanf("%d", &number);
    do{ printf("%d", number%10);             / *输出低位* /
         mumber / =10;                       / *原数缩小 10 倍* /
         } while(number!=0);
    printf(" \ n");
    }
```

运行结果：

```
Input a number: 1356↙
6531
```

在例 3-4 中输入 0，输出也为 0。如果简单把此 do-while 语句改为 while 语句，那么当输入为 0 时，无法输出 0，必须另行处理，可见 do-while 语句具有 while 语句不能完全替代的作用。

3.3.3 for 语句

for 语句通常用来控制循环次数事先已知的循环，C 语言中 for 语句功能更强、使用更灵活。

（1）for 语句的一般格式。

for 语句的一般格式为：

```
for（表达式 1；表达式 2；表达式 3）语句；
```

for 语句的工作流程如图 3-2 所示。其工作流程也可用下面的 while 语句来表达。

```
表达式 1；
while(表达式 2)
{ 循环语句；
表达式 3；}
```

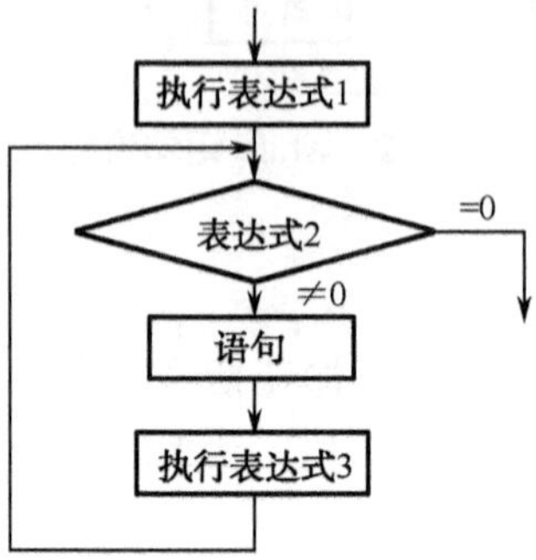

图 3-3　for 语句工作流程

例 3-5　用 for 语句计算 1+2+3+…+100 的值。

```
main()
  { int i，sum=0；
    for(i=1;i<=100;i++)
        sum+=i;
    printf("sum=%d"，sum)；
    }
```

本例 for 语句的执行过程是：先执行赋值语句 i=1，接着判断是否 i<=100，若成立则执行 sum+=i，利用 i++使 i 增 1，然后再次判断是否 i<=100，若成立，进行 sum+=i，直到 i>100 为止。

（2）条件表达式默认的 for 语句。

for 语句的三个表达式可以省略一个、两个甚至三个，但无论省略几项，两个分号不能缺少，在表达式 2 或者三个表达式均省略的情况下，for 语句将无限循环下去，因为表达式 2 不存在时，编译程序认为其值为真。

```
#include 〈stdio.h〉
    main()
      { for(；；)
         putchar('c')；
      }
```

该程序会不停地打印出字符'c'。

（3）条件表达式中包含逗号运算符的 for 语句。

for 语句中的表达式 1 和表达式 3 可以使用逗号运算符。例如，

```
for（i=1，j=50；i<j；i++，j--）
```

其中"i=1，j=50"为表达式 1；"i++，j--"为表达式 2。这两个表达式均从左到右运算，表达式的最终类型和值由右操作数的类型和值决定。例 3-5 可以改写为：

```
main()
  { int i，sum；
    for(i=1, sum=0;i<=100;i++)
        sum+=i;
        printf("sum=%d"，sum)；
        }
```

3.3.4 三种循环语句的比较

C 语言中提供的三种循环语句（for、while 和 do-while）各有特点。

三种循环可以用来处理同一问题，一般情况下它们可以互相代替。while 和 do-while 循环，在 while 后面指定循环条件，在循环体内包含应反复执行的语句，包括使循环趋于结束的语句（如 i++或 i=i+1 等）；for 循环在表达式 3 中包含使循环趋于结束的语句，甚至可以将循环体中的操作全部

放入表达式 3 中（使用逗号运算符），因此凡能用 while 循环完成的，用 for 循环也能完成；用 while 和 do-while 循环时，循环变量初始化操作应在 while 和 do-while 语句之前完成，而 for 语句在表达式 1 中实现循环变量初始化；while 和 for 循环是先判断条件再执行语句，而 do-while 循环是先执行语句后判断表达式；循环语句可以嵌套，循环间可以并列，但不能交叉，多重循环时只能将控制（例如 goto 语句）从内层循环转移到外层循环，不允许从外层循环直接转入到内层的循环体中。

使用循环语句时应充分考虑三个要素：

① 循环初始条件的确定，这是循环的起点，它直接决定今后循环的结果。

② 必须安排好循环体中语句的次序，并且至少要有一条语句对循环结束条件产生影响，否则会形成“死循环”（除非利用 break 语句等手段）。

③ 选择适当的循环结束条件，使结束条件最终能够得到满足（除非用 break、goto 和 return 语句退出循环）。

3.3.5　循环的嵌套

（1）在循环的嵌套中，外层循环每执行一次，内层循环将执行多次。例如，

```
for (i=0;i<10;i++)
   for (j=0;j<10;j++)
      ⋮
```

外层循环每执行 1 次，内层循环将执行 10 次。当循环正常结束时，外层循环执行了 10 次，内层循环则执行了 100 次。

（2）使用循环嵌套时，内层循环必须完全包含在外层循环中，二者不能使用相同的循环变量。

（3）循环嵌套的层数没有限制，但层数太多会使可读性变差。

3.4　控制语句的使用

3.4.1　break 语句

break 语句有两种用途：一是用在 switch 中，强行控制立即退出 switch；二是用在循环中，强行控制立即退出循环。例如，

```
main()
 { int x;
       for (x=1;x<=10;x++)
 { if (x%2= =0) printf("%d",x);
         if (x%5= =0) break;
  }
 }
```

该程序用来输出 1～10 之间的偶数，但当 x 能被 5 整除时就结束循环，结果只能输出 2 和 4。

break 用在循环中，只能退出一层循环。尤其是在嵌套的循环中，只能退出它所在的那一层循环。不能期望用 break 从最内层循环退出最外层循环。

3.4.2　continue 语句

continue 语句只能用在循环中，它的作用是跳过本次循环后面的语句，直接将控制转移到下一轮循环条件的测试。可以说 continue 是将本次循环后面的循环体部分“短路”。例如，

打印 1 到 20 的整数，但不打印 4 和 19。

```
main( )
   { int i=0;
    while (++i<=l0)
```

```
    { if（i= =4||i= =19）continue;
        printf（"%d\n"，i）;
    }
}
```

该程序当遇到 i=4 或 i=19 时不打印（跳过 printf），循环继续。

3.4.3 goto 语句

goto 语句的一般格式是：

```
goto   lable;
  ⋮
lable:  ;
```

其中，lable 是语句标号，命名方法与标识符相同。标号以冒号结尾，必须和使用它的 goto 在同一个函数内。

用 goto 语句和 if 语句配合可以组成循环结构。例如，

```
loop:
    ⋮
    if ( ) goto loop;
```

用 goto 替代 break，可以强行退出循环，并可以退出多重嵌套的循环。例如，下面程序片段中的 goto 可以从最内层直接退到最外层循环之外。

```
    for (…)
     { while (…)
          ⋮
          do
            { ⋮
              if (…) goto stop;
            }
            ⋮
       }
     }
stop: ;
```

例 3-6 从键盘上输入一个整数 n，求 1 到 n 之间的所有素数。

分析：素数是除 1 和自身之外不能被其他整数整除的自然数。例如，2，3，5，7，11，13 等都是素数，从中可以看出除 2 之外，所有素数都是奇数，因此只需要把某奇数 N 不断除以 3，5，7，9，11…，直到 n / 2 为止。若该数 n 不能被这些数之一整除，则它一定是素数。在 C 语言中判断整除的方法往往采用取模运算（%）。

程序如下：

```
#include <stdio.h>
main( )
  { int n，m，i，j，s;
    do {printf("Input n：");
    scanf("%d"，&n);
    }while(n<2);                          / *判断输入数应≥2* /
printf("\n%4d\n"，2);                     / *打印第一个素数 2* /
m=3;
for(i=m；i<=n；i+=2)
  { s=sqrt(i);
   for(j=3；j<s；j+=2)
   if(!(i%j))
       break;                             / *能被整除，退出循环* /
   if(j>=s) printf（"%4d\n"，i）;         / *打印素数* /
```

```
        }
    }
```

3.5　本章小结

程序结构分为顺序结构、选择结构和循环结构。

1. 顺序结构：程序中的各语句按顺序依次执行。

2. 选择结构：程序根据选择控制语句执行语句。

关系表达式和逻辑表达式是两种重要的表达式，主要用于条件执行的判断和循环执行的判断。

C 语言提供了多种形式的条件语句以构成选择结构。

- if 语句主要用于单向选择，形式为：

  if（表达式）语句；

- if-else 语句主要用于双向选择，形式为：

  if（表达式）语句 1；else 语句 2；

- if-else-if 语句和 switch 语句用于多向选择，形式分别为：

```
if（表达式）语句 1；
  else if（表达式）语句 2；
      语句 3；
switch（表达式）
 {case 1：语句 1；
      case 2：语句 2；
      ⋮
      case n：语句 n；
      default：语句 n+1；
}
```

任何一种选择结构都可以用 if 语句来实现，但并非所有的 if 语句都有等价的 switch 语句。switch 语句只能用来实现以相等关系作为选择条件的选择结构。if 语句和 switch 语句都可以使用嵌套结构，使用嵌套结构时需注意内层循环与外层循环的从属关系。

3. 循环结构。

在 C 语言中有三种可以实现循环的语句：

- while 语句，形式为：

  while（表达式）语句；

- do-while 语句，形式为：

  do 语句；

  while（表达式）

- for 语句，形式为：

  for（表达式 1；表达式 2；表达式 3）语句；

三种循环结构都可以使用循环的嵌套。

循环语句可以和 break、continue 及 goto 语句结合，提前结束整个循环或本次循环。

- break 语句有两种用途：一是用在 switch 中，强行控制立即退出 switch；二是用在循环中，强行控制立即退出循环。
- continue 语句只能用在循环中，它的作用是跳过本次循环后面的语句，直接将控制转移到下一轮循环条件的测试。

● goto 语句的功能是强行跳转到某条语句开始执行。

习题

1．已知某公司员工的保底薪水为 500，某月所接工程的利润 profit（整数）与利润提成的关系如下所示（计量单位：元）。计算员工的当月薪水。

工程利润 profit	提 成 比 例
profit≤1000	没有提成
1000<profit≤2000	提成 10%
2000<profit≤5000	提成 15%
5000<profit≤10000	提成 20%
10000<profit	提成 25%

2．写一程序，从键盘上输入一个年份 year（4 位十进制数），判断其是否为闰年。闰年的条件是：能被 4 整除但不能被 100 整除，或者能被 400 整除。

3．有一函数 $y=\begin{cases}-1 & (x<0)\\ 0 & (x=0)\\ 1 & (x>0)\end{cases}$。请编一个程序，输入一个 x 的值，输出 y 值。

4．输出 100 以内（不包含 100）能被 3 整除且个位数为 6 的所有整数。

5．求输入的十个整数中正数的个数及其平均值。

6．使用循环结构求 1～100 之间的所有素数。

7．输入两个正整数 m 和 n，求其最大公约数和最小公倍数。

8．用二分法求下面方程在(−10，10)之间的根。

$$2x^3-4x^2+3x-6=0$$

9．打印九九乘法表。

第 4 章　数组和字符串

在程序设计中经常需要对若干个同类型的数据和变量进行分析和处理。例如，在统计学生成绩时，若以 10 分为一档，那么程序中需要设置 10 个计数器，这些计数器的类型及对它的操作基本相同。如果对它们分别进行说明，那么在程序中使用就会很不方便，为了能够编写简明有效的程序，需要把这些变量有序地组织起来，这就是数组。

数组所表示对象的范围是相当广泛的。例如，一行正文可以表示成一个由字符组成的数组；一个向量可以表示成由一个整数或浮点数组成的数组；矩阵由若干列向量所组成，也可以表示成一个数组。

构成一个数组的各个元素称为数组元素，它们之间有一定的制约关系。首先必须是同一种类型的变量，不允许同一数组中出现不同类型的变量。例如，对字符数组中每个元素都具有字符类型，对整型数组来说每个元素必须是整型。其次，它们是有序的，通过数组的“下标”可以依次访问它们。

本章主要介绍一维数组和二维数组的定义、初始化及引用；字符数组与字符串；数组的赋值、输入和输出；字符串处理函数和数组的简单应用。

4.1　一维数组

4.1.1 一维数组的定义

把若干个同类元素线性地组合起来可构成一维数组，在使用一维数组之前应先对它进行定义。一维数组定义的一般形式是：

```
类型说明符　数组名[常量表达式]
```

例如：int　stu[10];

它表明数组名为 stu，且有 10 个元素。

注意：

（1）数组名定义应符合标识符要求；

（2）数组名后是方括号（不能用圆括号）；

（3）方括号中常量表达式表示数组中元素的个数，即数组的长度。例如，stu [10]表示数组 stu 共有 10 个元素，即 stu [0]，stu [1]，stu [2]，…，stu [8]，stu [9]。请注意，元素编号总是从 0 开始，直到 *n*-1 为止，因此千万不能使用 stu [10]；

（4）C 语言中不允许用变量定义数组大小，即不允许对数组大小进行动态定义。下面的定义是错误的：

```
int n=10,a[n];
```

4.1.2　一维数组的引用

一维数组的引用格式为：

```
数组变量名[下标]
```

对数组元素进行引用时，需注意以下几点：

（1）下标可以是整型常量、整型变量或整型表达式。C 语言规定，下标的最小值是 0，最大值是数组大小减 1 。

例如：short int a[10];

该数组中第一个元素为 a[0]，然后依次为 a[1]，a[2]，…，a[9]。

（2）只能逐个引用数组元素，不能一次引用整个数组。

例如，int a[10];

```
printf ("%d", a);            /*该语句欲使用数组名引用全部元素是错误的。*/
```

应写为：for (j = 0; j < 10; j++)

printf ("%d\t", a[j]);

（3）数组定义以后，数组中的每一个元素其实就相当于一个变量，所以有时也把数组元素称为下标变量。对变量的一切操作同样也适合于数组元素。

（4）数组引用要注意越界问题，在对数组元素进行引用时，下标最大为数组元素个数减 1。

（5）数组必须先定义，后使用。

C 语言中规定只能对数组元素进行操作，而不能对整个数组进行操作。数组元素在数组中的自编号称为“下标”，其值为 0～n-1。但要注意，C 语言中对数组的下标变量值不进行合法性检查，允许数组下标越界，应引起程序员的注意，避免产生错误。

数组元素的赋值也可以先定义后逐个元素赋值，一般输入和输出通常使用循环来逐个进行。用单重循环可以实现一维数组的赋值、输入和输出：

```
float x[10];
int i;
x[0]=1;
for(i=1;i<10;i++)
  scanf("%f",&x[i]);
for (i=0;i<10;i++)
  printf("%.2f",x[i]);
```

4.1.3 一维数组的初始化

在以上例子中用赋值语句或 for 语句来对一维数组赋初值，需占用运行时间。也可以使数组在程序运行之前初始化。

1. 在定义数组时赋予初值

```
static int a[10]={0, 1, 2, 3, 4, 5, 6, 7, 8, 9};
```

（1）初始化时前面加上 static（静态存储）或 extern（外部存储），即 C 语言规定只有静态存储的数组或外部存储的数组才能初始化。

（2）初始化值放在花括号中，从 a[0]开始初始化，本例中 a[0]＝0，a[1]＝1，a[2]＝2，…，a[9]＝9。

2. 允许给部分元素初始化

```
static int a[10]={0 , 1 , 2 , 3 , 4 , 5};
```

该语句表明对前 6 个元素（a[0]～a[5]）进行初始化，后 4 个元素（a[6]～a[9]）的值为 0。

3. 给一个数组全部元素赋值为零的方法

```
static int a[10]={0, 0, 0, 0, 0, 0, 0, 0, 0, 0};
```

该语句也可直接写为：

```
static int a[10];
```

即对静态存储数组，系统会对所有元素自动赋值为 0。

4. 在对全部数组元素赋初值时可以不指定数组的长度

例如：

```
static int a[ ]={1 , 2 , 3 , 4 , 5 , 6};
```

等价于：

```
static int a[6]={1 , 2 , 3 , 4 , 5 , 6};
```

在第一种写法中，花括号中有 6 个元素，因此数组 a 自动定义长度为 6，但如果被定义的数组长度与提供初值的个数不相同则不能省略数组长度。

下面是应用一维数组的实际例子。

例 4-1　数据统计中经常用到标准差的概念。假设有 n 个数 d_i (i=1～n)，其标准差的计算公式为：

$$s=\sqrt{\frac{1}{n-1}\sum_{i=1}^{n}(d_i-\mathrm{dd})^2}$$

其中，dd 是 d_i 的平均值：

$$\mathrm{dd}=\frac{1}{n}\sum_{i=1}^{n}d_i$$

要计算标准差，先将各个 d_i 存入数组 d 中，然后其平均值 dd，最后用累加和的方法求 d_i 与 dd 的差的平方之和，并调用标准数学函数 sqrt()求得平方根，最后获得标准差。

```
#include<math.h>
#define N 1000
main()
  { int i,n;
    float d[N],dd,s;
    scanf("%d",&n);                    /* 输入数据个数 */
    for (i=0;i<n;i++)                  /* 输入 d 数组 */
      scanf("%f",&d[i]);
    dd=0;                              /* 计算平均值 */
    for (i=0;i<n;i++)
    dd+=d[i];
    dd/=n;                             /* 平均值 */
    s=0;                               /* 计算标准差 */
    for (i=0;i<n;i++)
      s+=(d[i]-dd)*(d[i]-dd);
    s=sqrt(s/(n-1));                   /* 标准差 */
    printf("s=%f",s);
  }
```

例 4-2　假设有 20 个数保存在数组 a[20]中，要求用冒泡排序方法，将它们按从小到大的顺序排列。

与选择排序不同，冒泡排序时，总是进行两个相邻元素的比较，其过程是：

（1）先将 a[0]与 a[1]比较，若 a[0]<a[1]，则将二者交换；然后将 a[1]与 a[2]比较，若 a[1]< a[2]，则将二者交换；否则再进行下面两个相邻元素的比较。经过这一轮 19 次比较后，最小数已沉到数组的底部，即 a[19]存放的是最小值。

（2）先将 a[0]与 a[1]比较，若 a[0]<a[1]，则将二者交换；然后依次将 a[1]与 a[2]比较，直到 a[17]与 a[18]比较后，就将次小数沉到数组元素 a[18]中。

（3）以此类推，最后一轮将 a[0]和 a[1]比较，最终将最大数上浮到数组顶部的 a[0]中。在排序过程中，把小数比成气泡，使之不断浮出，当气泡已一步一步上移到顶部时，排序过程即告结束。

冒泡排序的比较次数和选择排序相同，但交换次数比选择排序大。

```
#define N 20
main()
  { int i,j;
    float a[N],t;
    for (i=0;i<N;i++)
      scanf("%f",&a[i]);                          /* 输入 20 个数据 */
    for (i=0;i<N-1;i++)
      for (j=0;j<N-i-1;j++)
```

```
            if (a[j]<a[j+1])
            { t=a[j]; a[j]=a[j+1]; a[j+1]=t;                    /* 相邻的两个数据交换 */
            }
      for(i=0;i<N;i++)
         printf("%6.2f%c",a[i],(i%10==9||i==N-1)?'\n':' ');     /* 打印排序后的数据 */
   }
```

4.2 二维数组

4.2.1 二维数组的定义

二维数组定义的一般形式是：

```
类型说明符  数组名[常量表达式][常量表达式];
```

例如：float lmn[2][5]，xyz[3][6]；

定义数组 lmn 为 2 行×5 列，xyz 为 3 行×6 列。注意不能写成 lmn[2,5]或 xyz[3,6]。

C 语言中二维数组的元素是按行存放的。例如，数组 a[3][2]存放的次序为：a[0][0]，a[0][1]，a[1][0]，a[1][1]，a[2][0]，a[2][1]。实际上，可以把数组 a 理解为三个一维数组名的集合。

```
    ┌ a[0]…a[0][0]    a[0][1]
a  ┤ a[1]…a[1][0]    a[1][1]
    └ a[2]…a[2][0]    a[2][1]
```

4.2.2 二维数组的引用

二维数组的元素的引用形式为：

```
数组名[下标 1][下标 2]
```

要注意 a[m][n]的下标值，行下标为 0～m−1，列下标为 0～n−1。

应严格注意数组定义和数组元素引用间的区别，定义 a[3][2]用来说明数组的维数和各维大小；引用 a[3][2]时，3、2 为下标值，代表某一个元素。

二重循环可以实现二维数组的输入和输出：

```
int a[3][4],i,j;
for (i=0;i<3;i++)
   for (j=0;j<4;j++)
      scanf("%d",&a[i][j]);
   for (i=0;i<3;i++)
      for (j=0;j<4;j++)
      printf("%8.2f ",a[i][j]);
printf("\n");
```

4.2.3 二维数组的初始化

除了用循环方式外，二维数组还可以用下列方法初始化。

（1）分行给二维数组赋初值，例如：

```
static  int  a[3][4]={{1 , 2 , 3 , 4} , {5 , 6 , 7 , 8} , {9 , 10 , 11 , 12}};
```

这种赋值方法比较直观，第一个花括号中将数据赋给二维数值的第一行，第二个花括号中将数据赋给第二行……

（2）也可以将所有数据一起写在一个花括号内，但数据较多时容易遗漏，也不易检查。例如，

```
static  int  a[3][4]={1, 2, 3, 4, 5, 6, 7, 8, 9, 10, 11, 12};
```

（3）可以对部分元素赋值，其他元素自动置为 0。例如，

```
static  int  a[3][4]={{1} , {2} , {3}};
```

赋初值后，数组 a 中的元素为：

$$\begin{pmatrix}1&0&0&0\\2&0&0&0\\3&0&0&0\end{pmatrix}$$

（4）如果对全部元素都赋值，则数组的第一维长度可以不指定，但第二维长度必须指定。例如，

```
static int a[ ][4]={1, 2, 3, 4, 5, 6, 7, 8, 9, 10}
```

例 4-3　求一个 3×3 矩阵的对角线元素之和。

```
main( )
{ float a[3][3], sum=0;
  int i ,j;
  printf("input elements please：  \n");
  for(i=0; i<3; i++)
  for(j=0; j<3; j++)
        scanf( " %f " ,&a[i][j] );      /* 输入矩阵数据 */
  for(i=0; i<3; i++)
        sum=sum+a[i][i];
  printf("sum=%.2f" , sum);
}
```

例 4-4　将二维数组 a 中的行列转置后放入二维数组 b 中。例如，

$$a=\begin{pmatrix}3&5&7\\ \\4&5&6\end{pmatrix}\ \text{转置后}\quad b=\begin{pmatrix}3&4\\5&5\\7&6\end{pmatrix}$$

```
main ()
{ static  int  a[2][3]={{3, 5, 7}, {4, 5, 6}};
  static  int  i, j, b[3][2];
  printf( " Array a is\n " );
  for(i=0;i<=1;i++)
   {for (j=0;j<=2;j++)
      { printf ( " %5d  " , a[i][j] );
        b[j][i]=a[i][j];
        }
        printf( " \n " );
      }
  printf( " Array b is \n  " );
  for(i=0; i<=2; i++)
  {for(j=0; j<=1; j++)
     printf( " %5d " , b[i][j] );
    printf( " \n " );
    }
}
```

4.3　字符型数组和字符串

4.3.1　字符型数组

数组元素类型为字符型的数组为字符数组，字符型数组占用连续的内存空间，其中每一个元素是一个字符，占一个字节。

1. 字符数组的定义

字符数组的定义形式如下：

```
char 数组名[常量表达式]
```

2. 字符数组的初始化

对于字符数组的初始化，最容易理解的方式是用字符常量初始化，即将逐个字符赋给数组中的各元素：

```
char str[10]={'I','a','m','h','a','p','p','y'};
```

即把 10 个字符分别赋给 str[0]到 str[9]这 10 个元素。若花括号中提供的字符个数大于数组长度，则按语法错误处理；若小于数组长度，则将字符常量赋给字符数组中前面的元素，其余的元素自动置为空'\0'。

用初始化方法隐含规定字符型数组的大小，可以免除乏味的统计字符个数的工作。例如，某一维字符型隐含大小的数组可以定义如下：

```
char str[]={'T','h','e',' ','s','t','r','i','n','g',};
```

编译系统会根据初值字符的个数自动确定其大小。

4.3.2 字符串和字符串数组

C 语言没有字符串变量，而用字符型数组来存放和处理字符串。其中，一维字符型数组可存放一个字符串，二维字符型数组可存放多个字符串。

1. 存放字符串的字符数组的定义

由于 '\0' 字符是字符串的结束标志，末尾的 '\0' 字符也占一个字节，因此，在定义字符型数组时，一定要为末尾的'\0'字符预留一个元素的空间。

例如，定义：

```
char str1[30];
char str2[10][80];
```

则 str1 可存放一个长度不超过 29 个字符的字符串，str2 可存放 10 个字符串，每个字符串的长度都不超过 79 个字符。

因此在用字符常量对字符数组进行初始化时，即将各个字符常数及末尾的'\0'字符用逗号隔开，依次放在花括号中。例如，

```
char str[12]={'T','h','e',' ','s','t','r','i','n','g','.','\0'};
char language[5][8]={{'B','A','S','I','C','\0'},
                     {'F','O','R','T','R','A','N','\0'},
                     {'P','A','S','C','A','L','\0'},
                     {'C','\0'},
                     {'C','O','B','O','L','\0'}};
```

2. 使用字符串对字符数组进行初始化

对于字符数组也可以用字符串常量进行初始化，即将字符串常量直接放在花括号中，这时，编译系统会自动在每个字符串的末尾加上 '\0' 字符。例如，

```
char str[12]={"The string."}; /*此时，花括号可以省略*/
char Language[5][8]={"BASIC","FORTRAN","PASCAL","C","COBOL"};
```

3. 字符数组隐含长度

在未定义数组长度，使用字符串对字符数组进行初始化时，字符数组的长度为字符串长度加 1。

例如，char str[]="string";

str 数组的长度为 7。

某二维隐含尺寸数组可定义如下：

```
char language[][8]={"BASIC","FORTRAN","PASCAL","C","COBOL"};
```

编译系统会按初始化字符串的个数自动确定该数组的尺寸。

编译系统为字符型数组安排存储空间时，依据的是数组定义的大小，而不是根据初始化字符串

的长度。例如：

```
char st[20]="ABCDEFG";
```

系统为数组 st 安排的存储单元的个数是 20 而不是 8。

定义隐含尺寸的字符型数组时，若用字符常量进行初始化而遗漏了末尾的'\0'字符，就会使数组减少一个字节的存储空间；若用字符串常量进行初始化，编译系统会自动为数组增加一个字节的存储空间。例如，

```
char a[]={'A','B','C','D'},b[]="ABCD";
```

这两个字符串的长度是相等的，都是 4，但数组 a 占用的内存空间是 4 字节，而数组 b 占用的内存空间是 5 字节。

4．对一维字符型数组而言，数组名代表一个字符串，每个元素则表示一个字符

例如，st[i]表示字符串 st 中第 i 个字符。对二维数组而言，数组的每一行代表一个字符串，每一列代表一个字符。例如，定义 char s[3][80]后，s[i]代表第 i 个字符串，s[i][j]代表第 i 行第 j 个字符。

5．不能直接将一个字符串给字符型数组名，只能对每个元素用字符常量赋值

例如已经定义了 char st[4]，要把字符串“ABC”赋给字符数组 st，可用下面的方法实现：

```
st[0]='A';st[1]='B';st[2]='C',st[3]='\0';
```

而下面的三种赋值方式都是错误的。

```
st[]="ABC";
st[4]="ABC";
st="ABC";
```

4.3.3　字符串的输入与输出

可以用"%s"控制的 scanf()或 gets()函数进行字符串的整体输入，用"%s"控制的 printf()或 puts()函数进行字符串的整体输出。

用"%s"控制的 scanf()函数及 gets()函数、用"%s"控制的 printf()函数及 puts()函数输入/输出字符串时，要求地址量作为输入/输出项，对一维数组而言，数组名就是一个地址量，对二维数组而言，数组名连同第一个下标也是地址量，它们可以直接使用，不要在数组名前面再加上&给字符型数组输入字符串。假设有 str[80]和 ch[10][80]，则

```
scanf("%s",str);          /* 或 scanf("%s",&str[0]); */
gets(str);                /* 或 gets(&str[0]); */
scanf("%s",ch[i]);        /* 或 scanf("%s",&ch[i][0]); */
gets(ch[i]);              /* 或 gets(&ch[i][0]); */
```

可以输入字符串 str 及数组 ch 中的第 i 个字符串，键盘输入的字符串不加引号。

```
printf("%s\n",str);       /* 或 printf("%s\n",&str[0]); */
puts(str);                /* 或 puts(&str[0]); */
printf("%s\n",ch[i];      /* 或 printf("%s\n",&ch[i][0]); */
puts(ch[i]);              /* 或 puts(&ch[i][0]); */
```

可以输出字符串 str 及数组 ch 中的第 i 个字符串。

如果一个字符型数组 str 存放了字符串以后，则该字符串将占用固定的存储空间，数组名 str 就是这块存储空间的首地址，是一个不能改变的地址常量。数组 str 中的每一个元素都有自己的名字：str[0]，str[1]，str[2]，…。可以通过这种形式来引用每个字符。因此，在程序运行期间，随时可以通过数组元素 str[i]来引用每一个存储单元。

由于字符型数组名是一个常数，使用字符型数组存储和处理字符串时，除了可以用字符串常量对字符型数组进行初始化外，不能对字符型数组名 str 施行赋值操作，也不能用类似 str++这样的形式来存取字符串中的字符。例如，

```
char str[80];
```

```
str="The string.";
```

是错误的。同样，类似 printf("%c",str++)；这样的语句也是错误的。

用"%s"控制的 scanf()函数给字符型数组输入字符串时，若遇到空格、制表符或回车符就结束输入，而 gets()函数只有遇到回车符时才终止接收。例如，

```
char str1[80],str2[8];
scanf("%s",str1);
gets(str2);
```

如果从键盘输入：

```
good morning
good morning
```

str1 的值为"good"，而 str2 的值为"good morning"。

printf()函数在输出字符串时，遇到'\0'字符即结束输出，但没有换行功能；而 puts()函数则除了遇到'\0'字符结束输出外，还把'\0'字符自动转换成换行符。如果 str="good morning"，则 printf("%s,%s\n",str,str);输出为 good morning,good morning，而 puts(str);puts(str);输出为：

```
good morning
good morning
```

用"%s"控制的 scanf()和 printf()及 gets()和 puts()函数都要求用地址量作为参数。若使用数组名，由于数组名表示字符串的首地址，因此本身就是地址量，则不要在数组名前面加&，它表示从第一个字符位置开始接收或输出一个字符串；若使用数组元素，则应在数组元素前加&，它表示从该元素开始接收或输出一个子字符串。例如，

```
gets(str);
puts(&str[3]);
```

若从键盘输入 abcdefg，则输出 defg。

函数 gets()和 puts()都定义在头文件 stdio.h 中，使用时一定要用#include <stdio.h>包含该头文件。

4.3.4 字符和字符串处理函数

C 语言不提供字符串处理功能，但 C 编译系统通常在其函数库中提供了很多字符串和字符处理函数供用户调用。字符串处理函数一个字符串作为处理对象，字符处理函数以单个字符作为处理对象。

1．求字符串长度函数 strlen(str)

该函数的作用是求给定字符串 str 的长度，即字符串中包含的字符个数（不计字符串末尾的'\0'）。例如，下面的程序运行结果为 4。

```
#include <string.h>
main()
  { char str[80]= "abcd";
    printf("%d\n",strlen(str));
  }
```

2．字符串复制函数 strcpy(str1,str2)

该函数的作用是将字符串 str2 复制到 str1 中。实际复制过程是从 str2 中的第一个字符起，直到末尾的'\0'字符，依次复制到 str1 的相应位置上。如果 str1 中已有字符，则这些字符将被替换。例如，

```
#include <string.h>
main()
  { int i;
    char str1[7]="abcdef",str2[4]="xyz";
    strcpy(str1,str2);
    puts(str1);
```

```
        for (i=0;i<7;i++)
            printf("%c",str1[i]);
    }
```

程序运行结果为：

```
xyz
xyz ef
```

这是因为 str1 中原有 6 个字符，前 4 个被 str2 中的字符替换，后 2 个并未被替换。puts()只能将 str1 中'\0'字符之前的 3 个字符输出，而 printf()函数通过循环控制可将 str1 中的所有字符输出，对'\0'字符则输出一个空格。特别要注意，尽管 str1 中仍有 6 个字符，但其长度并不是 6，而是 3，因为 strlen()函数在计算字符串长度时，只计算'\0'字符之前的字符数。

3．字符串比较函数 strcmp(str1,str2)

该函数的作用是对 str1 和 str2 进行逐个字符的比较，比较的结果是一个整数：

若 str1==str2，结果为 0（对应字符完全相同）；

若 str1<str2，结果为一个负整数（两个不相等字符的 ASCII 代码值之差）；

若 str1>str2，结果为一个正整数（两个不相等字符的 ASCII 代码值之差）。

例如，若 str1="abcd"，str2="abcd"，则 strcmp(str1,str2)的返回值为 0；

若 str1="abc"，str2="abd"，则 strcmp(str1,str2)的返回值为-1；

若 str1="abc"，str2="ab"，则 strcmp(str1,str2)的返回值为 99。

4．字符串连接函数 strcat(str1,str2)

该函数的作用是将 str2 连接到 str1 的末尾，即 str1 末尾的'\0'字符将被 str2 的第一个字符替换，从而将 str2 接在 str1 的末尾，str2 不变。例如，若定义：

```
char str1[80]="abcd",str2[]="xyz";
```

则使用 strcat(str1,str2)后，str1 的值为 abcdxyz，而 str2 仍为 xyz。

使用该函数时，应保证 str1 的长度足能容纳 str1 和 str2 中的所有字符。

5．字符转换函数 tolower(ch)

该函数的作用是将 ch 字符转换成小写字母。例如，tolower('D')的结果为'D'。

6．字符转换函数 toupper(ch)

该函数的作用是将 ch 字符转换成大写字母。例如，toupper('a')的结果是'A'。

Turbo C 编译系统将以上介绍的四种字符串处理函数定义在头文件 string.h 中，后两种字符处理函数定义在头文件 ctype.h 中，当程序中使用这些函数时，要将相应的头文件包含进来。

例 4-5 自己编制程序把字符串 t 复制到字符串 s 中。

其实，可以直接调用函数库中的 strcpy()来进行字符串的复制，也可以自行编制一个程序实现库函数 strcpy()的功能，只要把源字符型数组 t 中的各个字符顺次存放到数组 s 中，直到 t 字符串的末尾，最后在 s 的末尾增加一个 '\0' 字符。

```
#include <stdio.h>
main()
  { char s[21],t[]="This is a C program!";
    int i=0;
    while ((s[i]=t[i])!='\0')
      i++;
    s[i]='\0'
    printf("%s\n",s);

    printf("%s\n",t);
```

```
}
```

数组是程序设计中使用十分广泛的一种数据结构，它由同类型有序的若干元素组成。通过数组“下标”可以依次对数组元素进行访问。在 C 语言中只能对数组元素进行操作，而不能对整个数组进行操作，同时数组名实际上是一个地址（指针），指向内存中数组的第一个元素。

数组定义时规定了数组大小（n），下标使用时从 0 到 n-1，但 C 语言中不对下标“越界”进行任何语法检查，由程序人员自己控制，因此需格外小心。

二维数组定义时必须写两个方括号。例如 x[2][3]，表示 x 为 2 行 3 列的数组，不能写成 x[2,3]，这是与其他程序设计语言不同的地方。对数组 x[m][n]，下标的使用也是 0～m-1 和 0～n-1。多维数组的概念与二维数组类同。

数组初始化有各种不同的方法，若定义数值时就进行初始化，应加上 static（静态存储）。例如 static int x[5]={1，2，3，4，5};，也可对部分元素初始化，例如 static int x[10]={0，1，2，3};（后 6 个元素自动置 0）。当对全部元素赋值时也可以不指定数组长度，例如 static int x[ ]={0，1，2，3，4};。但在这种情况下，对二维数组赋值时第一维长度可以不指定，第二维长度必须指定，例如 static int x[ ][4]={1，2，3，4，5，6，7，8};。

C 语言中存放字符的数组称为字符数组，其操作与一般数组相类似，字符串可作为字符数组来处理。由于人们比较关心的是字符串长度，因比 C 语言中用'\0'作为字符串的结束符。例如，" This is a C program! " 有 20 个字符，但实际上占用 21 个内存字节。输入一个字符串时，scanf 中不能用'&'符号（因为字符数组名相当于一个地址），同时遇到空格时认为是一个字符串输入结束的标志。

4.4 本章小结

1．数组是程序设计中最常用的数据结构。它是一种构造类型，数组中的每一个元素必须属于同一种数据类型。数组中的元素在内存中是连续存放的。数组变量名是数组在内存中的首地址，是一个地址常量，不可对其赋值。二维数组变量也是地址常量，二维数组中的每一维也是地址常量。

2．数组可以是一维的、二维的或多维的。

3．数组类型说明由类型说明符、数组名、数组长度（数组元素个数）三部分组成。数组元素又称为下标变量。数组的类型是指下标变量取值的类型。

4．字符数组也是一种常规数组，但由于字符数组可以用来存放字符串，因此，字符数组在定义时可以利用字符串常量为字符数组变量赋初值。这是其他类型数组所不具备的。其他类型的数组变量在赋值时必须使用初值列表，而字符数组却可以使用字符串常量。

5．字符串是一种以'\0'结尾的字符序列，因此用来存放字符串的字符数组的长度要比字符串的实际长度大 1 才可以。

6．C 语言提供了许多有关字符串处理的函数，这些函数在用 C 语言编程过程中经常用到，务必要熟练掌握。

习题

1．用冒泡排序法将 10 个整数按照从小到大的顺序排序。

2．已知数组中存放着已排好序的 10 个整数，现从键盘输入一个正整数，要求按数组排序规则将该数插入数组中。

3．将一个数组中的值按逆序存放。

4．用数组来处理求 Fibonacci 数列问题。

5．有一个 4×5 的矩阵，要求编写程序求出其中值最小的元素的值及其所在的行号和列号。

6．求一个 3×3 整形矩阵的对角线元素之和。

7．找出一个二维数组中的鞍点，即该位置上的元素在该行上最大，在该列上最小，若没有鞍点则输出相关提示。

8．编写程序输出一个钻石图形。

```
     *
   *   *
 *       *
   *   *
     *
```

9．编写一个程序，比较两个字符串的大小，不要用 strcpy()函数。

10．将 M 行×N 列的二维数组中的数据按列的顺序依次放到一维数组中。

例如，二维数组中的数据为：

```
33  33  33  33
44  44  44  44
55  55  55  55
```

则一维数组中的内容应是：

```
33  44  55  33  44  55  33  44  55  33  44  55
```

第5章　指　　针

指针是变量在内存中的地址，是C语言中一个重要的概念。在C语言中，用指针可以直接访问内存单元中的数据，有时用指针可以编制出更紧凑和更有效的程序代码。指针支持内存的动态分配，指针还能有效地处理诸如链表、树、图等复杂的数据结构。

指针是C语言的一个重要特色，也是学习中的一个难点，学习C语言的人都应该深入学习和掌握指针的概念和应用，可以说没有掌握指针就没有掌握C语言的精华。本章将介绍指针的概念、定义和运算；用指针访问变量的方法；用指针访问数组的方法；多级指针的概念；用指针处理字符串；用指针进行动态存储分配的方法。

5.1　指针的概念

如果在程序中定义了一个变量，编译时就给这个变量分配内存空间，系统根据变量的类型进行分配。例如，许多微机的C语言系统对整型变量分配连续的两个字节，字符变量一个字节，实型变量四个字节，等等。内存在每一个字节都有一个编号，称为“地址”，在地址所标志的单元中存放数据，因此内存单元的地址与内存单元内容这两个概念是不同的。

假定某程序中定义了两个整型变量a，b及一个实型变量c，编译时可能把2000和2001两个字节分配给变量a，2002和2003分配给变量b，2004～2007这4个字节分配给变量c，这样在内存中就不再有a，b，c这些变量名，而是通过它们的地址进行输入或输出。

例如，pintf("%d"，a);

根据变量名a与地址的对应关系，找到其地址为2000，然后从2000开始的两个字节中取出数据（即变量a的值）并输出到屏幕上；再如，seanf("%f"，&c)就把磁盘输入的值送入变量c的地址2004开始的4个字节中，这种按照变量地址存取变量值的方式称为“直接访问方式”。

另一种访问内存的方法称为“间接访问方式”，变量a的地址（2000）放入另一内存单元（3000和3001中），即其内容为&a，此时要存取变量a的值，首先通过寻找a-pointer的值（即2000），然后再由a-pointer中的值去寻找a的值。

在C语言中，一个变量的地址称为该变量的指针。例如，地址2000是变量a的指针。如果有一个变量专门用来存放另一个变量的地址（指针），那么称它是指针变量，上述a-pointer就是一个指针变量，可见指针变量中的值不是变量而是指针（地址），因此一定要区分指针和指针变量的不同概念，即说变量a的指针是2000，而不能说它的指针的变量是2000。

在不同机器上或在同一机器上不同的运行时间，变量的分配地址是不确定的，即&a的值可能会发生变化，但无论&a返回什么值它都是分配给变量a的存储空间地址，因此不应该人为地对&a赋值。例如，写成&a=2000;是错误的。

5.2　指针和指针变量

变量的指针是一个地址，可以定义一个指向变量的指针变量，ap代表指针变量，用'*'表示“指向”，即*ap表示ap所指向的变量值，设*ap就是a的值，所以a=15;表示把15赋给变量a，而*ap=15;表示把15赋给ap，其含义是一样的。

5.2.1 指针变量的定义

C 语言规定所有变量在使用之前必须定义，规定其类型，指针变量不同于整型变量和其他类型的变量，它是专门存放地址的，应把它定义为“指针类型”。定义指针的一般形式为：

```
[存储类型] 数据类型 *指针 1，*指针 2，…
```

指针的数据类型包括 int、float、char、double 和 void 五种基本类型，指针定义中的“*”是指针的说明符，而不是访问地址运算符。

例如：int a, b;

int *ap, *bp;

以上语句定义了两个类型数 a 和 b，定义了两个指针变量 ap 及 bp，可以用赋值语句使一个指针变量指向一个整型变量。

```
ap=&a
bp=&b
```

此后，ap 指针变量能指向整型变量 a，bp 指向 b。

（1）标识符前面的“*”表示该变量为指针变量，指针变量名是标识符名（不包括前面的“*”），这是与前面一般变量定义所不同的，因此上面的 ap 和 bp 都是指针变量名，但*ap 和*bp 都不是指针变量名。

（2）一个指针变量只能指向同一个类型的变量。例如，上面的 ap 只能指向整型变量，通常用*ap 及*bp 分别表示指针变量 ap 及 bp 所指的变量。

5.2.2 指针变量的引用

指针变量中存放的是地址（指针），不是变量值，因此下面赋值语句是错误的：

```
ap=5;
```

引用指针变量时有两个有关的运算符：

& 取地址运算符。

* 指针运算符（间接访问运算符）。

&d 表示变量 d 的地址，*p 为指针 p 所指向的变量。

例 5-1 指针变量的使用

```
main( )
  { int a，b;
    int *ap，*bp;
    a=1;b=2;
    ap=&a;                          /* 把变量 a 的地址赋给指针变量 */
    bp=&b;                          /* 把变量 b 的地址赋给指针变量 */
    printf（"%d，%d\n"，a，b）;
    prinft（"%d，%d\n"，*ap，*bp）;
    }
```

运行结果：1，2

1，2

上面的程序开始定义了两个指针变量 ap 及 bp，但什么也没有指向，它可以指向任意一个整型变量，至于指向哪一个要由程序来确定，因此程序中第五行和第六行 ap 中为变量 a 的地址（可用&），bp 中为变量 b 的地址。

程序中出现两次*ap 及*bp，但其含义不同，程序第三行是对 ap 及 bp 两个指针变量进行定义，它们前面的“*”仅标志它们是指针变量，程序最后 prinft 语句中的*ap 及*bp 为 ap 及 bp 所指向的变量。

可写为 ap=&a，但不能写成*ap=&a，因为 a 的地址是赋给指针变量 ap，而不是赋给*ap。

“&”及“*”两个运算符优先级相同，但执行时按从右向左方向结合。

如果执行了 ap=&a;语句，&*ap 含意是先执行*ap，它就是变量 a，再执行“&”运算，因此&*ap 等价于&a。

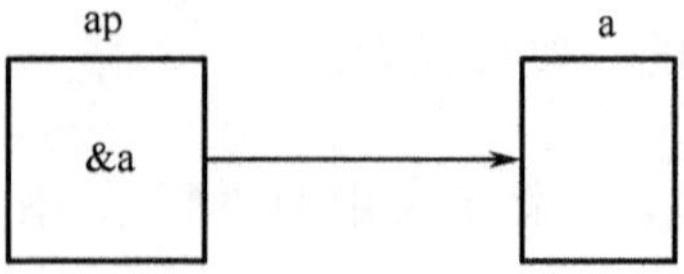

图 5-1 .*&a 与 a 等价

若 bp=&*ap;，则把 a 的地址赋予指针变量 bp，因此此后 bp 不再指向 b 而是指向 a。

同理，*&a 等价于 a，如图 5-1 所示。

(*ap)++相当于 a++，注意此时括号是不可缺少的，如果没有括号，则变成*(ap++)，显然，此时 ap 不再指向变量 a 了。

例 5-2 输入 x、y、z 三个整数，按从大到小的顺序输出。

```
main( )
  { int  *pl, *p2, *p3, x, y, z, *p;
    scanf("%d, %d, %d", &x, &y, &z);
    p1=&x, p2=&y;p3=&z;
    if(x<y) {p=p1;p1=p2;p2=p;}
    if(x<z) {p=p1;p1=p3;p3=p;}
    if(y<z) {p=p2;p2=p3;p3=p;}
    printf("\n x=%d, y=%d, z=%d\n", x, y, z);
    printf("max=%d, middle=%d, min=%d", *p1, *p2, *p3);
    }
```

输入：5，1，4↙

输出：x=5，y=1，z=4

max=5，middle=4，min=1

说明该程序不是交换变量值，而是交换指针变量值（即交换 x、y、z 值的地址）。

指针变量只有指向相同类型的数据对象（变量、数组等）才有意义，不能将指针指向不同类型的对象，也不能引用尚未指向对象的指针。

可以用初始化或赋值的方法使指针指向某一数据对象。对指针进行初始化时，要先定义对象。例如，下面的写法是错误的：

```
char p=&c;
char c;
```

因为编译 char p=&c 时，变量 c 还未安排存储单元，它的地址不存在。用赋值的方法使指针指向数据对象，一定要把数据对象的地址赋给指针。例如，下面的写法同样是错误的：

```
float a,*p;
p=a;
```

应写成：

```
p=&a;
```

空指针也叫 NULL 指针，是指已经定义但未指向数据对象的指针；void 型指针也叫无值类型指针，是仅表示指向内存的某个地址而未说明指向何种类型数据指针。例如，

```
void *pa;
int *pi;
```

pa 为无值类型指针，pi 为空指针。void 型指针和空指针都不能用来访问数据对象。为避免无意中使用空指针，最好对暂时不用的指针赋 NULL 值（也可以写成 0 或 '\0' ）。例如，int *pa=NULL;，这样即使用错，系统也会报错而不会危及其他。对 void 型指针，可以通过强制类型转换使其指向某一种类型的数据对象。例如，

```
void *pa;
double x=3.56;
(double *)pa=&x;
printf(“%lf\n”,*(double *)pa);
```

可以使一个 void 型的指针指向一个 double 型的数据对象。

5.2.3 指针的运算

指针与整数相加减，可以移动指针。相加时，表示 p 向高地址方向移动；相减时，表示 p 向低地址方向移动。移动的具体长度取决于指针的数据类型，由计算机自动确定。

如果两个指针之间存储的是相同类型的数据（通常是数组的情况），则这两个指针可以相减，结果是这两个指针之间包含的数据对象的个数。

两个同类型的指针或一个指针与一个地址量进行比较，可以反映两个地址的前后关系。特别地，当一个指针与 NULL（或 0，或 '\0' ）进行相等或不等的比较时，可以判断该指针是否为空指针。例如，

```
if(p!=NULL) printf("%d\n",*p);
```

该语句表示当 p 不是空指针时，就显示该指针所指存储单元的值。

若定义了指向简单变量的指针，则完全可以不再使用变量名，而直接使用指针去访问。例如，

```
main()
  { int a,b,*p=&a;
    scanf("%d%d",p,p+1);
    printf("a=%d,b=%d\n",*p,*(p+1));
  }
```

程序中 p 存放的是变量 a 的地址，p+1 表示变量 b 的地址，直接使用指针 p 来输入和输出变量 a 和 b 的值。

5.3 指针与数组

5.3.1 用指针访问一维数组

定义指向一维 int 型数组指针的一般格式为：

```
[存储类型] int a[5],*p=a;        /* 或 *p=&a[0] */
```

或

```
[存储类型] int a[5],*p;
p=a;    /* 或 p=&a[0] */
```

如果定义了指向一维数组 a 的指针 p，则可以通过指针的移动来访问 a 的各个元素。数组元素 a[i]的地址及数值的各种等价表示形式如表 5-1 所示。

表 5-1 用指针访问一维数组元素的各种等价形式

a[i]的地址表示形式	a+i	&a[i]	p+i	&p[i]
用[]访问 a[i]的值	a[i]		p[i]	
用*访问 a[i]的值	*(a+i)	*&a[i]	*(p+i)	*&p[i]

一维数组的存储结构是线性的，在内存中占用一片连续的存储单元，定义了指向数组的指针，将该指针指向数组的第一个元素，则通过移动指针可以存取数组的每一个元素。

由于一维数组的下标是从 0 开始的，所以 p[0]表示数组的第 1 个元素，p[i]表示数组的第 i+1 个元素。

当用*&p[i]形式的指针访问一维数组元素 a[i]时，不必加上圆括号，因为[]的优先级高于*和&，而*和&处于同一优先级，它们的结合性都是从右到左，因此先得到 p[i]，然后得到&p[i]，最后才得到*&p[i]。

用指针访问数组元素具有较快的速度和较高的效率，但一定要防止越界。例如，若有指向数组 a[10]的指针 p，则使用 p+10 时就会产生越界。由于用指针访问数组时，主要是通过指针的移动来实施数据访问的，因此需要防止越界。

5.3.2 用指针访问二维数组

定义一个指向二维数组的指针，可以从两个方面考虑：一是按二维数组的存储结构考虑，二是从二维数组的逻辑结构考虑，本节主要讲述按存储结构定义指针。

二维数组在逻辑上是二维空间，但是在内存中则是以行为主序占用一片连续的存储空间，其存储结构是一维线性的。据此，就可以把二维数组视为一维数组来处理。假设定义了二维数组 a[M][N]，根据其存储结构把它拉直，变成一维数组，数组元素 a[i][j]的存储地址为：&a[0][0]+i*N+j 或 a[0]+i*N+j。

可以仿照一维数组定义一个指针 p，并使它指向二维数组 a 的第一个元素 a[0][0]，那么就可以通过移动指针，使其指向各个数组元素。例如，定义以下二维数组及指针：

```
float a[3][5],*p=a;        /* 或 *p=a[0]; 或 *p=&a[0][0] */
```

表 5-2 是用按二维数组存储结构定义的指针访问数组元素的各种等价表示形式。

表 5-2 用按二维数组存储结构定义的指针访问数组元素的各种等价表示形式

访问 a[i][j]的地址	&a[0][0]+i*N+j	a[0]+i*N+j	p+i*N+j	&p[i*N+j]
访问 a[i][j]的值	*(*a+i*N+j)	*(a[0]+i*N+j)	*(p+i*N+j)	p[i*N+j]

按二维数组存储结构定义的指针，可以用数组名、数组第 0 行首地址或数组头一个元素的地址进行初始化或赋值，从而使指针指向数组。

用按二维数组存储结构定义的指针访问数组元素时，要正确计算数组元素在内存中的位置，这对正确使用指针和施行正确的访问至关重要。

按二维数组的存储结构定义的指针，只要进行一次访问地址运算就可以访问数组元素的值；如果使用数组名，则需要进行两次访问地址运算。

5.4 用指针处理字符串

字符型指针既可以和字符型数组联合使用来处理字符串，也可以独立使用来处理字符串。字符型指针独立使用时，可以视为一个字符串变量。

字符型指针和字符型数组可以联合使用，从而克服了字符型数组不能被赋值的缺点。现有如下定义：

```
char s[80],*st=s;
st="Good morning";
```

这时，字符型指针 st 中存放的是字符型数组 s 的首地址，字符串"Good morning"被存放在字符型数组 s 中，于是可以用 st 代替数组 s 来处理字符串。例如，

```
char str[6],*p=str;
scanf("%s",p);   /* 或 scanf("%s",str); */
```

字符型指针与字符型数组联用时，可以通过移动指针来访问字符串中的每一个字符。移动指针时应注意防止越界。

使用字符型指针时，可以通过初始化或赋值的方式获得一个字符串。例如，

```
char *st;
st=" This is a C program!";
```

这时，C 语言把字符串常量隐含处理成无名的字符型数组，由 st 指向它的首地址。但数组的每一个元素没有具体的名字，只能通过指针来引用。如果该指针被重新赋值，它将指向新的地址，而原先存放字符串的存储单元就不能继续访问。例如，

```
char *str;
str="abcd";
printf("%s\n",str);
```

```
str="efgh";
```

指针 str 起先被赋予"abcd"，其后又被赋予"efgh"，"abcd"并没有被"efgh"替换，而是"abcd"和"efgh"各自占用自己的存储单元，具有不同的起始地址。指针指向了"efgh"的起始地址，就不再指向"abcd"的起始地址。也就是说，"abcd"所在的存储单元已变成不可访问。

独立使用的字符型指针若未被初始化或赋值，就不能通过输入的方式使该指针得到字符串。例如下面的用法是不正确的：

```
char *st;
scanf("%s",st);
```

st 并没有指向任何可存放字符串的存储单元，st 中的地址值是随机的，使用由它指示的起始地址来存放字符串可能引发意料不到的错误。但这种指针作为中间变量，可以起字符串变量的作用。例如，两个字符型指针 str1 和 str2 已指向两个字符型数组，要将这两个数组中的字符串交换，可以定义一个字符型指针 sp，并使用下面的语句实现：

```
sp=str1;str1=str2;str2=sp;
```

字符型指针和字符型数组联用时，指针指向数组的首地址，只要指针未指向别处，在程序运行期间，任何时候都既可以用数组名访问各个数组元素，也可以用指针访问各个元素。但要注意，通过指针移动来存取数组中的字符时，不要使指针越界。

字符型指针独立使用时，如果对其进行初始化或赋值，那么该指针就指向一个无名的字符型数组，指针中存放该无名数组的起始地址。由于无名数组的元素都没有名字，因此只能通过指针访问；无名数组所占的存储空间是由编译系统指定的，用户无法控制或改变；一旦指针被重新赋值，它就指向另一个无名数组，原先的无名数组就不能再访问。如果字符型指针未被初始化或赋值，就不能通过键盘输入的方法来使它获得字符串。

字符串常量在内存中占用一片连续的存储单元，C 语言把这片连续的存储单元视为无名的一维字符型数组，起始地址由编译系统自行安排。每个字符串常量都各有自己的起始地址，即使两个完全相同的字符串，它们的起始地址也是不同的。

用字符串常量对字符型指针进行初始化或赋值时，指针中存放的是无名字符型数组的起始地址，对每个数组元素只能用指针访问。

可以用字符型指针数组处理多个字符串，尤其用指针数组处理多个长度不等的字符串时更具直观性。

程序中用一个字符型的指针数组存放五种计算机程序设计语言的名称，它们的代号依次是 0～4，用户输入代号，程序即输出该代号所对应的语言名称。若输入的代号在 0～4 之外，则程序自行终止。

5.5 内存的动态分配

Turbo C 主要用两种方法使用内存。第一种是用内存的静态存储区和堆栈区，分别存放全局变量和局部变量；第二种是用内存的堆或堆栈区进行内存的动态分配，即由用户在程序中通过动态分配获取内存。使用动态内存分配的优点，一是可以更有效地使用内存，二是同一段内存可用于不同的用途，三是可以用来处理链表等动态数据结构。

（1）进行动态内存分配的步骤。

① 要确切地规定需要多少内存空间，以避免存储空间的浪费，也可为其他数据留有空间。

② 利用 C 编译系统提供的动态分配函数来分配所需要的存储空间。

③ 利用强制类型转换将获得的内存空间转换成指定的数据类型，以便在该空间内实施相同类型数据的运算或操作。

④ 若动态内存空间使用完毕，一定要释放这一空间。如果不释放获得的存储空间，则持续的

动态分配可能把堆上的内存用完。

只有正确使用内存动态分配，才能提高存储效率。

（2）动态内存分配函数。

① 按数据对象分配内存函数。

```
void *calloc(n,size)
```

该函数常用来对指定的数据对象进行动态内存分配申请，如果申请成功，指针指向 n 个长度为 size 字节的连续存储空间的起始地址；如果申请失败，则返回一个空（NULL）指针。

② 按字节数分配内存函数。

```
void *malloc(size)
```

该函数与 calloc()函数的功能类似，它用来申请 size 个字节的动态内存。返回方式与 calloc()相同。

③ 动态重分配函数。

```
void *realloc(p,size)
```

该函数对以 p 为起始地址的动态内存实施重新分配，新分配的大小为 size 字节。如果分配成功，则返回新分配区的起始地址。新分配区可以大于或小于原来的动态区。

④ 释放动态内存函数。

```
void free(p)
```

该函数释放以 p 为起始地址的动态内存区。由于该函数没有返回值，故定义为 void 型。

malloc()、calloc()和 realloc()函数的返回值都是 void 型的指针，也就是说，这三个函数得到的是内存单元的地址，该地址并未指明存放何种类型的数据，在使用时，一定要通过强制类型转换将动态内存的地址转换成某种类型存储单元的地址值。例如，

```
int *pi;
pi=(int *)calloc(100,sizeof(int));
```

程序段中将 calloc()函数申请的 100 字节空间强制转换成 int 型数据的地址，然后赋给 int 型的指针变量 pi。下面的写法是错误的：

```
pi=calloc(100,sizeof(int));
```

由 malloc()、calloc()和 realloc()函数开辟的存储单元没有名字，只能通过指针来访问。例如，

```
float *p;
p=(float *)malloc(sizeof(float));
scanf("%f",p);
printf("%f\n",*p);
```

程序段使用强制类型转换将 malloc()函数申请的 4 字节空间转换成 float 型的地址，然后赋给 float 型的指针变量 p，之后用指针 p 来访问该存储空间中的数据。

由于提供动态分配的内存空间并不是无限大的，如果在程序中频繁开辟动态内存，建议使用下面的程序段，以便在 p 得到 NULL 值时能及时处理：

```
char *p1,*p2;
if ((p1=(char *)malloc(80))==NULL)
    exit(1);
if ((p2=(char *)malloc(20))==NULL)
    exit(1);
```

如果成功，就分别得到 80 字节和 20 字节的动态内存。其中 exit()函数是 C 编译系统提供的函数，当分配不成功时，用来中断程序的执行，返回操作系统。

指针的使用十分灵活，程序员可以利用它编写出颇有特色的、质量优良的程序，但应用时也容易出错，并且这种错误难以察觉，有人说指针有利有弊，甚至是“好坏参半”，因此使用指针要小心谨慎，多进行上机调试，弄清细节并逐步积累经验。

5.6　本章小结

1．指针的运算。

（1）取地址运算符&：求变量的地址。

（2）取内容运算符*：表示指针所指的变量。

（3）赋值运算。

- 把变量地址赋予指针变量。
- 同类型指针变量相互赋值。
- 把数组、字符串的首地址赋予指针变量。
- 把函数入口地址赋予指针变量。

（4）加减运算。

对指向数组、字符串的指针变量可以进行加减运算，如 p + n，p − n，p++，p−−等。对指向同一数组的两个指针变量可以相减。对指向其他类型的指针变量做加减运算是无意义的。

（5）关系运算。

指向同一数组的两个指针变量之间可以进行大于、小于、等于的比较运算。指针可与 0 进行比较，p == 0 表示 p 为空指针。

2．与指针有关的说明。

与指针有关的说明见表 5-3。

表 5-3　与指针有关的说明

定　义	含　义
int　i;	定义整型变量 i
int　*p;	p 为指向整型数据的指针变量
int　a[n];	定义含 n 个元素的整型数组 a
int　*p[n];	n 个指向整型数据的指针变量组成的指针数组 p
int　(*p)[n];	p 为指向含 n 个元素的一维整型数组的指针变量
int　f();	f 为返回整型数的函数
int　*p();	p 为返回指针的函数，该指针指向一个整型数据
int　(*p)();	p 为指向函数的指针变量，该函数返回整型数
int　**p;	p 为指针变量，它指向一个指向整型数据的指针变量

3．指针与数组。

可以使用指针访问一维数组和二维数组。一维数组的存储结构是线性的，在内存中占用一片连续的存储单元，定义了指向数组的指针，将该指针指向数组的第一个元素，则通过移动指针可以存取数组的每一个元素。用指针访问二维数组有两种方式，二维数组在内存中是以行为主序占用一片连续的存储空间，因此可以按二维数组的存储结构定义指针，即仿照一维数组定义指针，指针指向二维数组存储的第一个元素。

4．指针与字符串。

字符串常量存储在字符数组中，可以定义字符型指针和字符数组联合使用处理字符串，定义字符指针指向字符数组的第一个字符，通过指针的移动可以访问存储在该数组的字符串。另外可以定义字符型指针独立处理字符串，如定义字符指针后，直接将一个字符串常量赋给该指针变量，指针中存放的是无名字符型数组的起始地址，对每个数组元素只能用指针访问。

5. 内存的动态分配。

用户可以在程序中通过动态分配获取内存，常用的动态内存分配函数有以下四种：

（1）按数据对象分配内存函数。

```
void *calloc(n,size)
```

（2）按字节数分配内存函数。

```
void *malloc(size)
```

（3）动态重分配函数。

```
void *realloc(p,size)
```

（4）释放动态内存函数。

```
void free(p)
```

习题

1. 简述指针变量和变量指针的区别。
2. 利用指针实现对十个整数按从大到小的顺序排序。
3. 利用指针移动的方式输出数组中的全部元素。
4. 输出二维数组任一行任一列元素的值。
5. 利用字符指针实现字符串的倒序排列。
6. 使用指针完成输入三个字符串并按从大到小的顺序输出。
7. 利用字符指针实现将字符串 s 中的数字字符放入 d 数组中，最后输出 d 中的字符串。

第6章　函　　数

结构化程序设计是一种程序设计方法，它主要采用自顶向下、逐步求精的设计方法和单入口、单出口的程序控制结构。模块化程序设计是结构化程序设计技术的重要内容，它努力规范和简化模块之间的联系，充分利用过程或函数的参数传递机制，规范程序模块间的接口。在C语言中，实现模块化程序设计的主要手段是函数。一个C函数相当于一个模块。

C语言源程序都是由函数组成的。运行时程序从主函数main( )开始执行，到main( )的终止行结束。由main( )或别的函数或自身调用（递归）后组成可执行程序。本章介绍函数的定义和返回值、函数的调用、函数的声明、全局变量和局部变量、函数间参数的传递等内容。

6.1　C函数的定义和返回值

例6-1　引例。

```
main( )
  { printstar( );
    print-message( );
    printstar( );
    }
print-message( )
  { printf("\t\tThis is a C program!\n"); }
printstar( )
  { printf("\t\*******************\ n"); }
```

运行情况：

```
*******************
This is a C program!
*******************
```

一个源程序文件可由一个或多个函数组成，一个源程序文件作为一个编译对象，函数不单独作为编译对象；一个C程序由一个或者多个源程序文件组成，对于一个较大的程序可放在几个源程序文件中，分别进行编译以提高调试的效率；一个C程序是从主函数main( )开始运行的，调用其他函数后返回到main( )函数，main是系统所定义的；所有的函数都是独立的，一个函数不能从属于另一个函数，即函数不能嵌套定义，函数可以相互调用，但任何函数都不能调用main( )函数。

从用户使用角度来看，函数分两种。

（1）标准函数（库函数）：由系统所提供的函数，用户不必自己定义，不同系统的标准函数略有不同，但大多是共同的。

（2）用户自定义函数：用户自己定义的函数，以满足用户的需要。

从函数的形式来看，函数也可分为两种。

（1）无参函数（没有参数传递）：通常用来执行所指定的操作。

（2）有参函数（有参数传递）：在调用和被调用函数之间传递参数。

6.1.1　函数的定义

函数定义的一般形式有两种：一种是ANSI C标准规定的现代格式，另一种是早期C语言规定的传统格式。现行C语言支持这两种格式。

（1）现代格式：

```
数据类型 函数名(类型名 形参1，类型名 形参2，…)
  {
    函数体语句序列;
  }
```

（2）传统格式：

```
数据类型 函数名(形参1，形参2，…)
  类型名 形参1，类型名 形参2，…;
  {
    函数体语句序列;
  }
```

例如，下面两种定义法是等价的：

```
float sub(int x,float y)
  { int i;
    y=1;
    for (i=1;i<=x;i++)
        y=y*y;
    return y;
  }
```

```
float sub(x,y)
  int x,float y;
{ int i;
    y=1;
    for (i=1;i<=x;i++)
      y=y*y;
    return y;
}
```

两种格式的差别是形式参数的数据类型说明位置的不同。现代格式在形参表中同时说明各个形参的名称和数据类型；传统格式的形参表中只说明形参的名称，而形参的数据类型则在函数名之后、函数体之前单独加以说明。

在函数名前的类型说明符，说明函数返回值的类型（int，char，double…），若不加说明一律默认为 int 型。

6.1.2 有参函数和无参函数

有参函数是指带形式参数（也叫虚参或形参）的函数，形式参数的作用是与调用函数进行数据传递。

有一类函数既不需要从调用程序取得数据，也不向调用程序传递数据，称为无参函数。例 6-1 中的函数 print-message( )与 printstar( )都是无参函数。定义无参函数时，函数名后面的圆括号中没有参数，但括号不能缺省；也可以在括号中写入 void。例如，printstar( )函数也可定义为：

```
printstar(void)
{ printf("\t\*******************\n"); }
```

形式参数可以是变量名、数组名、结构变量名及各种类型的指针变量名，但不能是常数、表达式或数组元素。当不需要形式参数时，形参表的括号内可以是空白，也可以是 void。

6.1.3 函数的返回值

函数的返回值是通过 return 语句将一个表达式的值返回给调用函数，这是函数与调用函数之间进行数据传递的一种方式。return 语句的一般格式为：

```
return (表达式);或 return 表达式;
```

（1）一个函数中可以有多个 return 语句，当执行到某个 return 语句时，程序的控制流程返回到调用函数，并将 return 语句中表达式的值作为函数值返回到调用函数。

函数的返回值是指函数被调用结束后，由 return 语句带回到调用函数的值，这是函数之间进行数据传递的方式之一。函数的返回值可以是常量、变量、表达式、结构、指针，但不能是各种类型的数组。

（2）函数的数据类型指的是返回到调用函数的值的类型，因此 return 中的表达式类型应该与其一致。如果不一致则以函数类型说明符说明的类型为准，对数值型数据自动进行类型转换。

例如，

```
int sub (float x, float y)
{ float z;
   z=x+y;
   return z;
}
```

该函数被调用时，表达式 z 的值将被转换成 int 型，然后返回到调用函数。

（3）如果未指明函数的数据类型，则默认为 int 型。

（4）如果某个函数只完成某些操作，并不向调用函数返回值，则称为无返回值函数。这类函数可以定义为 void 型。例如，

```
void sub3(int a, int *p)
  { ⋮
     return;
  }
```

void 型函数中的 return 语句可有可无，如例 6-1 中的 print-message( )与 printstar( )函数中就没有 return 语句。

6.1.4 基本类型函数和指针型函数

如果函数的返回值是整型、浮点型、双精度型或字符型的数据，则这类函数称为基本类型函数或基类型函数。基类型函数的数据类型由 char、int、float 或 double 加以说明。

如果函数的返回值是一个指针，即返回一个地址，则这类函数称为指针型函数。指针型函数用 char *、int *、float *或 double *加以说明。

基类型函数返回一个整型、字符型、浮点型或双精度型的数据，指针型函数可以返回一个指针，从而可以返回一个或多个数据。例如，下面函数的功能是从调用函数接收两个字符串，然后将第二个字符串连接到第一个字符串的末尾。字符型指针 f 指向字符串的首地址并返回调用函数，从而使调用函数得到一个连接后的字符串。

```
char *fun(char *p1, char *p2)
 { char *f=p1;
   while(*p1++);
   p1--;
   while(*p1++=*p2++);
   *p1='\0';
   return f;
 }
```

6.1.5 main 函数的参数和返回值

main()函数的参数用于接收来自命令行的实参值，main()函数的返回值用于向操作系统提供一个标记。带参数的 main()函数主要用来解决 C 程序运行时需要带有若干参数的问题。带参数的 main()函数的常用形式为：

```
main(int argc,char *argv[]) 或 main(int argc,char **argv)
```

其中，整型变量 argc 用来记录命令行中参数的个数。参数的个数由 C 程序运行时自动计算出来；字符型指针数组 argv 的第一个元素存放命令名，其后各个元素依次存放命令行中各个参数的首地址，数组的大小由 argc 确定。

这样的程序运行时，命令行的一般格式为：

```
命令名  参数 1  参数 2  …  参数 n
```

其中命令名即为程序文件名，参数之间用空格隔开，每个参数都是一个字符串，字符串可以不带双引号。如果字符串本身含有空格，则整个字符串必须用双引号括住。

使用带参数的 main()函数应正确理解命令行的存储格式。

例 6-2 带参数的 main()函数的情况。

```
main(int argc,char *argv[])
  { while(argc-->0)
      { argv++;
        printf("%s",*argv);
      }
  }
```

假设所生成的可执行文件名为 file.exe，执行时可以输入下列命令行。

```
file Chongqing Beijing Shanghai Tianjin
```

程序运行时会自动计算出参数个数为 5，并存入 argc 中，命令行各参数依次为字符串“file”、“Chongqing”、“Beijing”、“Shanghai”和“Tianjin”，并按顺序存入 argv[0]～argv[4]中。该程序的运行结果为：

```
Chongqing   Beijing   Shanghai   Tianjin
```

6.2 函数的调用

在 C 程序中，函数之间的逻辑联系是通过函数调用实现的。函数定义的位置及存储类型、变量定义的位置及存储类型都会对函数调用产生影响。

6.2.1 函数调用的形式和说明

函数调用可以采用两种方式：函数名调用和函数指针调用。

1．函数名调用

函数名调用的一般形式为：

```
函数名（实参表）
```

实参表中实参的个数多于一个时，相互之间用逗号隔开。实参的顺序、个数和类型必须与形参一一对应。函数名调用可以通过两种方式，即表达式调用和函数语句调用。

（1）表达式调用。

函数名可以出现在任何允许出现表达式的地方，函数的返回值将参加表达式的计算。例如，下面的程序中，main()函数通过表达式调用了函数 fun()。

例 6-3 定义计算两实数之和的函数，并在主程序中调用。

```
float fun(float a, float b)
 { float z;
   z=a+b;
   return z;
 }
main()
 { float x,y;
   scanf("%f%f",&x,&y);
   printf("x+y=%f\n",fun(x,y));
 }
```

例 6-4 定义计算 n!的函数，并在主程序中调用。

```
#include<stdio.h>
main( )
   { int n；long nn；
     long facto( );                        /*函数说明，说明 facto 返回值为 long 型*/
     printf("Enter n=?");
     scanf("%d"，&n);
```

```
        nn= facto(n);                          /*以 n 为参数调用 facto，返回值赋于 nn*  /
        printf("\nThe%d! is%1d\n", n, nn);
    }
long facto(int x)                              /*函数定义*/
    { long y;                                  /*以下为函数体*/
      for(y=l; x>0; --x)
          y*=x;
      return(y);                               /*控制返回到调用函数*/
      }
```

（2）函数语句调用。

被调用函数作为一个独立的语句出现在源程序中，这种语句称为函数语句，主要用于没有或不需要通过返回值传递数据的函数的调用。例如，下面的程序中，main()函数通过函数语句调用了无返回值函数 sub( )。

例 6-5 函数语句的调用。

```
void sub(float a, float b)
 {
   printf("%f\n",a+b);
 }
main()
 { float x,y;
   scanf("%f%f",&x,&y);
   sub(x,y);
 }
```

例 6-6 函数语句的调用。

```
main( )
{ printf("Good Morning!.\n");
  a( );
  e( );
  n( );
  }
a( )
  { printf("Good Afternoon!\n");
    }
e( )
  { printf("Good Evening!\n");
  }
n( )
  { printf("Good Night!\n");
  }
```

运行结果为：

```
Good Morning!
Good Afternoon!
Good Evening!
Good Night!
```

此程序中主函数 main( )调用三个函数 a( )、e( )和 n( )，它们都是函数语句的调用。

2．函数说明

函数定义的位置会影响该函数的作用域，一个函数的作用域是从定义的位置开始，直到源文件的末尾。因此，被调用函数定义的位置将影响到该函数能否被直接调用。

下列三种情况可以直接调用。

（1）被调用函数的数据类型是 char 或 int 型。

（2）被调用函数定义的位置在调用函数之前。

（3）被调用函数与调用函数不在同一源文件中，但用#include 包含了被调用函数所在的文件。

除了上述情况，若函数定义的位置位于调用之后，就必须对被调用函数进行函数说明。例如，

```
float func(float a, float b);   /* 函数说明 */
⋮
main()
{ float x,y z;
⋮
   x=func(y,&z);                /* 函数调用 */
⋮
}
float func(float a, float *b)   /* 函数定义 */
{⋮
}
```

（1）函数说明的形式。

函数说明的一般形式是：

```
数据类型 函数名([形式参数表]);
```

如果被调用函数为 float ff(int x, int y)，则以下几种说明形式都可以使用：

```
float ff(int x,float y);        /* 带形式参数表*/
float ff(int,float);            /* 形式参数表中只有形参类型而没有参数名 */
float ff();                     /* 不带形式参数表 */
```

（2）函数说明的位置。

若在调用函数的函数体内说明，就只能在该函数体内说明位置之后的地方进行函数调用，在说明位置之前不能调用；若在调用函数的函数体外说明，则从说明位置开始往后的所有函数都可对该函数进行调用，而不必再加说明。

6.2.2 外部函数和内部函数

一个 C 程序的各个函数可以存放在同一个源文件中，也可以分放在不同的源文件中。如果一个 C 程序分放在几个源文件中，每个源文件可以作为一个编译单位独立进行编译，生成对应的目标文件（.obj），然后再将各个目标文件连接装配成完整的可执行文件。

根据一个 C 函数能否被其他源文件中的函数所调用，C 函数的存储类型可分为外部型（extern）和静态型（static）两种，默认的存储类型为 extern。

extern 型函数可以被其他程序文件中的函数调用，称为外部函数；static 型函数不能被其他程序文件中的函数调用，称为内部函数。这里的“外部”和“内部”是针对不同的程序文件而言的。如果一个程序的所有函数都存放在同一个源文件中，而且它们都不被其他源文件中的函数调用，那么外部函数和内部函数就没有区别。使用内部函数可以使函数的作用范围只局限于所在文件，如果在不同的源文件中有同名的函数，可以互不干扰。

如果调用函数和被调用函数不在同一程序文件中，而被调用函数又是 extern 型函数时，则调用函数所在的程序文件不必再定义该函数，只要对该函数进行 extern 说明后即可调用。

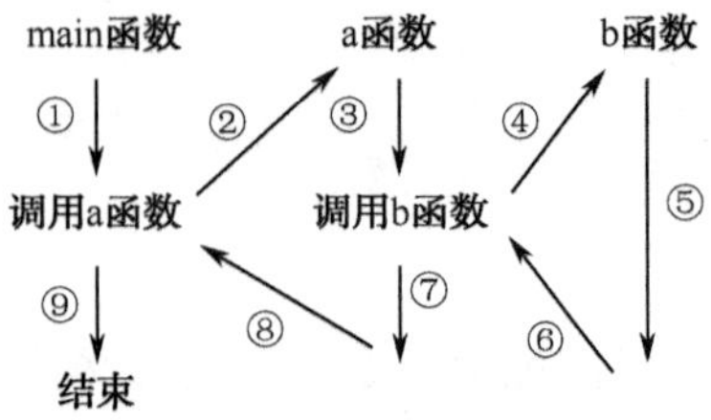

图 6-1 函数嵌套调用示意图

6.2.3 嵌套调用

C 语言的函数定义都是互相平行、互相独立的，不存在上一级函数和下一级函数，不能嵌套定义函数，但可以嵌套调用函数，即在一个函数的定义中又调用（使用）另一个函数，如图 6-1 所示为函数嵌套调用示意图。

例 6-7　求三个数中最大数和最小数的差值。

```
#include<stdio.h>
int dif(int x, int y, int z);
int max(int x,int y,int z);
int min(int x,int y,int z);

void main()
{
int a,b,c,d;
scanf("%d%d%d",&a,&b,&c);
d=dif(a,b,c);   /*主函数调用 dif()函数*/
printf("Max-Min=%d\n",d);
}

int dif(int x,int y,int z)
{return max(x,y,z)-min(x,y,z);} /*dif()函数调用 max()函数和 min()函数*/

int max(int x,int y,int z)
{
 int r;
 r=x>y?x:y;
return(r>z?r:z);
}

int min(int x,int y,int z)
{
int r;
r=x<y?x:y;
return(r<z?r:z);
}
```

6.2.4　递归调用

C 语言允许函数的嵌套调用，也允许函数的递归调用。嵌套调用是指一个函数可以调用另一个函数，被调用的函数还可以再调用其他的函数。嵌套调用时，程序的执行过程是线性的；递归调用是指一个函数可以直接或间接地调用自身，前者称为直接递归，后者称为间接递归。递归调用时，程序的执行过程是非线性的。

递归程序主要有以下两个特点：

（1）一个问题可以转化为一个新问题，新问题与原问题具有相同的解法。

（2）问题的转化有明显的规律，本质上是一种循环；同时，应有递归结束的条件，不能无限制地递归下去。

直接递归是指函数自己调用自己，即函数 A 调用函数 A；间接递归是通过另一个函数调用自己，即函数 A 调用函数 B，函数 B 又调用函数 A。图 6-2（a）所示为直接递归，图 6-2（b）所示为间接递归。

```
int f(int x)
{ int y,z;

z=f(y);      /*调用自身*/
return(2*z);
}
```

（a）直接递归

```
int f1(int x)
{int y, z;
z=f2(y); /* 调用 f2() */
return(2*z);
}
```

```
int f2(int t)
{int a,b;
b=f1(a); /* 调用 f1() */
return(3*b)
}
```

（b）间接递归

图 6-2　函数递归调用

例 6-8 用递归实现计算 a^b。

```
main( )
  { int a, b;
    Scanf("%d, %d", &a, &b);
    printf("%d**%d=%d", a, b, Power(a, b) );
    }
Power(int x, int y)
  { int p;
    if(y>0) p=Power(x, y-1)*x;
    else p=1;
    return(p);
    }
```

考虑到 $x^y=x*x^{y-1}$，$x^{y-1}=x*x^{y-2}$，…，$x^0=1$，在 Power(x，y)中定义了递归调用，其结束条件是当 y=0 时 p=1。

例 6-9 Hanoi（汉诺）塔问题。相传印度布拉玛神庙中放置了一块大铜板，板上有 A、B、C 三个柱子，在柱 A 上放置大小互不相等的 64 个金盘（中间有孔），按以下规则把 64 个金盘从柱 A 移到另一个柱（例如柱 C）上。

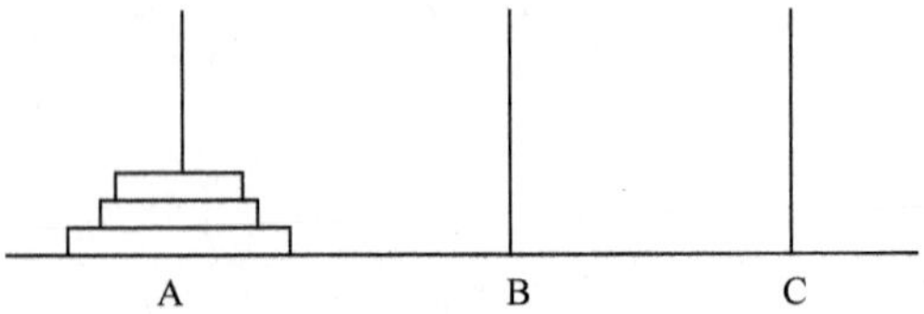

① 每次只能搬动一个金盘。

② 小盘放在大盘上，反之不允许。

③ 移动位置仅限于三个柱子。

神庙的方丈预言，当人们把 64 个金盘从一根柱子移到另一根柱子时，世界末日就到了。

根据统计共需移动 $2^{64}-1$ 次，若每次移动一个盘需要 1 秒钟，并日夜不停地搬动共需 5849 亿年，而太阳的寿命也仅 100～150 亿年，用现代计算机模拟，若 1ms 移动 1 次也需 100 万年。

分析：对这一个问题的解可采用递归方式来解决。其思想是：

① 要把所有金盘从柱 A 移到柱 C，首先必须把柱 A 上（n−1）个金盘，从柱 A 移到柱 B（中间可使用柱 C）。

② 把柱 A 最底下的第 n 个盘从柱 A 移到柱 C 上（即一个盘的移动，极易解决）。

③ 再把柱 B 上的（n−1）个盘移到柱 C 上（中间可使用柱 A）。

也就是说，要解决 n 个金盘问题就要解决（n−1）个盘的问题，为解决（n−1）个盘的移动问题就要解决（n−2）个盘的问题……最后要解决 1 个盘的移动问题，这显然是易于实现的。

令 n 个盘从源柱 s 上移到目标柱 t 上并使用柱 u。

```
main( )
  { unsigned n;
    printf( "input the number of discs: ");
    scanf("%d, &n");
    printf("the step to moving %3d diskes: ",n);
    hanoi(n, 'a', 'c', 'b');                        / *将柱 A 上 n 个盘移到柱 C* /
  }
hanoi(unsigned n, char s, char t, char u)
  { if(m= =1)
    printf("%2d-(%2d): %c= =>%c\n", ++i, n, s, t);
                                                    / *将 s 上的一个圆盘移到柱 t 上* /
    else
    { hanoi(n-1, s, u, t);                          / *将 s 上 n-1 个盘移到柱 u* /
     printf("%2d-(%2d): %c= =>%c\n", ++i, n, s, t);
                                                    / *将 s 上第 n 个盘移到柱 t* /
     hanoi(n-1, u, t, s);                           / *将柱 u 上的 n-1 个盘移到柱 t*/
```

```
    }
}
```

运行结果为：

```
input the number of disks：3↙
the step to moving 3 diskes：
1-(1)：      a= =>b
2-(2)：      a= =>c
3-(1)：      b= =>c
4-(3)：      a= =>b
5-(1)：      c= =>a
6-(2)：      c= =>b
7-(1)；      a= =>b
```

6.3　函数的声明

当函数定义在调用之后时，需在调用之前对函数进行声明，对函数声明即把函数的返回值类型、函数名、函数的形参类型、个数及顺序开始时通知编译系统，以便在调用中对函数进行有效性检查。

6.3.1　函数声明的形式

函数声明的形式：

```
返回值类型 函数名（类型名 1 参数名 1，类型名 2 参数名 2，…）；
```

例 6-10　函数声明的使用。

```
int fun(int a,int b);              /*函数声明*/
main()
{
  int x=3,y=8,r;
r=fun(x,y);                        /*函数调用*/
printf("%d\n",r);
}
int fun(int a,int b)               /*函数定义*/
{
  return(a>b?a:b);
}
```

函数声明时的形参名可以与定义时不同，也可以省略。例如，写成 int fun(int,int);满足编译时对函数调用的有效性和合法性进行检查的需要。

函数声明可以在所有函数的外部，声明函数在声明后的位置都可被调用；函数声明也可以在函数的内部，此时函数声明和普通变量定义一样，只能在调用函数中识别该函数，不能被其他函数调用。

6.3.2　函数定义和声明的区别

函数定义是对函数功能的确立，包括指定函数名、函数返回值类型、形参及类型，函数体是一个完整的、独立的函数单位。

函数声明是把函数的名字、类型以及形参类型、个数和顺序通知编译系统，以便调用时系统对此进行对照检查。函数声明是一条语句，声明后用分号“;”标识。

6.4　全局变量和局部变量

6.4.1　局部变量（自动型变量）

局部变量也叫内部变量，是指在函数体内部定义的变量。另外，函数的形式参数也被视为局部变量。它的作用域定义在函数内部，不同的函数中若出现相同名字的变量，则它们是毫不相干的。

自动型变量定义以 auto 标志，但在函数内部可以省略，因此通常都不标有 auto。

例 6-11 局部变量的使用。

```
main( )
{ int x=1；
{int y=2；
Printf("%d，%d"，x，y)；
}
printf("%d，%d"，x，y)；
}
printf("%d，%d\n"，x，y)；
}
```

该程序有三个模块，变量 x 是一个自动型变量，在一开头就已说明，因此其作用是整个主函数，即在所包含的两个模块中也是存在的；变量 y 在第一个子模块中说明，也是自动型变量。其作用域在第一个子模块，因此第二、三个 printf 语句中 y 是不存在的，编译时会出现错误。

由于 C 语言编译对自动型变量是动态分配存储空间，即进入函数时给予分配堆栈空间，一旦退出该函数，所分配给自动型变量的空间即消失，因此自动型变量不能被任何其他函数所调用，也不能保存其值。因此两个函数之间要实现自动型变量的值传递，只有通过函数的参数来实现。

当自动型变量与某外部型变量具有相同的名字时，该函数中定义的自动变量起作用，退出函数之后仍为全局变量起作用。

例 6-12 同名局部变量的使用。

```
main( )
  { int a=5；
    {int a=7；
      {int a=9；
        printf("%d\n"，a)；
        }
      printf("%d\n"，a)；
      }
    printf("%d\n"，a)；
    }
```

运行结果为：

```
9
7
5
```

总之，自动型变量的作用域仅限于所定义的函数内部。

6.4.2 全局变量（外部变量）

“外部”是相对“内部”而言的，外部型变量就是在任何函数的外部定义的变量，它可以被一个程序中的所有函数使用。因此 C 语言中不允许在一个函数中再建立其他函数。外部型变量具有“全局”的含义。引用外部变量有三个原因：

（1）外部型变量在整个程序内都可以存取，所以它提供了函数之间数据通信的一种方法。只要将用作函数间通信的参数说明为外部型变量（不反映在形参和实参中），然后在函数中对它直接操作即可。用外部变量时必须谨慎，因为它会导致程序中对数据访问的混乱。

（2）使用外部型变量与初始化有关。具体讲，外部变量可以被赋予初值，而自动型变量是不能赋初值的。

（3）外部型变量是永久性的，在一次函数调用到下一次函数调用之间仍保持它以前的值。

外部型变量必须在任何函数之外定义，在整个程序（可能有几个文件）中，只能在一处定义和初始化。对定义的外部型变量，由编译系统静态地为它们分配适当的存储空间。由于C语言中每一个函数都可以独立编译，为了使其他函数知道这些外部变量已经定义以及它的数据类型，这些外部变量在存取它的函数中也应加以说明，可以显式地用 extern 进行说明或通过上下文隐式地进行说明。

全局变量若未初始化，其值为 0；局部变量若未初始化，其值取 0 还是取不定值与其存储类型有关。

全局变量可以被其他函数引用，局部变量只能在定义它的函数或程序段中被引用。

全局变量的生命期和整个程序的生命期相同，也就是说，如果全局变量在被调用函数中被赋值，尽管该函数已经运行结束，只要整个程序尚在运行，其值都将被保留；局部变量的生命期与存储类型有关。

由于全局变量可以被多个函数共享，即不同的函数中名称相同的全局变量具有相同的值，因此，调用函数和被调用函数可以通过相同的变量名来传递数据。

例 6-13 全局变量的使用。

```
int add(int x, int y)                    /*定义 add 函数*/
  { int z;
    z=x+y;
    return(z);
    }
main( )
  { extern int a, b;                     /*全局变量说明*/
    printf("%d", add(a, b));
    }
int a=13, b=-9;                          /*全局变量定义*/
```

运行结果为：

```
4
```

本例中全局变量定义在函数 main 之后，因此 main 函数引用外部变量 a 和 b 之前，应用 extern 进行全局变量的说明，否则编译时会出错。一般做法是将全局变量定义放在引用它的所有函数之前，这样就可以避免在函数中多加一个 extern 说明。

在同一个源文件中如果外部型变量与自动型变量同名，则在自动型变量的作用范围内，全局变量不起作用，即局部变量优先。

例 6-14 全局变量与自动型变量的比较。

```
int a=5, b=7;                                  /* a, b 为外部变量*/
add(int a, int b)                              /* a, b 为自动型变量*/
  { int c;
    c=a+b;
    return(c)
  }
main( )
  {int a=8;                                    /*a 为自动型变量*/
    printf("%d", add(a, b));
  }
```

运行结果为：

```
15
```

这里故意重复使用 a、b 作为变量名，第一行定义外部变量 a、b 并初始化。第二行开始定义函数 add，使用 a、b 作为形参，形参也是局部变量而不是外部变量，它们的值是由实参传给形参的，外部变量 a、b 在 add 函数范围内不起作用。最后四行是 main 函数定义了一个局部变量 a，因此外部变量 a 在 main 中不起作用，但外部变量 b 起作用。因此，printf 函数中的 add(a，b)相当于 add(8，7)，结果返回 15。

6.4.3 静态变量

前面介绍的全局变量、局部变量是从变量的作用域（即空间上）角度对变量进行划分的。从另一个角度，即变量值存在的时间（即生存期）角度可将其分为静态型变量和动态型变量。前者是指程序运行期间分配固定的存储空间方式，后者是在程序运行期间根据需要进行动态分配存储空间的方式。

静态变量可以是局部（内部）变量也可以是全局（外部）变量，通常在普通类型定义语句之前加上关键字 static。例如，static int stu;

内部静态变量类似于自动型变量，它的作用域仅限于函数内部。不同于自动型变量的是，它始终占有内存单元，而不是在进出函数时被建立或消除。

例 6-15 静态变量的使用。

```
#include〈stdio.h〉
main( )
   { double w，s，Compute( );
     for(；；)
       { printf("Enter，Weight："); 
         scanf(%1f，&w);                              / *接收行李重量* /
         if(w= =0) exit(0);                           / *重量为零时退出* /
         s=Compute(w);                                / *计算托运费* /
         printf("%.2f\n"，s);                         / *打印托运费* /
         }
       }
double Compute(double x)                              / *计算托运费函数* /
   { double s；
     static double total=0；                          / *total 为内部静态变量* /
     if(x<=30.0)
        s=l2*x；                                       / *12 元/kg* /
     else
        s=30*l2+(x-30)*18；                            / *超重部分 18 元/kg* /
     total+=s；                                        / *记录托运费总计* /
     printf("Total：%.2f\n"，total)；
     return(s)；
}
```

该程序计算托运费，重量不超过 30kg 时托运费为 12 元/kg，重量超过 30kg 时超出部分为 18 元/kg，每一笔托运费加入到内部静态变量 total 中，total 为双精度类型，它不会因退出函数而消失；外部静态变量的作用域仅限于对它进行定义的源文件，而其他的文件不可以使用这个变量。

6.4.4 寄存器变量

寄存器变量定义形式为：

```
register 类型  变量名；
```

一个变量被定义为寄存器型主要是通知编译系统，如果允许变量尽可能以机器的寄存器来定义，即存放在寄存器中。由于寄存器数量是有限的，对不常使用寄存器的变量分配给内存（相当于registor 不起作用），可把程序中频繁使用的变量定义为寄存器变量以加快程序运行速度。

寄存器类型说明通常只能定义 int、char 和指针类型的变量，若定义不允许的类型，register 将不起作用，同时寄存器类型也只适用于自动型变量和函数中的形参说明，不适宜用于外部变量和静态变量。

6.4.5 变量的初始化

简单变量都可以在定义时明确地加上初始值，方法是在定义中的变量后加上“=”和一个数字表达式。例如，

```
int x=10;
char squote="\";
long day=60*24;
```

对外部变量和静态变量来说，只能进行一次初始化工作。在编译时进行初始化，对自动型和寄存器变量而言，初值不限于常数，可以包括以前已定义过的值。每进入函数或复合语句一次就初始化一次。

C 语言中任何以花括号“{”和“}”括起来的复合语句称为“块结构”，在块内可以对变量进行定义，在块内定义的变量仅限于在块内起作用。例如，

```
if (n>0)
  { int i;
    for(i=0; i>n; i++)
    :
    }
```

i 定义仅属于块内定义，作用域在块内。

变量定义的位置和存储类型影响函数的调用。全局变量的生命期与整个程序的生命期相同；extern 型的全局变量除了可以被同一程序文件中定义位置靠后的函数引用外，还可以被同一程序文件中定义位置靠前的函数及其他程序文件中的函数引用（增加 extern 说明），static 型全局变量只能被同一程序中定义位置靠后的函数引用。利用全局变量还可以实现不同函数之间数据的传递。局部变量的作用域只限于所在的函数或程序段。auto 型和 register 型局部变量的生命期与所在函数的生命期相同，static 型变量的生命期与整个程序的生命期相同。

6.5 函数间参数的传递

在函数调用过程中，函数之间的数据联系是由函数间的数据传递建立的。数据传递方式主要有三种：

（1）通过全局变量。

（2）通过返回值（return 语句）。

（3）通过形式参数（形参）和实际参数（实参）之间进行数据传递。

方法（1）、（2）在前面已介绍过，本节将介绍 C 语言中通过形式参数和实际参数之间进行数据传递的方法。

6.5.1 函数的形参和实参

在 6.1.2 节中已经对形参（形式参数）和实参（实际参数）做了简要介绍，在此对其进行补充。

形参出现在函数定义中，未被调用时不占内存单元，调用时为其临时分配内存，函数调用结束后释放内存单元。实参在函数调用中使用，可以是常量、变量或表达式。相对应的一组形参和实参的类型相同或赋值相同。

6.5.2 值传递和地址传递

在 C 语言中，形参和实参之间进行数据传递的基本方式有两种：传值和传地址。本质上讲，传地址是一种特殊的传值。

传值方式的特点是调用函数将实参的值复制到被调用函数对应的形参中，数据传递是单向进行

的。在图 6-3 中，实参 x 和 y 的值被复制到对应的形参 a 和 b 中，形参值的变化不会使对应的实参发生变化。当形参是变量（包括简单变量、结构变量、联合变量等），实参是对应类型的变量、数组元素或表达式时，将采用传值的方式传递数据。

传址方式的特点是调用函数将实参的地址复制到被调用函数对应的形参（指针）中。例如，在图 6-4 中，实参 x 和 y 的地址被复制到形参 a 和 b 中，从而使指针 a 和 b 分别指向 x 和 y，对形参*a 和*b 的操作实际上是直接引用实参 x 和 y 所在的存储单元，因而形参值的改变会导致实参值的相应变化，实现了双向数据传递。当形参是指针或数组名，实参是对应类型的地址、指针、数组名、函数名或函数指针时，将采用传址的方式传递数据。

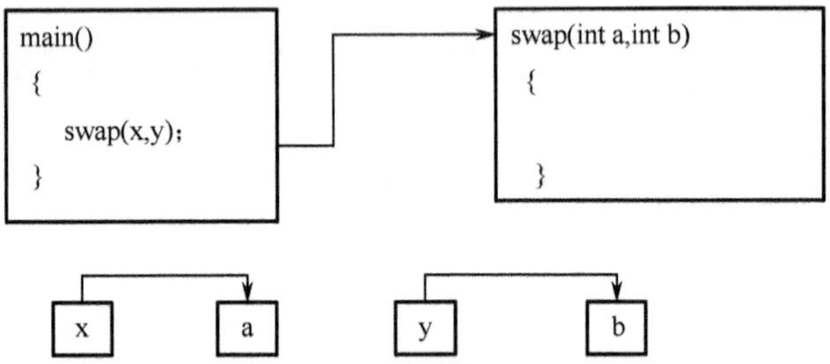

图 6-3　传值法数据复制示意图

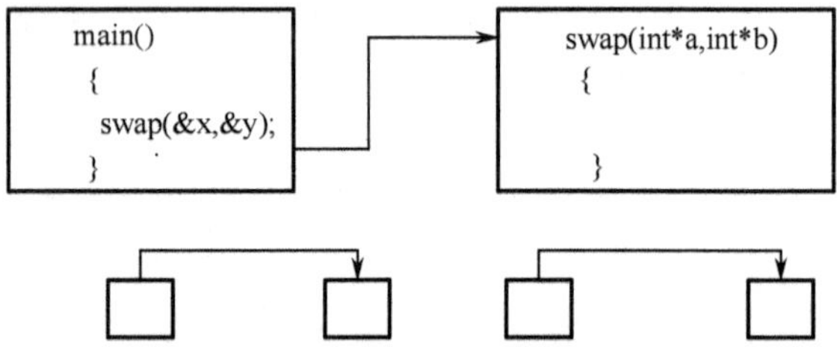

图 6-4　传址法地址复制示意图

通过形参和实参之间进行数据传递时，形参和实参之间不是靠名称相同来传递的，而是在对应位置之间传递。因此，形参和实参在数据类型、个数和顺序上应一一对应。

调用函数将常数、表达式、变量或数组元素的值传递给被调用函数。这时，形参可以是变量或指针。

当形参是变量时，它接收对应的实参（常数、表达式、变量或数组元素）的值。形参和实参各自占有自己的存储单元。“形-实”结合采用传值方式传递数据，即调用函数将实参的值复制到被调用函数对应的形参中，使形参取得对应实参的值，而形参的值不传递给对应的实参。

当形参是指针时，它接收对应实参（变量的地址或指针）的地址。“形-实”结合时，调用函数将实参的地址复制到对应的形参中，即采用传址方式传递数据。形参将获得对应实参的地址，直接引用实参地址中的数据，即形参和实参共享数据。

例 6-16　比较输入两数的大小，按先小后大的顺序进行输出。

```
main( )
  { int a, b;
    scanf("%d, %d", &a, &b);
    if(a>b) swap(a, b);
    prinft("\n%d, %d", a, b);
    }
swap(int pl, int p2)
  { int   p;
    p=pl;
    p1=p2;
    p2=p;
    }
```

输入：4，1↙

输出：4，1

该程序的运行未能达到期望的结果，这反映了 C 语言中值传递的方式。在调用时，实参 a 和 b 的值被复制到对应的形参 p1 和 p2 中，它们占有不同的存储单元，尽管 p1 和 p2 在 swap( )执行过程中值已发生变化，但形参值的变化不会使对应的实参 a 和 b 值发生变化。

例 6-17　比较输入两数的大小，按先小后大的顺序进行输出。

```
main( )
  { int a, b;
    scanf("%d, %d", &a, &b);
    if(a>b) swap1(&a, &b);
    prinft("\n%d, %d", a, b);
    }
swap1(int* pl, int* p2)
  { int  p;
    p=*pl;
    *p1=*p2;
    *p2=p;
    }
```

输入：4，1↙

输出：1，4

说明该程序的运行达到了期望的结果，这是由于：

（1）swap1 是用户自定义函数，其作用是交换 p1 及 p2 两个指针所指向的变量之值（不是交换指针本身）。

（2）主程序中先输入 a，b 之值，接着因为 a>b 执行 if 语句中的执行部分，形实结合，把&a 及&b 分别赋予 p1 及 p2，此时 p1 指向 a，p2 指向 b 。

（3）执行函数体，使*p1 及*p2 内容互换，使 a 和 b 的值互换，函数调用结束后 p1 和 p2 被释放。

（4）在 main 中输出 a 和 b 的值是已交换过的值。

在一个函数中，其参数可以既有传值的方式，也有传址的方式。

例 6-18 下面的程序中，函数 fun( )参数既有传值的方式，也有传址的方式。

```
fun(int a, int b, int *p1, int *p2)
{ *p1=a+b;
   *p2=a-b;
}
main()
 { int x,y,sum,sub;
    scanf("%d, %d",&a,&b);
    fun(a,b,&sum,&sub);
    printf("sum=%d,sub=%d\n",sum,sub);
 }
```

输入：4，1↙

输出：sum=5，sub=3

当形参是变量时，对应的实参可以是变量、表达式、常数或数组元素，这时，采用传值的方式传递数据，形参和实参各占自己的存储单元。在函数调用时，实参将自己的值复制到对应形参的存储单元中，调用结束后，形参所在的存储单元将被释放，因此，形参中值的改变不影响对应的实参。

当形参是指针时，对应的实参应是地址。这时，形参与实参同样各占自己的存储单元。但由于形参接收了实参的地址，从而使形参指向对应的实参。在调用时，对形参的操作实际上是直接引用和处理实参所在存储单元中的数据，因而可以改变实参中的数据。

6.5.3 数组的传递

调用函数将实参数组传递给被调用函数。这时，形参可以是数组名或指针。当形参是数组名时，它接收对应实参（数组、数组元素的地址或数组指针）的地址，C 编译系统会自动将形参数组名转换为相应类型的指针，获得实参数组的地址；当形参是指针时，它接收对应实参数组的地址，即形参指针也指向实参数组。传递数组时，“形-实”结合采用传址的方式。

（1）当形参是数组时，该数组名将被转换成指针接收实参数组的地址。就是说，尽管形参是以数组名的形式出现的，但它是一个指针变量，只占用2字节的存储空间，并不占用一片连续的存储单元。形参可以用定界数组、隐含尺寸数组、指针或指针数组表示，它们在使用上是等价的。

（2）当形参是指针时，对应的实参应是指向数组的指针；当形参是指针数组时，对应的实参也应该是指针数组。

数组的传递是调用函数将实参数组的首地址传递给对应的形参指针，在被调用函数中通过指针指向实参数组，从而对实参数组进行操作。因此，数据在调用函数与被调用函数之间的传递是双向的。

当实参是一维数组名时，可以用下面三种形式定义被调用函数 sub1( )。

① sub1(float a[20])

② sub1(float a[])

③ sub1(float *a)

当实参是二维数组名时，可以用下面三种形式定义被调用函数 fun1()。

① fun1(int b[3][4])

② fun1(int b[][4])

③ fun1(int (*b)[4])

当实参是指针数组名时，可以用下面三种形式定义被调用函数 sort()。

① sort(char *p[5])

② sort(char *p[])

③ sort(char **p)

（3）数组名作为函数参数。实参和形参都可使用数组名或数组指针，此时要注意函数之间传递的是数组元素的地址。

例 6-19 求一维数组 a 中各元素的平均值。

```
# include <stdio. h>
main( )
  { float average( );                                                /*函数说明*/
    static float a[7]={20.5, 32.0, 7.8, 4.3, 3.52, 2.1, 6.4}
    prinft("The average of array a is%f\n", average(a, 7));          /*调用函数*/
    }
float   average(float   aa[ ], int n)                                /*求平均值函数*/
  /*形参为一维数组，数组大小由调用函数的数组决定*/
  { int i; float sum=0;
    for(i=0; i<n; i++)
    sum+=aa[i],
    return(sum / n);
}
```

说明：

（1）用数组名作为函数参数，应该在主调函数和被调用函数中分别定义数组。本例中 aa 为形参数组名，a 为实参数组名，分别在两方定义不能只定义一方。

（2）实参数组与形参数组类型应该一致，若不一致则结果出错。

（3）实参数组与形参数组的大小可以一致也可以不一致，C 编辑系统对形参大小不做检查，只将实参数组的首地址传送给形参数组，形参数组可能大于实参数组，若要求形参数组得到实参数组全部的元素值，应该指定形参数组与实参数组大小一致。形参数组也可以不指定大小，用一个空方括号，需要的话可以在调用函数中另设一个参数，传递数组元素个数。

（4）数组名作为函数参数时不是“值传送”，不是单向传递，而是把实参数组起始地址传递给形参数组，这样两个数组占用同一个内存区域，因此形参数组中各个元素值的变化会使实参数组中的元素值同时发生变化，这称为“地址传递”。

多维数组元素可以作为函数实参，进行“值传递”，这与一维数组一样。

多维数组名作为实参和形参，同样需要在主调函数和被调函数双方进行说明。在被调函数中说明时，可以指定每一维的大小，也可以省略第一维的大小说明，但不能省略二维及以上的维数说明，允许实参数组大于形参数组，这时形参数组只取实参数组的一部分，其余部分不起作用。

归纳起来，若有一个实参数组，想在函数中改变此数组的元素值，实参与形参的对应关系有以下四种。

（1）形参和实参都用数组名。

例如：

```
main( )                            f(int x[ ], n)
{int a[10];                        {
f(a, 10);                          ⋮
⋮                                  }
}
```

程序中实参 a 与形参 x 共用一个内存地址，即在调用 f 期间 a 和 x 指同一个数组。

（2）实参用数组名，形参用指针变量。

例如：

```
main( )                       f(int   *x, int n)
{ int   a[10]                 {
f(a, 10);                 ⋮
}                             }
⋮
}
```

函数调用开始时，指针 x 指向 a[0]，即 x=&a[0]，通过 x 的变化可以指向 a[i]。

（3）实参、形参都用指针变量。

例如：

```
main( )                       f(int   *x, int n)
{ int a[10], *p                 {
p=a;                            ⋮
f(p, 10);                       }
⋮
}
```

实参 p 和形参 x 都是指针变量，先使 p 指向数组 a，p 的值为&a[0]，然后将 p 值传递给 x，x 的初始值也是&a[0]，通过 x 的变化也可访问数组 a 的任一个元素。

（4）实参为指针变量，形参为数组名。

例如：

```
main( )                        f(int x[ ], int n)
{ int a[10]   *p;               {
   p=a;                         ⋮
   f(p, 10);                    }
   ⋮
}
```

实参 p 为指针变量，其值为&a[0]，形参 x 为数组名，当把 p 传给 x 时，即使 x 也取得数组 a 的首地址，它们共用一个内存区，通过 x 值的改变可以访问数组 a 中的任一个元素。

以上四种方法都不是“值传递”，而是“地址传递”。

在 C 语言中，所有函数内部定义的数组名都是常量，存放的是数组的首地址，只有形参数组名是一个指针，可以对它进行赋值、++、--等运算。例如，下面的程序通过对形参 a 进行++运算来移动指针，从而输入各个数组元素的值。

例 6-20 形参是数组名的情况。

```
input(int a[])
 { int *p=a;
   while (a<p+10)
   scanf("%d",a++);
 }
 main()
  { int i,b[10];
    input(b);
    for (i=0;i<10;i++)
       printf("%d ",b[i]);
  }
```

6.5.4 函数的传递

调用函数将另一个函数的入口地址传递给被调用函数，使被调用函数再调用指定的函数。这时，形参应该是函数指针。

形参函数指针将接收对应实参（函数名或函数指针）的入口地址，对形参的操作实际上是调用该入口地址的函数。

传递函数时，形参是函数指针，对应的实参可以是函数名或函数指针。“形-实”结合采用传址的方式，形参接收实参的入口地址。

在 C 语言中，只要是与函数有关的标识符，就不能缺少右边的一对圆括号。前面介绍的有参函数和无参函数都必须有圆括号，函数指针和指针型函数也必须有圆括号。特别要注意指针函数和函数指针二者标识符的差别，不要混淆。例如，double (*f)()和 double *f()，前者是 double 型的函数指针，它可以指向一个 double 型的函数。其中，由于括号的优先级高于*号，将*f 加上圆括号，说明*f 首先是一个指针名；后者是 double 型的指针函数。其中，*f 不加圆括号，说明 f 首先是一个函数名，f 前面的*号表示它的返回值是指针。

传递函数的作用是将某个函数的入口地址传递给被调用函数中的函数指针，由被调用函数再调用该函数。

6.6 本章小结

1．函数的定义和声明。

函数定义的形式：

```
函数返回值的类型名 函数名（类型 1 形参 1，类型 2  形参 2，…）
 {说明部分
  语句部分
 }
```

- 函数返回值类型名缺省时，默认为 int；若无返回值，应为 void。
- 函数名为用户定义标识符，不得与同一程序中的其他函数同名。
- 函数的参数可有可无，无需在程序中再定义。
- main 函数是程序的入口。
- 函数不能嵌套定义，即在一个函数体不能再定义另外的函数。

函数声明的形式：

```
返回值类型 函数名（类型名 1 参数名 1，类型名 2 参数名 2，…）；
```

2．函数调用。

在 C 程序中，函数之间的逻辑联系是通过函数调用实现的。函数调用可以采用两种方式，即函数名调用和函数指针调用。函数调用形式为：

函数名（实参表）

- 不用写返回值类型和实参类型。
- 实参类型、个数、顺序必须与函数定义时的形参一致。
- 实参可以是常量、变量、表达式或函数的调用。
- 调用过程中，数据从实参向形参单项传递。
- 嵌套调用：在调用一个函数的过程中又调用另一个函数。
- 递归调用：在函数调用过程中，函数直接或间接地调用自己。

3．局部变量和全局变量。

局部变量：在函数内部或复合函数内部定义的变量，也叫内部变量，作用域是定义复合语句或函数内。

全局变量：在函数外部定义的变量，也叫外部变量。作用域从定义的位置开始，到整个源文件结束为止。

4．函数间参数的传递。

函数间参数的传递包括值传递和地址传递。传值方式的特点是调用函数将实参的值复制到被调用函数对应的形参中，数据传递是单向进行的。传址方式的特点是调用函数将实参的地址复制到被调用函数对应的形参（指针）中。

习题

1．通过函数求 $f(x)$的累加和，其中 $f(x)=x^2+1$。

2．通过函数计算级数之和：$s=1+x+x^2/2!+x^3/3!+\ldots+x^n/n!$。

3．从键盘输入 10 个正整数，使用冒泡排序对其按从小到大的顺序进行排序。

4．使用函数调用判断一个数是否为质数。

5．编写程序删除数组中的重复数据。

6．有若干个学生的成绩（每个学生有 4 门课程），要求在用户输入学生序号以后能输出该学生的全部成绩，用指针函数来实现。

7．用递归法将一个整数 n 转换成字符串。例如，输入 123，则输出字符串“123”。

8．编写函数将 ss 所指字符串中所有下标为奇数位置上的字母转换为大写（若该位置上不是字母，则不转换）。

9．编写函数将 a 所指 4×3 矩阵中第 k 行的元素与第 0 行元素进行交换。

例如，有下列矩阵：

```
1   2   3
4   5   6
7   8   9
10  11  12
```

若 k 为 2，程序执行结果为：

```
7   8   9
4   5   6
1   2   3
10  11  12
```

10．编写函数统计一行字符串中单词的个数并作为函数值返回。一行字符串在主函数中输入，规定所有单词由小写字母组成，单词之间由若干个空格隔开，一行的开始没有空格。

第 7 章　结构体、共用体、枚举和类型定义

数组所处理的数据必须是同一类型的，但有时需要把不同类型的数据一同进行考虑。例如，通讯录是由姓名、地址、电话、邮编等组成的，这样的实体是难以用数组表达的。C 语言中提供了一种新的称为结构体的数据类型可以处理这类问题。

本章将介绍结构体的定义、说明和使用，共用体（也称为联合）的概念，枚举类型的使用以及 typedef 类型定义。

7.1　结构体

结构体类型是一种复合数据类型，是不同类型变量的集合，可以描述由多种类型数据组成的记录。结构类型是用户自行定义的，由结构类型可以定义该类型的变量、数组和指针。结构可以在函数之间传递，也可以作为函数的返回值。

7.1.1　结构类型的定义

结构体类似于数组，是由若干元素构成的，习惯上称这些元素为“成员”，能够作为结构体成员的除了基本数据类型（int、float、char），还可以是数组、指针甚至另一个结构体，为了指定某个成员，可采用成员运算符“. ”（即圆点）。

定义一个结构体应采用关键字 struct，其一般形式为：

```
struct 结构体类型名称
      {数据类型      成员名 1;
       数据类型      成员名 2;
       ⋮
       数据类型      成员名 n;
      };
```

通常结构体的定义有三种方式。

（1）结构体类型和结构体变量同时定义。

例 7-1　结构体类型和结构体变量同时定义的实例。

```
struct Student
    { int   num;
      char   *name;
      char   sex;
      int    age;
      char   *address;
      }s;
main()
    { s. num=0501
      s. name="Li ming";
      s. sex=M;
      s. age=21;
      s. address="Beijing";
      printf("%d\n%s\n%c\n%d\n%s\n", s.num, s.name, s.sex,
                s.age, s.address, );
    }
```

运行结果为：

```
0501
Li  ming
M
21
Beijing
```

说明：

struct 后面的 Student 是结构体名（结构标识符），可有可无。若有，以后对同类型结构体进行说明时，可用此结构体名代替结构类型。

{　} 中是结构体成员表，name 和 address 是字符型指针，num 是整型数，代表学号。

花括号之后的 s 是一个结构型变量，可定义多个结构型变量，结构体中的每个成员引用的一般形式是结构变量名.成员名。

（2）结构体类型和结构变量分开定义。

例 7-2　结构体类型和结构变量分开定义的实例。

```
struct Student
  { int  num;
    char  *name;
    char  sex;
    int  age;
    char  *address;
    };                                /*别忘记这里的分号*/
struct  student  s1, s2, s3;          /*不可缺少 struct */
```

说明：

本例首先定义名为 student 的结构体，包括 5 个成员。

s1，s2，s3 为三个同类型（student）的结构体变量，用结构名来说明。注意，结构名之前的 Student 不可缺少。

s1，s2，s3 结构体变量的定义必须放在可执行语句之前。

成员名可以与程序中变量名相同，两者互不干扰。例如，程序中也可定义变量 num。

（3）直接定义结构体类型变量（不出现结构体名）。

```
struct
  {  int  num;
     char  *name;
     char  sex;
     int  age;
     char  *address;
     }s1, s2, s3;
```

应该注意类型与变量是两个不同的概念，只能对变量赋值、存取或运算，而不能对类型赋值、存取或运算。编译时对类型不会分配内存空间，只对变量分配内存空间。

此外，结构体中的成员也可以是另一个结构体变量。例如，

```
struct date
  {  int day;
     int month;
     int year;
     };
struct student
  {  int num;
     char name[10];
     char sex;
     struct date birthday;        /* 注意关键字 struct */
     float score[4];
```

```
        char *address;
        }s1, s2, s3;
```

7.1.2 结构体变量的初始化

对结构体变量进行初始化时，只需把成员所对应的初始值按成员顺序依次给出即可，但要注意类型的一致性。

（1）外部存储类型的结构体变量初始化。

当结构体变量为全局变量或静态变量时，可直接进行初始化。

例 7-3 外部存储类型的结构体变量初始化的实例。

```
struct Student
  {  int   num;
     char   *name;
     char   sex;
     int   age;
     char   *address;
     }s={502, " Li ming", 'M', 21, "Beijing"};
main()
{printf("No: %d\n name: %s\n sex: %c\n age: %d\n address: %s\n", s.num, s.name, s.sex, s.age, s.address); }
```

运行结果为：

```
No: 502
name: Li ming
sex: M
age: 21
address: Beijing
```

（2）对静态存储类型结构体进行初始化。

上例中的定义部分也可以放在主程序中。

例 7-4 对静态存储类型结构体进行初始化的实例。

```
main()
  {  struct Student
     { int   num;
     char   *name;
     char   sex;
     int   age;
     char   *address;
     }s={502, "Li ming", 'M', 21, "Beijing"};
printf("No: %d\n name: %s\n sex: %c\n age: %d\n address: %s\n",
                    s.num, s.name, s.sex, s.age, s.address);
}
```

（3）对自动存储变量不能在定义时初始化，因为它是局部变量，在函数被执行时才存在，因此只能在执行时对其各个成员赋值。

例 7-5 对自动存储变量的初始化的实例。

```
main()
  { struct Student
     { int   num;
       char   *name;
       char   sex;
       int   age;
       char   *address;
       }s;
    s.num=502;
    s.name="Li ming";
```

```
        s.sex='M';
        s.age=21
        s.address="Beijing";
    printf("No：%d\n name：%s\n sex：%c\n age：%d\n address：
                    %s\n"，s.num，s.name，s.sex，s.age，s.address);
```

7.1.3　结构体类型变量的引用

定义了结构体变量以后，就可以引用这个变量了，但应遵循以下原则：

（1）不能将一个结构体变量作为一个整体加以引用。例如，已定义了结构体变量 a，并且已有值，下面引用方式是错误的。

```
    Printf（"%d，%s，%c，%s"，a）；
```

只能对各个成员分别引用。例如，a.num，其中“.”是成员运算符，它在所有的运算符中优先级最高，因此可以看成为一个整体。

（2）如果成员本身又是一个结构体类型，则应该用若干个“.”一级一级地找到最低级的成员。例如，使用 s1.birthday.month，而不能使用 s1.birthday 来进行访问，因为后者的 birthday 本身是个结构体变量。

（3）对成员变量可以像普通变量一样进行各种运算。例如，s2.sex=s1.sex，s1.age++等。

（4）可以引用成员的地址，也可引用结构体变量的地址。例如，

```
    scanf("%d"，&1.num);      /*输入 s1 的学号*/
    print(&a);                      /*把变量 a 首地址作为函数实参*/
```

7.1.4　结构体数组

结构体数组是一个数组，其中每个元素都是一个结构体类型的数据，它们分别包括各个成员（分量）项。

1. 结构体数组的定义

和定义结构体变量方法相同，只需说明其为数组即可。例如，

```
    struct   student
      { int num;
        char name[10];
        char sex;
        char   *address;
        };
    struct   student   a[3];
```

定义数组 a（有 3 个元素 a[0]、a[1]、a[2]）是一个结构体数组，如图 7-1 所示，它是一维数组，各元素在内存中连续存放。

	num	name	Sex	Address
a[0]	1	Li ming	M	123 Beijing Road
a[1]	2	Wang Lin	F	130 Shanghai Road
a[2]	3	Gong Jin	M	101 Beijing Road

图 7-1　结构体数组

2. 结构体数组的初始化

结构体数组可以在定义时进行初始化，但只能对全局的或静态存储的数组进行初始化。

例如，

```
    struct student
      {   int num;
```

```
        char name[10];
        char sex
        char  * address;
    }a[3]={{11, "Li ming", 'M', "123 Beijing Road"},
            {12, "Wang Lin", 'F', "130 Shanghai Road"},
            {13, "Gong Jin", 'M', "101 Beijing Road"}};
```

也可以在定义数组 a 时不指定元素，可用 a[ ]={{…}，{…}，{…}}；，可见结构体数组初始化的形式是在定义数组后面加上={初值表列}；。

例 7-6 对候选人得票的统计程序。设有 4 个候选人，每次输入一个得票的候选人的名字，输出其得票结果。

```
struct  person
   { char  *name;
     int count;
     }leader[4]={"deng", 0, "zhou", 0, "wang", 0, "li", 0};
main()
   { int  i, j;
     char  name[20]
     for(i=0, i<=12; i++)
       {scanf("%s",name);
       for(j=0; j<4; j++)
       if(strcmp(name, leader[j]. name)= =0)
          leader[j]. count++;
          }
          printf("\n");
          for(i=0; i<4; i++)
               printf("%s: %d\n", leader[i]. name, leader [i]. count);
}
```

若输入为：

```
li↙
deng↙
zhou↙
deng↙
wang↙
zhou↙
zhou↙
deng↙
zhou↙
wang↙
li↙
zhou↙
```

则输出为：

```
deng: 3
zhou: 5
wang: 2
li: 2
```

程序定义一个全局的结构体数组，它有 4 个元素，每一个元素包含两个成员：name（姓名）和 count（票数）。定义时进行初始化，使 4 位候选人的票数都先归零；在主函数中定义字符数组 name，在 12 次循环中每次输入一个姓名，将它与 4 个候选人的姓名（leader[j]. name）相比较，看它和哪个相同，并使相同的成员的票数值（leader [i]. count）加 1；输入和统计结束后，输出候选人的姓名和票数。

7.2 共用体（联合）

7.2.1 共用体的概念

共用体与结构体的定义形式上相同，只是要把关键字 struct 改为 union。

有时需要把几种不同类型的变量放在同一内存区域中，见图 7-2，把一个整型变量、一个字符变量、一个实型变量放在同一内存区域中，尽管三个变量占用的字节数各不相同，但起始地址都一样（例如 1000）。它要用“覆盖”技术，使多个变量互相覆盖。这种结构称为共用体或者联合。

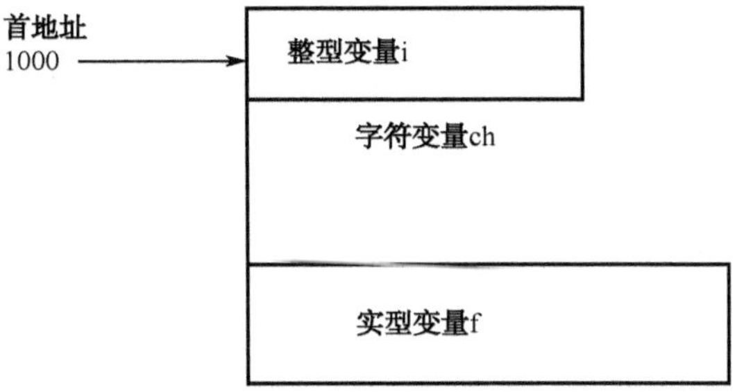

图 7-2　共用体概念

定义共用体方式类似结构体，例如：

```
union data
  {  int i;
     char ch;
     float f;
     }a, b, c;
```

```
或 union
  { int i;
  char ch
  float f;
  }a, b, c;
```

```
或 union data
  {int   i;
  char ch
  float f;
  };
union data   a, b, c;
```

“共用体”和“结构体”定义形式相似，但其含义不同。结构体变量所占内存长度是各成员的内存之和，但共用体变量所占内存长度是最长成员的长度（图 7-2 中为 4 个字节）。

7.2.2 共用体变量引用方式

先定义共用体变量后才可以引用它，不能引用共用体变量本身，而只能引用其中的成员。例如，printf("%d", a); 是错误的，正确的方式为 printf("%d", a.i); 。

例 7-7　共用体变量的使用。

```
main()
  {  union tdate
     { int uint;
       long tlong;
       float tfloat;
       doudle tdouble;
       char   *tstring:
     }t;
     t.uint=3; printf("%d\n", t.uint);
     t.tlong=300; printf("%1d\n", t.tlong);
     t.tfloat=3.0; printf("%f\n", t.tfloat);
     t.tdouble=3.00; printf("%f\n", t.tdouble);
     t.tstring=″ stu″ ; printf("%s\n", t.tstring);
}
```

7.2.3 共用体的特点

（1）同一内存段可放几种不同类型的成员，但每一瞬间只能存放一种。例如，

```
a.i=1;
a.c='a';
a.f=2.1;
```

在完成以上三个运算后，只有 a.f 有效，a.i 及 a.c 都不再有效，因此用 printf("%f", a.f); 是可以的，但不能用 printf("%c", a.c);，所以引用共用体变量时应该特别注意当前放的是什么数据。

（2）共用体变量地址及其各成员地址都是同一地址，即&a，&a.i，&a.c，&a.f 的值相同。

（3）不能对共用体变量名赋值，也不能在定义时进行初始化。

（4）不能把共用体变量作为函数参数，也不能使函数返回共用体变量，但可以使用指向共用体的指针。

（5）允许定义共用体数组。

7.3 枚举

枚举通常用来描述集合的概念。如果一个变量只有几种可能的值，可以将它定义为枚举类型的变量。所谓“枚举”是将变量的值一一列举出来，变量的值只限于列举值的范围内。

1. 枚举类型的定义形式

```
enum   枚举类型名  {枚举元素表}  [枚举变量名];
```

其中，enum 是关键字，花括号中的枚举元素是用户定义的标识符。花括号后面是枚举变量名，若省略，则表示仅定义枚举类型。例如，

```
enum color {red,yellow,blue,white,black} a,b;
```

定义了枚举类型 color 及枚举型变量 a，b。a，b 只能在 red、yellow、blue、white、black 这五个枚举元素值中取值。

也可以像定义结构类型那样，先定义枚举类型再定义枚举变量，或先定义无名枚举类型，紧接着定义枚举变量。

2. 枚举元素的取值

枚举类型一经定义，每个枚举元素就可以代表一个整数值。

（1）若未进行初始化，就按各元素在枚举元素表中的排列次序依次从 0 开始取值，即第一个元素的值为 0，第二个元素的值为 1，以此类推。

（2）用户可以根据需要对枚举元素进行初始化，为一个或多个枚举元素指定希望的值。在初始化时，每使用一个初始值后，其后的元素依次比它前面的元素大 1。也允许多个元素取相同的值。例如，

```
enum   position {east,west=10,south=10,north} loc;
```

（3）枚举元素是一个整型的符号常数，只能在定义或初始化时获得整数值，不能用赋值或输入的方式给枚举元素赋值。

3. 枚举变量的使用

（1）枚举变量的赋值。

可以将枚举元素赋给枚举变量。例如，

```
enum weekday {sun=7,mon=1,tue,wed,thu,fri,sat} workday;
workday=sat;
```

则 workday 的值为 6。

如果要将一个整型表达式的值赋给枚举变量，则必须进行强制类型转换。例如，

```
workday=(enum weekday)(2*3);
```

相当于 workday=sat。注意，赋给枚举变量的整数值不能超出枚举范围以外。

（2）枚举变量的引用。

枚举变量可以像整型变量一样参与各种运算，如增 1 减 1 运算、与枚举元素值进行比较、参与表达式运算等，还可以按整型输出其元素值。

7.4　类型定义

C 语言中允许用 typedef 定义新的类型来替代已有的类型，其一般形式是：

```
typedef　已定义类型　新类型
```

例如，

```
typedef int INTEGER;
typedef float REAL;
typedef char CHARACTER;
```

这样可以使熟悉 Pascal 或 FORTRAN 语言的程序员用 INTEGER 来定义整型变量，用 REAL 来定义实型变量，用 CHARACTER 来定义字符变量。

其中，typedef 是类型定义关键字；“已定义类型”指已有的类型标识符，如 int、float、已定义过的结构、联合、枚举等；“新类型”是用户自行定义的标识符，用来代替原类型标识符。

用 typedef 可以将已有的各种类型名定义成新的类型名，但不能直接定义变量。

typedef 只是对已有的类型名增加一个新的替换名，并不能创造新的类型，也不是取代现有的类型名。

用 typedef 定义了一个新类型后，还可以再用 typedef 将新类型名定义成另一个新类型名，即嵌套定义。

7.5　本章小结

1．结构体

结构体类型是一种复合数据类型，是不同类型变量的集合，可以描述由多种类型数据组成的记录。结构体类型的定义形式为：

```
struct  结构体类型名称
     {数据类型      成员名 1;
      数据类型      成员名 2;
      :
      数据类型      成员名 n;
};
```

对结构体变量进行初始化时只需把成员所对应的初始值按成员顺序依次给出即可，但要注意类型的一致性，结构体占用的内存单元长度为各成员占用内存单元长度之和。另外可以用结构体定义变量、数组或指针。

定义结构体变量后，就可以引用这个变量。一般有三种形式可以实现对结构体成员的引用：

- 结构体变量名.成员名
- 结构体指针变量→成员名
- （*结构体指针变量）.成员名

2．共用体

共用体与结构体的定义形式上相同，只是要把关键字 struct 改为 union。把几种不同类型的变量放在同一内存区域中，尽管各类型变量占用的字节数不同，但起始地址都是一样的，占用内存长度是各成员中最长的成员的长度。

共用体成员的引用方式为：

```
共用体变量名.成员名
```

共用体与结构体的区别在于同一时段可放几种不同类型的成员，但每一瞬间只能存放一种，共用体的地址就是各成员的地址，不能对共用体变量名进行赋值或初始化，不能把共用体变量作为函数参数，也不能使函数返回共用体变量。

3．枚举类型

枚举通常用来描述集合的概念。其定义形式为：

```
enum  枚举类型名  {枚举元素表}  [枚举变量名];
```

枚举类型将变量可能的值一一列举出来，变量的值只限于列举值的范围内。枚举类型已经定义，每个枚举元素就可以代表一个整数值，枚举变量可以像整型变量一样参与各种运算。

4．类型定义

C 语言中允许用 typedef 定义新的类型来替代已有的类型，其一般形式是：

```
typedef  已定义类型  新类型
```

用 typedef 定义了一个新类型后，还可以再用 typedef 将新类型名定义成另一个新类型名，即嵌套定义。

习题

1．简述结构体和共用体的区别。

2．定义一个结构体变量，成员包括年、月、日，计算该日在本年中是第几天？

3．已知两个链表 a 和 b，每个链表中的节点包括学号和成绩，要求合并链表，并按学号排列。

4．利用结构体实现候选人的票数统计。设有 3 个候选人，每次输入一个得票的候选人的名字，要求最后输出各人得票结果。

5．若有以下说明和语句：

```
struct student
{int age;
  int num;}std,*p;
```

p=&std;，则以下对结构体变量 std 中成员 age 的引用方式不正确的是（　　）。

A．std.age　　B．P->age　　C．(*p).age　　D．*p.age

6．给出以下程序的运行结果。

```
#include<stdio.h>
union pw
{int i;
char ch[2];}a;

main()
{a.ch[0]=13;
a.ch[1]=0;
printf("%d\n",a.i);
}
```

第 8 章　文　　件

文件（file）是程序设计中一个重要的概念，所谓“文件”可定义为存储在外部介质（多为磁盘）上数据的集合，操作系统通过文件名来读写文件，这里“读”是指从文件中读出数据，“写”是指把数据写入文件之中，每一个与主机相连的输入/输出设备也可看作是一个文件（设备文件）。例如，键盘是输入文件（用 CON 表示），显示屏和打印机是输出文件（分别用 CON 和 PRN 表示）。

本章主要介绍文件的概念和文件的存取方式，文件的打开和关闭，文件读写函数及文件指针的定位。

8.1　C 文件的概念

本章涉及的 C 文件指的是数据文件。将 C 程序要处理的数据独立出来存储在外部介质上，构成数据文件。文件操作主要是文件的建立和存取。

C 语言中的文件是流式文件。流式文件是一种无结构的文件，即整个文件就是一串字符流或二进制位流，文件的存取以字符或字节为单位。

C 文件又分为文本文件（即 ASCII 码文件）和二进制文件两类。文本文件中的数据以字符为单位，按其 ASCII 码存放；二进制文件中的数据以字节为单位，按数据在内存中的存储形式存放。

文件的存取也称文件的读写或文件的输入/输出，是文件中的数据在内存和外存之间进行的交换。C 语言对文件存取有两种方式：顺序存取和随机存取。

顺序存取只能依先后次序存取文件中的数据，即存取完第一个数据，才能存取第二个数据；存取完第 n−1 个数据，才能存取第 n 个数据。随机存取也称直接存取，可以直接存取文件中指定位置上的数据，即可以直接存取指定的第 i 个数据，而不管第 i−1 个数据是否已经存取。

文件指针用来确定文件中的当前位置，对文件的存取是在文件指针所指之处进行的。C 编译系统在头文件 stdio.h 中提供了文件指针类型 FILE，文件指针应使用 FILE 类型来定义。定义文件指针的格式为：

```
FILE  *指针变量名;
```

在 C 语言中，文件操作主要是文件的建立和存取，一般要进行打开文件、文件读写和关闭文件这三个步骤。

8.2　文件的打开和关闭

1．打开文件

打开文件的一般格式为：

```
FILE *fp;
fp=fopen(fname,mode);
```

其中，fname 是要打开的文件名，可以是字符串常数、字符型数组或字符型指针，文件名可以带路径；mode 表示文件的使用方式，它规定了本次打开文件的目的，mode 可选的选项如表 8-1 所示。

fopen()将文件正常打开后，将返回文件在内存中的起始地址，并把该地址赋给文件指针，建立起文件和文件指针之间的联系，此后对文件的操作通过文件指针进行，而不再使用文件名；若不能实现文件打开任务，fopen 函数会带回出错信息（原因可能是用“r”打开一个已存在的文件，磁盘已满无法建立新文件等)，此时 fopen 返回一个空指针 NULL。(在 stdio.h 中 NULL 已定义为 0)。因而常用下列方式测试是否成功打开一个文件。

```
if((fp=fopen("filel", "r"))=NULL)
  { printf("Cannot open filel\n");
    exit(0);
  }
```

表 8-1　文件使用方式

读写方式	含　义	读写方式	含　义
"r"	打开文本文件，只读	"r+b"	打开二进制文件，读、覆盖写
"w"	建立文本文件，只写	"w+b"	打开二进制文件，先写后读
"a"	打开文本文件，追加	"a+b"	打开二进制文件，读、追加
"rb"	打开二进制文件，只读	"rt"	打开文本文件，只读
"wb"	建立二进制文件，只写	"wt"	打开文本文件，只写
"ab"	打开二进制文件，读、追加	"at"	打开文本文件，追加
"r+"	打开文本文件，读、覆盖写	"r+t"	打开文本文件，读、覆盖写
"w+"	打开文本文件，先写后读	"w+t"	打开文本文件，先写后读
"a+"	打开文本文件，读、追加	"a+t"	打开文本文件，读、追加

其中 exit(0)的作用是关闭所有文件，终止调用过程，待程序员检查并改正错误后再运行。

打开文件将通知编译系统三个信息：①使用的文件指针；②需要打开的文件名；③使用文件的方式（读还是写等）。

一般而言，一个文件指针指向一个文件。因此有几个文件就应该有几个文件指针。不允许将一个文件指针同时指向两个或两个以上的文件，也不允许几个指针指向同一文件。

文件读写方式决定了将对文件进行什么样的操作和使用什么样的读写函数。例如，使用“w”或“wt”方式只能写不能读，只能使用文本格式的输出函数。如果要向文件添加数据并保持原有数据不变，就应该使用“a”、“a+”或“at+”方式，因为使用“w”或“wt”方式时，原有的数据将全部丢失，只能先写后读。

2．关闭文件

关闭文件的格式为：

```
fclose(fp);
```

fp 为文件指针，该函数执行成功时，返回 0 值；否则，返回非 0 值。文件关闭后，文件指针与文件名脱钩，可以再与别的文件连接。

关闭文件的功能是在结束文件与文件指针的联系之前进行善后处理（如把缓冲区中的剩余数据写入文件），切断文件指针与文件名之间的联系，释放文件指针。通常，当程序正常运行结束时，系统也会自动关闭所有已打开的文件。

8.3　文件类型的指针

每个被使用的文件都在内存中开辟一个存储区，以存放文件的相关信息。例如，文件名、状态及当前位置等。文件信息被保存在一个结构体变量中，指向文件结构体变量的指针即为文件类型的指针。

定义文件类型的指针形式如下：

```
FILE *fp; /*fp 指向文件的结构体变量*/
FILE f[5];/*定义了一个结构体数组，可存放 5 个文件的信息*/
```

8.4　文件读写函数

C 语言用编译系统提供的文件输入/输出函数实施文件的读写。这些输入/输出函数往往针对不同的数据对象，采用不同的数据格式。

8.4.1　文件的读和写

文件在打开后就可以对它进行读写操作，常用的读写函数有：

- 字符输入/输出函数　　fgetc 和 fputc
- 字符串输入/输出函数　　fgets 和 fputs
- 格式化输入/输出函数　　fscanf 和 fprintf
- 数据块输入/输出函数　　fread 和 fwrite
- 文件定位函数　　feek，rewind 和 ftell
- 其他函数　　feof，ferror 和 clearerr

1．fgetc 和 fputc 函数

（1）字符输入函数 fgetc。

从指定文件（该文件必须以读或读写方式打开）读入一个字符，其格式为：

```
ch=fgetc(fp);
```

fp 为文件型指针变量，ch 为字符变量，fgetc 返回一个字符赋给 ch，如果执行 fgetc(fp);，则读出字符遇到文件结束符时，函数返回一个文件标志 EOF。EOF 在 stdio.h 中定义为-1。

如果要从一个磁盘文件顺序读入字符并显示出来，程序可为：

```
ch=fgetc(fp);
while(ch!=EOF)
    { putchar(ch);
     ch=fgetc(fp);
    }
```

（2）字符输出函数 fputc。

fputc 函数把一个字符 ch 写到磁盘文件中，其一般形式是：

```
fputc(ch, fp)
```

该函数也返回一个值，若输出成功则返回值就是输出字符；如果输出失败，则返回 EOF(-1)。

例 8-1　将一个磁盘文件的信息复制到另一个磁盘文件中。

```
#include  <stdio. h>
main()
{ FILE  *in, *out;
char Ch;
     if((in=fopen("infile.txt", "r"))==NULL)
         { printf("cannot open file: infile.txt\n");
           exit(0);
         }
       if((out=fopen("outfile.txt", "w"))==NULL)
         { printf("cannot open file: outfile.txt\n");
           exit(0);
         }
       while(!feof(in))
         fputc(fgetc(in), out);
       fclose(in); fclose(out);
       }
```

上例中是按文本文件来处理 infile.txt 及 outfile.txt 这两个文件的，如果是复制一个二进制文件，只需在 fopen 函数中将“r”、“w”分别改为“rb”和“wb”即可。

2. fgets 及 fputs 函数

fgets 是从指定文件读取一个字符串，其格式是：

```
fgets(str, n, fp)
```

其中 str 是一个字符数组名或指向字符串的指针，n 为要读取的最多的字符个数，fp 为所要读取的文件型指针，fgets 的功能是从 fp 所指的文件中读取长度不超过 n-1 个字符的字符串，并放入字符数组 str 中，函数返回指向 str 的首地址指针。

在从文件中读取字符串开始时遇到文件结束，函数返回 NULL。另一种是：①已读取了 n-1 个字符还未遇到文件结尾；②未读完 n-1 个字符就遇到回车符“\n”或文件结束符 EOF。这两种情况均结束文件的读取，从 fgets 函数返回，并将读出的字符串放入 str 中（包括读出的'n'），在串尾加上'\0'字符。

fputs 是将 s 指向的字符串或数组名内容写入 fp 所指向的文件中，写入的字符串末尾的 '0' 被自动除去。调用成功时返回值 0，调用不成功返回非零值。其格式为：

```
fputs(s, fp);
```

例 8-2 从键盘输入若干行字符送入磁盘文件 file.txt 中。

```
#include(stdio. h)
main()
  { FILE *fp;
    charstr[81];
    if((fp=fopen("file.txt", "w"))==NULL)
      { printf("Cannot open file\n"); /
        exit(0);
        }
    while(strlen(gets(str))>0)              /*键盘上读入一行字符送 str*/
      { fputs(str, fp);                     /*若该字符串非空，送入 file.txt*/
        fputs("\n", fp);
        }
    fclose(fp);
    }
```

8.4.2 文件格式化输入/输出函数

前面介绍过 scanf 及 printf 两个格式化输入/输出函数，它们适用于标准的设备文件（键盘、显示屏）。C 标准函数提供了 fscanf 及 fprintf 两个格式化输入/输出函数用于满足磁盘文件的格式化读写要求。

（1）格式化输入函数 fscanf()，格式是：

```
fscanf（fp，格式控制符，输入列表）；
```

fp 为要读取文件的文件型指针，格式控制符及输入列表含义同 scanf。例如，fscanf(fp，"%d，%f"，&i，&t);从指定的磁盘文件上读取，按照"%d"及"%f "格式把 ASCII 字符转换为二进制形式（自动转换）并赋予变量 i 及 t。

（2）格式化输出函数 fprintf()，格式是：

```
fprintf（fp，格式控制符及输出列表）；
```

fp 为要写入的文件的指针，格式控制符及输出列表含义同 printf。例如，fprintf(fp，"%d，%6.2f "，i，t);将整数变量 i 值以%d 格式、实型变量 t 值以%6.2f 格式写入 fp 所指向的文件中（二进制自动转换为 ASCII 形式）。

由于用 fscanf 和 fprintf 要进行二进制及 ASCII 码之间的转换，费时较多，在内存与磁盘频繁交换数据的情况下，最好不用这两个函数，而改用 fread 和 fwrite 函数。

8.4.3 文件数据块输入/输出函数

文件数据块输入/输出函数 fread 和 fwrite 实现一次读写一组数据的功能，采用这种方法对数组和结构体进行整体输入/输出比较方便，这种方法一般适用二进制文件的读写。其调用格式是：

```
fread(buffer，size，count，fp);
fwrite(buffer，size，count，fp);
```

其中：

buffu 是一个指针，对 fread 来说是读入数据的存放地址，对 fwrite 来说是要输出数据的起始地址；size 指要读写的字节数；count 为要读写多少个 size 字节的数据项；fp 为文件指针。例如，

```
fread(a，4，5，fp);
```

a 是一个实型数组名，一个实型变量占 4 个字节，该函数从 fp 所指的文件读出 5 次（每次 4 个字节，共 20 字节）数据，并存储到数组 a 中。

如果 fread 或 fwrite 调用成功，则函数返回 count 值（即输入或数据项的个数）。

8.5 文件的定位及随机读写

前面介绍的对文件的操作都是顺序读写，即从某一个数据开始依次进行读写，由指向文件的指针自动移位。但实际应用中有时需要对文件中某个特定数据进行处理，这就要求文件具有随机读写的功能，即强制文件指针指向用户所希望的指定位置。C 语言提供了三种相关函数。

1. 改变文件位置指针函数 fseek

fseek 的调用格式为：

```
fseek(fp，offset，position);
```

其中 fp 是文件类型指针：position 为起始点，用 0、1、2 分别表示“文件开始”、“当前位置”和“文件末尾”；offset 为位移量，指从起始点开始到要确定的新位置的字节数目（该参数应为长整型量，应在参数后加标志 L）。

fseek 函数一般用于二进制文件，因为文本文件要发生字符转换，计算位置时会产生混乱。例如，

```
fseek(fp，100L，0); 将位置指针移到离文件头 100 个字节处。
fseek(fp，50L，1);  将位置指针从目前位置开始向后（即文件末尾方向）移动 50 个字节。
fseek(fp，-10L，2); 将位置指针移到离文件末尾 10 个字节的位置。
```

2. 位置指针重返文件头函数 rewind

rewind 函数的调用形式为：

```
rewind(fp);
```

使 fp 指定的文件指针移到文件开始位置

例 8-3 把文件 file1 复制到文件 file2。

```
#include  <stdio. h>
main()
  { FILE *fpl，*fp2;
    fpl=fopen("file1"，"r");
    fp2=fopen("file2"，"w");
    while(!feof(fpl) )
        putchar(fgetc(fpl));                /*屏幕上显示 file1 文件内容*/
    rewind(fpl）;                           /*显示完后指针在 f1 末尾，把它移到开始位置*/
    whil(!feof(fpl))
        fputc(fgetc(fpl)，fp2);             /*把 file1 文件的内容复制到 file2*/
    fclose(fpl）;
    fclose(fp2）;
  }
```

3．位置指针当前值函数 ftell

调用格式为：

```
ftell(fp);
```

其中 fp 为文件指针，该函数返回 fp 所指文件的当前读写位置，即位置指针的当前值，该值是个长整型数，是从文件开始到当前读写位置的位移量字节数。如果返回值为-1，则说明出错。例如，

```
i=ftell(fp);
if(i==-1L)printf("error\n");
```

8.6 文件操作的出错检测

C 语言提供两种手段检查函数调用情况和文件的状态，其一是由函数返回值可以知道文件调用是否成功。例如，调用 fgets、fputs、fgetc、fputc 等，若文件结束或出错返回 EOF；在调用 fread、fopen、fclose 等函数时，若出错则返回 NULL。其二，是由 C 函数库提供对文件操作状态和操作出错的检测函数，包括 feof、ferror 及 clearerr 函数。

1．文件状态检测函数 feof

格式如下：

```
feof(fp);
```

其中 fp 为文件型指针，feof 测试文件位置指针是否到达文件结尾。如果已达文件结尾，则返回非零值，否则返回 0（文件尚未结束）。

2．报告文件操作错误状态函数 ferror

格式如下：

```
ferror(fp);
```

其中 fp 为文件指针，测试 fp 所指的文件是否有错误。如果没有错误返回值为 0，否则返回一个非零值表示出错。

3．清除错误标志函数 clearerr

格式如下：

```
clearerr(fp);
```

其中 fp 为文件指针，清除 fp 所指文件的错误标志和文件结束标志（即使其变为 0）。

8.7 本章小结

1．C 文件指的是数据文件，将 C 程序要处理的数据独立出来存储在外部介质上，构成数据文件。定义文件指针的格式为：

```
FILE   *指针变量名;
```

2．文件主要涉及以下几种操作：

- 文件的打开。

  打开文件的一般格式为：

```
FILE *fp;
fp=fopen(fname,mode);
```

- 文件的关闭。

  关闭文件的格式为：

```
fclose(fp);
```

- 字符输入/输出函数：fgetc 和 fputc。

- 字符串输入/输出函数：fgets 和 fputs。
- 格式化输入/输出函数。

```
fscanf(fp，格式控制符，输入列表);
fprintf(fp，格式控制符及输出列表);
```

- 数据块输入/输出函数。

```
fread(buffer，size，count，fp);
    fwrite(buffer，size，count，fp);
```

- 改变文件位置指针函数 fseek，其调用格式为：

```
fseek(fp，offset，position);
```

- 位置指针重返文件头函数 rewind，其函数调用形式为：

```
rewind(fp);
```

- 位置指针当前值函数 ftell，其调用格式为：

```
ftell(fp);
```

- 文件状态检测函数 feof，其调用格式为：

```
feof(fp);
```

- 报告文件操作错误状态函数 ferror，其调用格式为：

```
ferror(fp);
```

- 清除错误标志函数 clearerr，其调用格式为：

```
clearerr(fp);
```

习题

1．简述 C 文件操作的特点。

2．若 fp 已正确定义为一个文件指针，d1.dat 为二进制文件，请写出函数以便为读而打开此文件。

3．从键盘输入一个字符串，将其中的小写字母转换成大写字母，然后输出到一个磁盘文件“f”中保存，输入的字符串以“!”结束。

4．以二进制“写”方式打开文件 d1.dat，写入 1～100 这 100 个整数后关闭文件，再以二进制“读”方式打开文件 d1.dat，将这 100 个整数读入到另一个数组 b 中，并打印输出。

5．从键盘输入若干行字符（每行长度不等），输入后把它们存储到一个磁盘文件中，再从该文件中读入这些数据，将其中的小写字母转换成大写字母后在显示屏上输出。

6．有两个磁盘文件“A”和“B”，各存放一行字母，现要求把这两个文件中的信息合并，并按字母顺序排列，输出到一个新文件“C”中。

第 9 章　编译预处理

所谓编译预处理，是指编译时所进行的处理，其处理工作是在编译过程中（严格地说，是在编译开始时），不是在程序运行时。C 语言提供了 3 种编译预处理，即宏定义、文件包含、条件编译，本章将介绍它们的特点及使用方法。

9.1　宏定义

宏定义不是 C 语言的组成部分，而是编译预处理命令。不带参数的宏定义用来定义符号常数，带参数的宏定义用来定义表达式或某些操作。宏定义的执行是在程序预编译时完成的。

1．不带参数的宏定义

定义的一般格式是：

```
#define　宏名　宏体
```

其中，宏名是一个标识符，宏体是一串字符，可以是数字、关键字、语句、表达式。

宏展开的过程是：在预编译时，编译系统把程序中出现的宏名置换为宏体，即用定义的一串字符去替换宏名，然后再对替换处理后的源程序进行编译。

例如，有宏定义：#define PI 3.1415926

则编译时，会把程序中出现的 PI 全部换成 3.1415926。

宏定义属于编译预处理命令，而不是 C 语句。所有的编译预处理命令均以字符#开头，以回车键结束，末尾不加分号，命令动词也不是 C 保留字。

一个#define 只能定义一个宏，若需要定义多个宏就要用多个#define。

宏定义可以嵌套，即可以用定义过的宏名去定义另一个宏名。宏名的作用域是从宏定义命令后直到本程序文件结束。可以用#undef 命令解除已有的宏定义，其一般形式为：

```
#undef 宏名
```

程序中用双引号括起来的字符串中若含有与宏名相同的字符串时，不同的编译系统有不同的处理方法，有的系统进行替换，有的系统则不予替换。Turbo C 采用不予替换的方法。

宏展开只是简单地用定义的宏体去替换宏名而不进行任何计算。例如下列语句：

```
#define　WIDTH 80
#define　LENGTH　WIDTH+40
```

若程序中有如下表达式：

```
var=LENGTH*20;
```

则宏展开后，LENGTH*20 被替换为 80+40*20，因此得到 var 的值为 880。

而下面的定义：

```
#define WIDTH 80
#define LENGTH (WIDTH+40)
var=LENGTH*20;
```

则宏展开后，LENGTH*20 被替换为(80+40)*20，因此得到 var 的值为 2400。

归纳起来，宏定义应注意以下几点：

（1）宏名一般采用大写。

（2）使用宏可提高程序的通用性和易读性，减少不一致性，减少输入错误和便于修改。例如，数组大小常采用宏定义。

（3）预处理是编译之前的处理，而编译工作的任务之一就是语法检查，预处理不进行语法检查。

（4）宏定义末尾不加分号“;”，否则，分号也将作为宏体中的内容。

（5）宏定义写在函数的花括号外边，作用域为其后的程序，通常在文件的最开头。

（6）可以用#undef 命令终止宏定义的作用域。

（7）宏定义可以嵌套。

（8）宏定义不分配内存，而变量定义分配内存。

2. 带参数的宏定义

定义的一般格式为：

```
#define　宏名(形参表)　宏体
```

其中，宏名后面的形参表与函数的形参表相似，宏体为一串字符。宏体中必须包含括号中所指定的形式参数，宏名与括号之间不能有空格。

宏展开的过程是：在预编译时，遇到程序中带实参的宏名，就按宏体中的字符串从左到右进行置换，非形参字符原样保留，从而形成展开后的内容。

带参数的宏在展开时，先按位置的先后用实参替换形参，再用得到的字符串替换宏名，在替换过程中同样不进行任何计算和识别。例如下面的定义：

```
#define MUL(x,y)   x*y
```

程序中，若有如下语句：

```
int a=5,b=4,c;
c=MUL(a+b,a-b);
```

宏展开时，先将实参 a+b、a-b 分别替换宏体中的 x、y，得到 a+b*a-b，因此在程序运行时得到 c 的值为 21。

若定义为：#define MUL(x,y)　(x)*(y)

宏展开时，得到(a+b)*(a-b)，因此在程序运行时得到 c 的值为 9。

宏定义通常出现在函数体外部，因而具有全局意义。可以使用#undef 来解除已有的宏定义，从而把宏定义的作用域限制在程序的某个范围内。同时，由于 C 语言规定程序中不能定义同名的宏，经#undef 解除的宏名可以再次被定义。例如，

```
#define PDP 1
⋮
#undef PDP
#define PDP 2
```

C 语言中的函数类似于带参数的宏，二者在使用上完全相同。带参数的宏具有函数的某些功能，使用形式上也有相似之处，但二者在本质上是不同的：

- 带参数的宏不像函数调用那样要进行程序流程转移、参数传递、保存现场、返回函数值等操作，而仅仅是表达式的运算；
- 带参数的宏也不像函数那样要求形参和返回值都有固定的数据类型，宏的实参本质上可以是任意数据类型，宏本身的数据类型实际上是它的表达式运算结果的类型，随着使用的实参的不同，运算结果呈现不同的数据类型。

下面两个程序说明：某些带参数的宏和函数看似等价，实际运算结果是不同的。

```
square(int n)
  { return (n*n);}
main()
  { int i=5; printf("%d\n",square(i++)); }
```

输出为 25。

```
#define SQUARE(n)   ((n)*(n))
    main()
```

```
{ int i=5; printf("%d\n",SQUARE(i++));}
```

输出为 30。

在第一个程序中，i 作为实参仅传递一次，而在第二个程序中，经宏替换后，printf()函数语句被置换为 printf("%d\n",(i++)*(i++))，i++出现了两次。

归纳起来，带参数的宏定义应注意以下几点：

（1）实参如果是表达式则容易出现错误。

```
#define S(r)   r*r
area=S(a+b);
```

第一步换为 area=r*r;，第二步被换为 area=a+b*a+b;

正确的宏定义是#define S(r)   (r)*(r)

（2）宏名和参数的括号间不能有空格。

（3）宏替换只进行替换，不进行计算，不进行表达式求解。

（4）函数调用在编译后程序运行时进行，并且分配内存。宏替换在编译前进行，不分配内存。

（5）宏的“形-实”结合不存在类型，也没有类型转换。

（6）函数只有一个返回值，利用宏则可以设法得到多个值。

（7）宏展开使源程序变长，函数调用则不然。

（8）宏展开不占运行时间，只占编译时间；函数调用占运行时间（分配内存、保留现场、值传递、返回值）。

9.2 文件包含

文件包含也是一条编译预处理命令，其功能是把一个指定文件嵌入到现行的源程序文件中，再对嵌入后的源程序文件进行编译处理。

文件包含的一般格式为：

```
#include   <文件名> 或  #include   "文件名"
```

其中，文件名可以是编译系统提供的头（标题）文件，也可以是用户的程序文件。

被包含文件可以用尖括号括住，也可以用双引号括住。当采用尖括号时，编译系统将仅仅在系统设定的标准子目录（Turbo C 设定的标准子目录是 include）中查找被包含文件，如果找不到，就发出错误信息并停止编译过程。当使用双引号且文件名中无路径时，编译系统将首先在源文件所在的目录中查找，若未找到，再到系统设定的标准子目录中查找。如果被包含文件带有路径，就直接到指定目录中查找。

C 语言允许嵌套使用#include，即被包含的文件中又使用#include 包含另一个文件。

9.3 条件编译

何谓“条件编译”，简单一点说：就是“程序的内容指定编译的条件”。在写程序的时候，一般的情况是源程序的所有行都参加编译。如果希望部分代码在满足条件的情况下再执行编译，则引出条件编译。

常用的条件编译有 3 种不同的形式。

1．#if 形式

#if 形式的格式为：

```
#if 表达式
        程序代码 1
  #else
        程序代码 2
  #endif
```

这种格式与 if…else…执行过程类似，其含义为：当“表达式”成立时，对“程序代码 1”进行编译；当“表达式”不成立时，对“程序代码 2”进行编译。

可以用下面的写法作为程序注释：

```
#if   0
注释信息
#endif
```

2. #ifdef 形式

#ifdef 形式格式为：

```
#ifdef 标识符
        程序代码 1
#else
        程序代码 2
#endif
```

“标识符”为用＃define 命令定义的标识符。其含义为：若“标识符”被定义，则对“程序代码 1”进行编译，否则编译“程序代码 2”。也可以采用不用#else 的形式，即：

```
#ifdef 标识符
        程序代码
#endif
```

3. #ifndef 形式

#ifndef 形式格式为：

```
#ifndef 标识符
        程序代码 1
#else
        程序代码 2
#endif
```

这种形式的条件编译与第二种相同，主要区别是 ifndef。若“标识符”未被定义，则对“程序代码 1”进行编译，否则编译“程序代码 2”。也可以采用不用#else 的形式，即：

```
#ifndef 标识符
程序代码
#endif
```

例 9-1 条件编译实例。

```
#define R 1
main(){
  float c,r,s;
  printf ("input a number: ");
  scanf("%f",&c);
#if   R
  r=3.14159*c*c;
  printf("area of round is: %f\n",r);
#else
  s=c*c;
  printf("area of square is: %f\n",s);
#endif
}
```

在程序的第一行宏定义中，定义 R 为 1，因此在条件编译时，常量表达式的值为真，故计算并输出圆面积。上面介绍的条件编译当然也可以用条件语句来实现，但是采用条件语句将会对整个源程序进行编译，生成的目标代码程序很长，而采用条件编译，则根据条件只编译其中的程序段 1 或程序段 2，生成的目标程序较短。如果条件语句选择的程序段很长，采用条件编译的方法是十分必要的。

9.4 本章小结

C 语言提供了 3 种编译预处理，即宏定义、文件包含、条件编译。

1．宏

宏展开的过程是：在预编译时，编译系统把程序中出现的宏名置换为宏体，即用定义的一串字符去替换宏名，然后再对替换处理后的源程序进行编译。

宏定义的执行是在程序预编译时完成的，分为不带参数的宏定义和带参数的宏定义。

● 不带参数的宏定义：

```
#define  宏名  宏体
```

● 带参数的宏定义：

```
#define  宏名(形参表)  宏体
```

2．文件包含

文件包含也是一条编译预处理命令，其功能是把一个指定文件嵌入到现行的源程序文件中，再对嵌入后的源程序文件进行编译处理。

文件包含的一般格式为：

```
#include  <文件名> 或  #include  "文件名"
```

3．条件编译

条件编译就是“程序的内容指定编译的条件”，在写程序时，一般的情况是源程序的所有行都参加编译，如果希望部分代码在满足条件的情况下再执行编译，则引出条件编译。常用的条件编译有以下三种：

● #if 形式

● #ifdef 形式

● #ifndef 形式

习题

1．C 语言的编译系统对宏命令的处理（　　）。

A．在程序运行时进行

B．在程序连接时进行

C．和 C 程序中的其他语句同时进行编译

D．在对源程序中的其他语句正式编译之前进行

2．C 语言中，宏定义的有效范围从定义处开始，到源文件结束处结束，但可以用（　　）来提前解除宏定义的作用。

A．#ifndef　　B．endif　　C．#undefine　　D．#undef

3．定义一个带参数的宏，使两个参数的值互换。编写程序，输入两个数作为使用宏时的实参，输出已交换后的两个值。

4．用条件编译方法实现以下功能：

输入一行电报文字，可以任选两种输出，一种为原文输出，另一种将字母变成其下一个字母（如'a'变成'b'…'z'变成'a'），用命令来控制是否要译成密码。例如，

```
#define CHANGE 1
```

则输出密码

```
#define CHANGE 0
```

则不译为密码，按源码输出。

第 2 部分　数据库技术及应用

第 10 章　数据库基础知识

随着信息技术的不断发展，用于管理信息资源的数据库技术也得到了很大的发展，其应用领域越来越广泛，涉及办公自动化系统、管理信息系统、专家系统等领域。因此，数据库技术是近年来计算机科学技术中发展最快的领域之一。数据库技术就是研究如何对数据进行科学的组织、管理和处理，以便提供可共享的、安全的、可靠的数据信息，它已成为计算机信息系统与应用系统的核心技术和重要基础。

10.1　数据库基本知识

10.1.1　数据管理技术的发展

在计算机应用技术中，信息与数据这两个概念有很多相似之处，但其表述的具体内容是有区别的。数据（Data）是数据库中存储的基本对象，通常指描述事物的符号。这些符号具有不同的数据类型，它可以是数字、文字，也可以是图形、图像、声音、说明性信息等。例如，定义学生的年龄是 18 岁，学生性别是“男”。因此，数据代表真实世界的客观事实。

信息（Information）是经过加工处理后具有一定含义的数据集合，它具有超出事实数据本身之外的额外价值。信息是标识复杂客观实体的数据，是人们进行各种活动所需要的知识。例如，可以将学生年龄是“18”岁，性别为“男”的两组相对独立的数据组合在一起形成一条表示学生基本情况的信息。

数据与信息既有联系又有区别。数据是表示信息的，但并非任何数据都表示信息；信息是加工处理后的数据，是数据所表达的内容。同时，信息是反映客观现实世界的知识，不随表示它的数据形式而改变；而数据则具有任意性，用不同的数据形式可以表示相同的信息。

随着计算机硬件和软件技术的发展，计算机数据管理技术也在不断改进，其大致经历了 3 个阶段：人工管理阶段、文件系统阶段和数据库系统阶段。

1．人工管理阶段

20 世纪 50 年代中期以前，计算机主要用于科学计算，数据量较少，一般不需要长期保存。硬件方面，外部存储器只有卡片、磁带和纸带，还没有磁盘等直接存取的存储设备；软件方面，没有专门管理数据的软件，数据处理方式基本是批处理。此阶段数据与应用程序之间的关系是一一对应的关系。

这一阶段数据管理的特点是：数据面向具体应用，不能共享；数据不单独保存；没有软件系统对数据进行管理；没有文件的概念。

2．文件系统阶段

20 世纪 50 年代后期至 60 年代中后期，计算机不仅用于科学计算，还用于信息管理。硬件方面，外存储器有了磁盘、磁鼓等直接存取的存储设备；软件方面，操作系统中已经有了专门的管理外存的数据软件，一般称为文件系统。数据处理方式不仅有批处理，还有联机实时处理。

这一阶段数据管理的特点是：程序与数据分开存储，数据以“文件”形式可长期保存在外部存储器上，并可对文件进行多次查询、修改、插入和删除等操作；有专门的文件系统进行数据管理，程序和数据之间通过文件系统提供存取方法进行转换，因此程序和数据之间具有一定的独立性；数据不只对应某个应用程序，可以被重复使用，程序还基于特定的物理结构和存取方法，因此数据结构与程序之间的依赖关系仍然存在。

虽然这一阶段较人工管理阶段有了很大的改进，但仍显露出很多缺点，主要有：数据冗余度大和数据独立性差。

因此，文件系统是一个不具有弹性的、无结构的数据集合，即文件之间是独立的，不能反映现实世界事物之间的内在联系。

3. 数据库系统阶段

20 世纪 60 年代后期以来，计算机用于管理的范围越来越广泛，数据量也急剧增加。硬件技术方面，开始出现了大容量、价格低廉的磁盘。软件技术方面，操作系统更加成熟，程序设计语言的功能更加强大。在数据处理方式上，联机实时处理要求更多，并提出分布式数据处理方式，用于解决多用户、多应用共享数据的要求。此时，数据库技术应运而生，它主要是解决数据的独立性，实现数据的统一管理，达到数据共享的目的。也因此出现了统一管理数据的专门软件系统，即数据库管理系统（Data Base Mamagement System，DBMS）。这一阶段程序与数据之间的关系如图 10-1 所示。

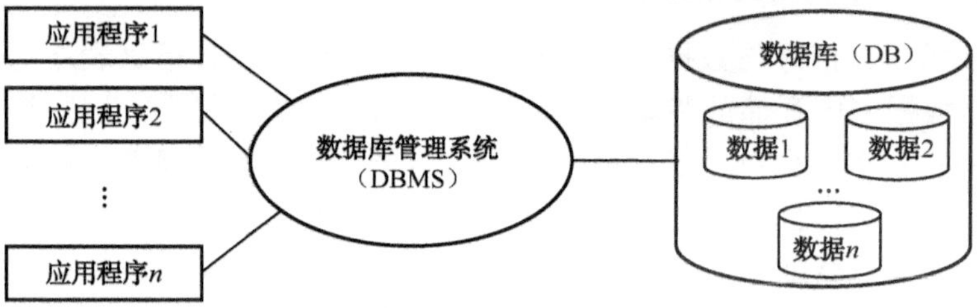

图 10-1 数据库系统阶段程序与数据之间的关系

数据库系统阶段的数据管理具有以下特点：

（1）数据结构化。

数据结构化是数据库与文件系统的根本区别，是数据库系统的主要特征之一。传统文件的最简单形式是等长同格式的记录集合。在文件系统中，相互独立的文件的记录内部是有结构的，类似于属性之间的联系，而记录之间是没有结构的、孤立的。数据库系统采用数据模型表示复杂的数据结构，数据模型不仅表示数据本身的联系，而且表示数据之间的联系。

（2）数据的冗余度低，共享性高，易扩充。

数据库系统从整体角度看待和描述数据，数据不再面向某个应用而是面向整个系统，因此一个数据可以被多个用户、多个应用共享，从而可以大大减少数据冗余，提高了共享性，节约了存储空间。由于数据面向整个系统，是有结构的数据，不但可以被多个应用共享，而且容易增加新的应用，这就使得数据库系统弹性大，易于扩充，可以适应各种用户的要求。

（3）数据独立性高。

数据独立性包括数据的物理独立性和逻辑独立性。物理独立性是指用户的应用程序与存储在磁盘上的数据库中的数据是相互独立的。也就是说，数据在磁盘上的数据库中怎样存储是由数据库管理系统负责管理的，应用程序不需要了解，应用程序要处理的只是数据的逻辑结构。因此当数据的物理结构改变时，不会影响数据的逻辑结构和应用程序，从而保证了数据的物理独立性。而数据的逻辑独立性是指用户的应用程序与数据库的逻辑结构是相互独立的，即若数据的逻辑结构改变了，应用程序也可以保持不变。

（4）数据由数据库管理系统统一管理和控制。

数据库系统的共享是并发（Concurrency）的共享，即多个用户可以同时存取数据库中的数据，这个阶段的程序和数据的联系通过数据库管理系统（DBMS）来实现。数据库管理系统必须为用户提供存储、检索、更新数据的手段，实现数据库的并发控制、实现数据库的恢复、保证数据完整性和保障数据安全性控制。

4. 分布式数据库系统

分布式数据库是一个逻辑上的整体，物理上分布在不同地理位置的数据集合，是计算机网络环境下各个局部数据库的逻辑集合，它受分布式数据库管理系统的控制和管理。其特点包括分布透明性，局部自治与集中控制相结合，高可靠性和可用性，高效率和灵活性。

10.1.2　数据库管理系统

1. 数据库系统

数据库系统（DataBase System，DBS）是指引进数据库技术后的计算机系统。这类系统由 5 部分组成：硬件系统、数据库集合、数据库管理系统、数据库应用系统和人员。

（1）硬件系统。

运行数据库系统的计算机需要有足够大的内存、足够大容量的磁盘等联机直接存取设备和较高的通道能力，以支持对外存的频繁访问。还应有足够数量的脱机存储介质（如磁盘阵列等）存放数据库备份。

（2）数据库集合。

数据库是长期存放在计算机系统中的、有组织的、可以被共享的数据集合。在数据库系统中包括若干个设计合理、满足应用需要的数据库。

（3）数据库管理系统。

数据库管理系统（DBMS）是为数据库建立、使用和维护而配置的软件，是处理数据访问的软件系统，也就是位于用户与操作系统之间的数据库管理软件。

（4）数据库应用系统。

数据库应用系统是指系统开发人员利用数据库系统资源开发的面向某一类实际应用的软件系统。

（5）人员。

数据库系统的人员主要包括：数据库管理人员、系统分析人员和数据库设计人员、应用程序编写人员和最终用户。

2. 数据库管理系统的功能

数据库管理系统提供对数据库资源进行统一管理和控制的功能，主要包括：

（1）数据定义。DBMS 提供数据定义语言（Data Definition Language，DDL），定义数据库的三级结构，包括外模式、模式和内模式及相互之间的映像；定义数据的完整性、安全控制等约束。各级模式通过 DLL 编译成相应的目标模式并被保存在数据字典中，以便在进行数据操纵和控制时使用。这些定义存于数据字典中，是 DBMS 存储和管理数据的依据。DBMS 根据这些定义，从物理记录导出全局逻辑记录，又从全局逻辑记录导出用户所检索的记录。

（2）数据操纵。DBMS 还提供数据操纵语言（Data Manipulation Language，DML），用户可以使用 DML 操纵数据实现对数据库的基本操作，如存取、检索、插入、删除和修改等。DML 有两类，一类 DML 可以独立交互使用，不依赖于任何程序设计语言，称为自主型或自含型 DML。另一类 DML 必须嵌入到宿主语言中使用，称为宿主型 DML。在使用高级语言编写的应用程序中，需要使用宿主型 DML 访问数据库中的数据。因此，DBMS 必须包含编译或解释程序。

（3）数据库的运行管理。所有数据库的操作都要在数据库管理系统统一管理和控制下进行，以保证事务的正确运行和数据的安全性、完整性。这也是 DBMS 运行时的核心部分，它包括：数据的并发（Concurrency）控制、数据的安全性（Security）保护、数据的完整性（Integrity）控制和数据库的恢复（Recovery）。

（4）数据字典。数据字典（Data Dictionary，DD）中存放着对实际数据库各级模式所做的定义，也就是对数据库结构的描述。这些数据是数据库系统中有关数据的数据，称为元数据（metadata）。因此，数据字典本身也可以看成是一个数据库，只不过它是系统数据库。数据字典是数据库管理系统存取和管理数据的基本依据，主要由系统管理和使用。

综上所述，数据库管理系统是在建立、运行和维护时对数据库进行统一控制，以确保多种程序并发地使用数据库，并可以及时、有效地处理数据。

10.2 关系数据库的基本概念

数据库是相关数据的集合，它不仅反映数据本身的内容，而且要反映数据之间的联系。在数据库中，用数据模型这个工具来抽象、表示、处理现实世界中的数据和信息，以便计算机能够处理这些对象。

数据模型一般情况下应满足三个条件：第一，数据模型要能够真实地描述现实世界；第二，数据模型要容易理解；第三，数据模型要能够方便地在计算机上实现。所以，在数据库系统中不同的数据模型能够提供不同的数据和信息。目前常用的数据模型主要有：层次模型、网状模型、关系模型和面向对象模型。其中层次模型、网状模型是非关系模型。

关系模型是目前应用最广泛，也是最重要的一种数据模型。关系数据库即是采用关系模型作为数据的组织形式。

关系数据模型的主要优点如下。

（1）具有严格的数据理论基础，关系数据模型是建立在严格的数据概念基础上的。

（2）概念单一，不管是实体本身还是实体之间的联系都用关系（表）来表示，这些关系必须是规范化的，使得数据结构变得非常清晰、简单。

（3）在用户的眼中无论是原始数据还是结果都是二维表，不用考虑数据的存储路径，提高了数据的独立性、安全性，同时也提高了开发效率。

关系数据库建立在数学理论基础上，是用数学的方法来处理数据库中的数据，是能够支持关系数据模型的数据库系统，目前绝大多数数据库系统都是关系型数据库。比如，常用的 Visual FoxPro、Access、IBM DB2、Microsoft SQL Server 等都是关系数据库管理系统。

10.2.1 关系的定义

关系模型的数据结构是用二维表的形式来表示实体及实体之间联系的数据模型。从用户观点来看，关系的逻辑结构是一个二维表，在磁盘上以文件形式存储。表 10-1 和表 10-2 分别代表学生和课程两个关系。

关系就是一张二维表，通常没有重复行，每个关系都有一个关系名。比如，学生关系、库存关系。并非所有二维表都是关系，因此关系二维表必须满足以下几个条件：

（1）表中每一项都必须是不可再分的最小数据项，也就是说，不允许表中还有表。这也是对关系的最基本限定。

（2）表中不能出现数据完全相同的两行。

（3）表中同一列的数据类型是相同的，也就是说列中所有分量是同类型的数据，来自同一值域。如果把每一列称为一个属性，则每一列的列名或属性名不应该相同。

表 10-1 学生关系

学号	姓名	年龄	性别	专业
07001	王力	19	男	计算机软件
07002	李明	18	男	信息科学
07003	张立	20	男	信息科学
07004	孙晨	19	女	计算机软件

表 10-2 课程关系

课号	课名	学时数
C101	数据库原理	90
C201	计算机网络技术	60
C202	程序设计	90
C301	VB.NET	60

（4）表中各行或各列的次序可以任意交换，不改变关系的实际意义。如把学生关系中的“性别”和“年龄”两列交换次序，并不影响这个表要表达的语义。

10.2.2 关系模型的常用术语

（1）关系（Relation）：一个关系对应通常说的一张表，如表 10-1。

（2）元组（Tuple）：二维表中的一行即为一个元组（记录），如表 10-1 的学生关系中，元组有：

（07001，王力，19，男，计算机软件）

（07002，李明，18，男，信息科学）

（07003，张立，20，男，信息科学）

（07004，孙晨，19，女，计算机软件）

（3）属性（Attribute）：二维表中的一列即为一个属性，给每一个属性起一个名称即属性名。如表 10-1 有 5 列，对应 5 个属性（学号，姓名，年龄，性别，专业）；表中对应某列的值称为属性值。

（4）域（Domain）：属性的取值范围称为该属性的域。属性的域由属性的性质及要表达的意义确定，如学生的性别只能取男或女，学号取 5 位整数等。

（5）关键字或码（Key）：表中的某个属性或几个属性组合称为关键字，它可以唯一确定一个元组，如学生关系中的学号，可以唯一确定一个学生，因此学号称为这个关系的关键字。而在选课关系中，一个学生可以选修多门课程，每门课程又可以被多个学生选修，因此只有将学号和课号组合起来才能唯一地确定一个元组，学号和课号的组合称为这个关系的关键字。由多个属性组成的关键字称为复合关键字，使用时用括号将这些属性括起来，表示共同作为关键字，如（学号，课号）。

需要注意的是组成关键字的属性或属性组合不能为空值。

（6）关系模式（Relation Schema）：对关系的描述称为关系模式，它描述的是二维表的结构。一般表示为：关系名（属性 1，属性 2，…，属性 *n*）

例如，上面的关系可描述为：

学生（学号，姓名，年龄，性别，专业）

在关系模型中，实体以及实体间的联系都是用关系来表示的。例如，学生、课程、选课之间的多对多联系在关系模型中可以表示如下：

学生（学号，姓名，年龄，性别，专业）

课程（课号，课程名，课时数）

选修（学号，课号，成绩）

（7）元数：关系模式中属性的数目是关系的元数。

（8）分量（Component）：元组中的每个属性值称为元组的分量。如元组：（07001，王力，19，男，计算机软件专业），有 5 个分量，即 5 个属性值。

10.2.3 关系运算

关系模型给出关系操作的能力，早期的关系操作能力通常用代数方式和逻辑方式来表示，分别称为关系代数和关系演算。关系模型使用的查询语言是关系代数和关系演算。关系代数和关系演算也是关系数据库 SQL 查询语言的理论基础。

任何一种运算都是将一定的运算符作用于一定的运算对象上，得到预期的运算结果。所以运算对象、运算符、运算结果是运算的三大要素。

关系代数的运算对象是关系，运算结果亦为关系。与一般运算一样，也具有运算的三大要素。关系代数是一种抽象的查询语言，是关系数据操纵语言的一种传统表达方式，它是用对关系的运算来表达查询的。

关系代数的运算按运算符的不同可分为传统的集合运算和专门的关系运算两类。其中，传统的集合运算将关系看成元组的集合，其运算是从关系的“水平”方向即行的角度来进行的。而专门的关系运算不仅涉及行而且涉及列。比较运算符和逻辑运算符是用来辅助专门的关系运算符进行操作的。

常用的关系查询操作如下。

1. 并运算（Union）

设有两个关系 R 和 S，它们具有相同的元数（即它们的属性全部相同，且属性的取值范围也相同）。R 和 S 的并就是由属于 R 和属于 S 的元组组成的集合，是一个新的关系。关系 R 与关系 S 的并记为：R∪S。

例如，图 10-2 表示关系 R 和 S，则 R∪S 如图 10-3 所示。

关系 R

X	Y
X1	Y1
X2	Y2
X3	Y3

关系 S

X	Y
X2	Y2
X4	Y4
X5	Y5

图 10-2　关系 R 与 S

X	Y
X1	Y1
X2	Y2
X3	Y3
X4	Y4
X5	Y5

图 10-3　关系 RUS

2. 交（Intersection）

设有两个关系 R 和 S，它们具有相同的元数。R 和 S 的交是由既属于 R 又属于 S 的元组组成的集合，是一个新的关系。关系 R 与关系 S 的交记为：R∩S。

例如，图 10-4 表示 R∩S。

3. 差运算（Difference）

设有两个关系 R 和 S，它们具有相同的元数。R 和 S 的差是由属于 R 但不属于 S 的元组组成的集合，是一个新的关系。关系 R 与关系 S 的差记为：R-S。

例如，图 10-5 表示 R-S。

X	Y
X2	Y2

图 10-4　关系 R∩S

X	Y
X1	Y1
X3	Y3

图 10-5　关系 R-S

4. 选择（Selection）

选择运算是从指定的关系中选取其中满足条件的若干个元组，组成新的关系。选择的结果是原关系的一个子集，且关系的模型不变。

选择运算表示为：$\sigma_F(R) = \{r \mid r \in R \land F(r)='真'\}$

其中，σ代表选择运算符，R 是指定的关系名，r 是元组，F 是指定的条件，它是一个逻辑表达式，取逻辑值“真”或“假”。

5．投影运算（Projection）

投影运算是从指定的关系中，按给定的条件选取若干个属性列，从而构成一个新的关系。

投影运算表示为：$\Pi_A(R) = \{r[A] \mid r \in R\}$

其中，Π是投影运算符，A 为 R 的属性列或属性组，r[A]表示 r 元组中相应于属性（组）A 的分量。

实际上，投影的操作首先根据指定的属性（组），形成可能有重复行的新表，然后删除重复行。投影运算的操作除了涉及行外还有可能涉及列。

6．连接运算（Join）

选择和投影运算都属于单目运算，它们的操作对象只是一个关系。连接运算是二目运算，需要两个关系作为操作对象。

（1）等值连接。

等值连接运算是选取若干个指定关系中满足条件的元组，从左至右进行连接，从而构成一个新关系的运算。

表现形式为：

$$R \bowtie S = \{t_r \land t_s \mid t_r \in R \land t_s \in S \land t_r[A]\theta t_s[B]\}$$

其中，A 和 B 分别是关系 R 和 S 上可比的属性组。θ是算术运算符，当θ为“=”时，称为等值连接；当θ为“<”时，称为小于连接；当θ为“>”时，称为大于连接。连接运算是从两个关系 R 和 S 的笛卡儿积中选取满足连接条件的那些元组。

在查询时应考虑优化，以便提高查询效率。如果有可能，应首先进行选择运算，使关系中元组个数尽量少，然后能投影的先投影，使关系中属性个数较少，最后再进行连接。

（2）自然连接。

自然连接是去掉重复属性的等值连接。它属于连接运算的一个特例，是最常用的连接运算，在关系运算中起着重要作用。它要求两个关系中进行比较的分量必须是相同的属性组。

自然连接与等值连接的区别如下：

（1）自然连接要求连接两个关系的分量必须有共同的属性名，等值连接则不要求。

（2）自然连接要求删除重复的属性，等值连接不要求。

自然连接与等值连接都是把满足条件的两个关系连接在一起形成一个更宽的关系，生成的新关系中包含满足条件的所有元组。

7．除（Division）

除运算也是双目操作，涉及到两个关系的操作。除运算是关系运算中最复杂的一种，这里只介绍其简单的形式。

关系 R 和关系 S 进行除操作（R÷S），要满足以下两个条件：

（1）关系 R 包含关系 S 中的所有属性。

（2）关系 R 中必须有一些属性不出现在关系 S 中。

R÷S 后形成的新关系的属性由 R 中那些不出现在 S 中的属性所组成，其元组则由 S 中出现的所有在 R 中对应的相同的值组成。

10.3 Access 系统简介

Access 是一种关系型的桌面数据库管理系统，是 Microsoft Office 套装产品之一。从 20 世纪 90 年代初期 Access 1.0 的诞生到目前的版本都得到了广泛使用，1996 年被评为全美最流行的黄金软件。Access 历经多次升级改版，其功能越来越强大，但操作更加简单。尤其是 Access 与 Office 的高级集成，熟悉且风格统一的操作界面使得许多初学者很容易掌握。

多年来，Microsoft 先后推出的 Access 版本有：2.0、7.0/95、8.0/97、9.0/2000、10.0/2002，等等，直到今天的 Access 2003 版本。其中中文版 Access 2003 具有和 Office 2003 中的 Word 2003、Excel 2003、PowerPoint 2003 等相同的操作界面和使用环境，具有直接连接 Internet 和 Intranet 的功能，它的操作更加简单，使用更加方便。

10.3.1 Access 系统的基本特点

自从 1992 年 10 月微软公司发布 Microsoft Access 以来，Access 即以其强大的功能和易学易用、快速开发的特点，以及与其他 Office 的高度集成的优势，赢得了世界各地广大用户的青睐，成为最受欢迎的多用户桌面数据库系统（据统计每年有数以万计的数据库开发人员转向 Access 数据库），是开发中小型管理信息系统的首选数据库系统。在 Microsoft Office 套件中，Microsoft Access 是同时有几百万开发人员和用户使用的唯一产品。Access 的主要优点是不用携带向上兼容的软件。它所体现的简易、快捷、功能强大、独特的数据处理和向导式的编程方式，大大提高了数据库开发效率。Access 的主要特点如下。

（1）易学易用、快速开发，简化用户的开发工作。Windows 操作系统出现以前，要学会使用一种数据库系统软件通常是一件困难的事，用户在使用数据库时需要记住大量的命令，稍有差错就会造成难以预料的后果。学习 Access 相对来说要容易得多，用户只需要使用 Access 提供的操作向导即可完成数据库的管理、数据的查询及报表打印等工作。即使是用户开发复杂的应用数据库系统，也只需编写少量的程序代码，甚至无须编写任何程序代码即可实现。从而简化了用户的开发工作，使用户通过直观的操作即可轻松完成办公领域的数据管理工作。

（2）Access 是一个典型的开放式的数据库系统，是当今世界上最流行的数据库管理软件之一。Access 是 Office 中文版套装软件中的关系数据库管理系统软件，该软件充分发挥了 Windows 所带来的操作效率，并且在功能方面也比以往有了较大的改进；Access 还支持多媒体技术，可以在 Access 数据库中存放声音、图片甚至动态图像等多媒体对象。

（3）单个 Microsoft Access 数据库（.mdb）文件最大可以达到 2GB，是最符合经济效益的数据库系统，因为它无须其他投资，也无须大型数据库的专业维护人员，它的大小只受可用存储空间的限制。Access 应用程序同样可以在中小企业的仓库管理、财务、采购销售、生产管理、质量控制等多方面的企业信息管理中大显身手。

（4）Access 项目应用程序（.asp）可以和大型数据库 Microsoft Sql Server 2000 完美组合，应用在对网络开发、存取效率、海量数据管理具有较高要求的场合。

（5）近年来，C1ient/Server 模型在具有高性能的同时又具有很大的灵活性，已被社会特别是大中型企业广泛接受。Access 可构成 C/S 结构中多用户环境下关系型数据库编程的强有力的工具，具有一个用户友好的、灵活的终端界面。Access 也是一个个人关系型数据库管理系统，它结合了关系型数据库管理系统的强大功能和直观的用户控制。它被设计工作在每个客户机的工作站上。Access 工作在不同的数据源下的能力和友好的图形用户界面使它成为作为数据库前端部件的理想产品，问世以来，便获得了广泛的用户支持。

（6）Microsoft Access 数据库由 Microsoft Windows 内置的 Microsoft Jet 数据库引擎所解释，不需要安装和运行专门的数据库服务引擎，可以单纯地存储数据，作为应用程序的后台数据库，被其他前台程序访问调用，非常方便。Access 数据库广泛应用在很多 ASP/ASP.NET 应用程序的网站。

10.3.2　启动和退出 Access

1．启动 Access

运行启动 Access 的具体操作步骤如下：

（1）单击任务栏上的“开始”按钮。

（2）从“程序”级联菜单中选择“Access”命令，启动 Access 应用程序。也可以在资源管理器的 Access 安装目录下运行 Access.exe 或建立 Access 的快捷方式，然后双击快捷方式启动 Access 应用程序，就会出现如图 10-6 所示的 Access 的操作界面。

2．Access 的界面介绍

通常，Access 的界面可以分成 5 个大的部分：标题栏、菜单栏、工具栏、状态区和“数据库窗口”，如图 10-6 所示。

（1）标题栏：在屏幕的最上方，用来显示已打开数据库的名称。

（2）菜单栏：在标题栏下面，包含表示相关命令组的菜单。

（3）工具栏：在菜单栏下面，包含可以单击执行的命令按钮。

（4）状态区：在屏幕的最下方，显示有关单击或执行操作的项目的信息。

（5）数据库窗口：显示在工具栏和状态区之间的空间，用来进行数据库的全部管理工作。

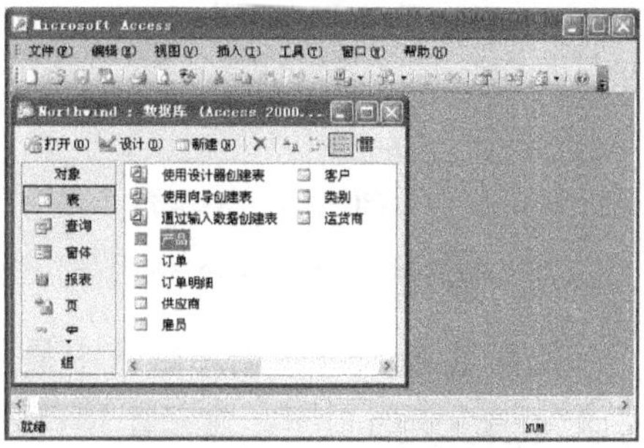

图 10-6　Access 的界面

3．退出 Access

要退出 Access 时，可以采用以下四种方法之一来实现：

（1）单击 Access 窗口右上角的“关闭”按钮。

（2）单击 Access 窗口左上角的图标，在快捷菜单中选择“关闭”命令。

（3）从 Access 的“文件”菜单中选择“退出”命令。

（4）直接使用快捷键 Alt+F4。

10.3.3　Access 的基本对象

Access 数据库可以包含 7 种数据库对象，分别是表、查询、窗体、报表、页、宏和模块。

1．表（Table）

在 Access 中收集来的信息都存储在表中，表是数据库的源头，不管将数据存储在 Access 中，还是将数据链接到 SQL Server 中，都需要对表进行操作，应用程序中的其他对象（例如窗体、报表等）都会对表进行直接或间接的引用。每一个表都由数据字段和数据记录（行和列）组成。严格说来，表是一种有关特定实体的数据集合，例如合同中常见的产品名称和供应商。对每种实体分别使用不同的表，可以使用户对每种数据只需要存储一次，从而提高了数据库的效率，并且减少了数据输入的错误。

如图 10-7 所示显示了罗斯文示例数据库中的产品表，表中含有 10 个字段——产品 ID、产品名称和供应商等。Access 数据库采用了关系数据库理论，利用每条数据间的相似之处，通过表来记录数据。从图中可见每一行被用来记录一条数据，每一列含有相同类型的信息（产品 ID、产品名称和供应商等）。字段的类型种类很多，包括文本、数字、日期、货币、OLE 对象（声音、图像等）以及超链接等。

那么 Access 数据库与电子数据表软件之间有什么差别呢？的确，目前比较流行的电子数据表软件，例如 Lotus 和 Microsoft Excel，都可以记录如图 10-7 所示表中所包含的信息，但是它与关系数据库之间的主要区别是：关系数据库管理程序能够在同一时刻对多个表进行操作，这种能力可以将数据分成合乎逻辑的和易于管理的类别。并且关系数据库常常通过许多“关系”把多个表联系起来。用 Access 构造的关系数据库有时看起来比较复杂，而且与存储在简单的电子数据表软件中的数据相比更加容易混淆。但是如果用户仔细思考一下，会发现图 10-8 中是通过“关系”把相关数据的表联系起来的。

在“数据表”视图中，用户根据需要可以添加、编辑或查看表中的数据，也可以检查拼写及打印表中的数据，可以筛选或排序记录、更改表的外观或通过添加或删除列来更改表的结构。

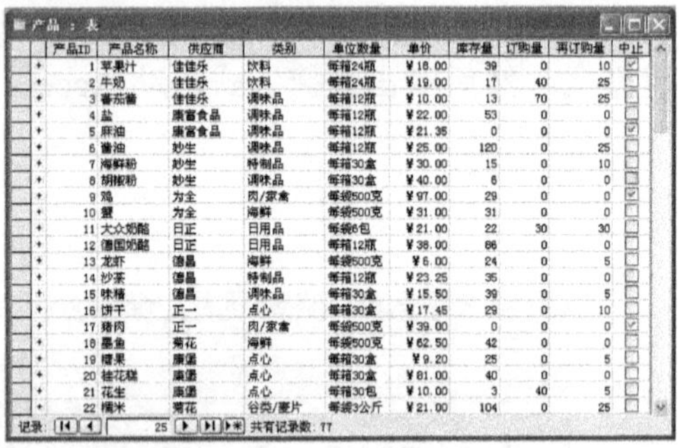

图 10-7　产品表

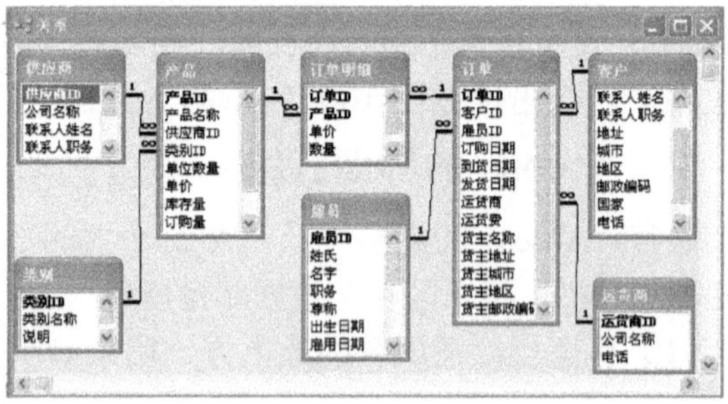

图 10-8　通过“关系”相关联的表

2．查询（Query）

查询是 Access 数据库软件中最强的功能之一，在使用查询功能时，用户可以选择特别的字段、定义分类排序的顺序、建立计算表达式并输入判据来选择想要查询的记录。对于查询结果，用户可以在一个数据工作表、窗体或报表中显示。另外，用户可以使用查询去更新表中的数据、删除记录或把一个表附加到另一个表。

在数据库视图中显示一个查询结果时，就像是一个表一样，实际上它们是有区别的：查询结果的每一行可能由几个表中的字段构成，并且查询可以包含计算字段，可以显示基于其他字段内容的一些结果。

3．窗体

窗体是用户和 Access 应用程序之间的主要接口，它既可以用来接收、显示和编辑数据，还可以作为开关面板来控制程序的执行流程，如图 10-9 所示，显示了一个由 Access 生成的典型的用于填写的供应商窗体。

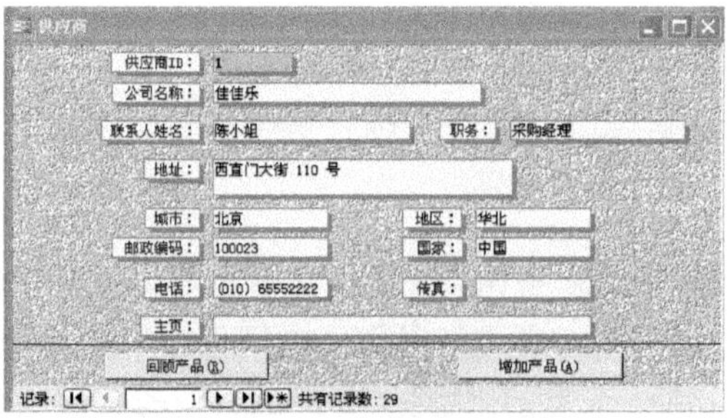

图 10-9　Acces 中典型的窗体

根据窗体完成的功能不同，窗体的类型也不同，但是无论类型怎么变化，窗体一般都是由页眉、主体和页脚 3 个部分组成的。只不过窗体完成的功能不同，每一部分可能包含有不同的控件而已。

窗体的页眉和页脚分别位于窗体的上方和下方，一般用来显示在不同的记录中不需要改变的信息或控件，例如窗体的标题、公司名称、标志图案等。

窗体的主体通常位于窗体的页眉和页脚之间，用于放置 Access 提供的各种控件。例如，结合文本框或结合列表框显示表或查询中随记录变化的信息。窗体的主体是窗体的核心部分，用户可以将各种控件有机地组合在一起，完成各种各样的功能。例如，在窗体中插入命令按钮、通过命令按钮打开另一个窗体或者修改特定的记录中的数据。

当数据表中的某一字段与另一数据表中的多个记录相关联时，可以通过子窗体进行处理。例如，当主窗体中显示订单表时，在子窗体中列出该订单的明细信息。

4. 报表（Report）

报表为用户观看和打印概括性的信息提供了最灵活的方法。报表能够按照所希望的详细程度来显示信息，并且几乎可以用任何格式来观看和打印信息。用户还可以在报表中增加多级汇总、统计比较以及添加图片和图形。与窗体不同，利用报表不仅可以创建计算字段，而且可以对记录进行分组，计算各组的汇总数据。

报表被用来呈现定制的数据视图。报表的输出可以在屏幕上观看或者打印出来。报表具有控制信息概括性的能力。可以对数据分组，再按照所要求的任何次序对数据分类，然后按分组的次序来显示数据。可以建立把数字相加的汇总、计算平均值或者其他的统计，甚至用图表来显示数据。可以打印图像和其他图表以及报表中的备注字段。可以说，凡是用户能想象出的报表，Access 都能建立。

5. 页（Web Page）

页也称为数据访问页，是自 Access 2000 之后新增的对象，它指的就是网页。Access 发布的 Web 页包含与数据库的连接。数据访问页与窗体类似，在其中也可以查看、添加、编辑以及操作数据库中存储的数据，但它是在浏览器中操作的。这种页也可以包含来自其他源（如 Excel）的数据。

数据访问页与显示报表相比具有下列优点：

（1）由于与数据绑定的页连接到数据库，因此这些页显示当前数据。

（2）页是交互式的，用户可以只对自己所需的数据进行筛选、排序和查看。

（3）页可以通过电子邮件以电子方式进行分发。每当收件人打开邮件时都可以看到当前数据。

6. 宏（Macro）

宏是由一个或多个操作组成的集合，其中每个操作都实现特定的功能。例如，打开某个窗体或打印某个报表。宏可以自动执行重复性工作，所以使用宏可以简化一些经常性的操作。例如，可执行一个宏，用于在用户单击某个命令按钮时打印报表。

宏可以由一系列操作组成，也可以是一个宏组。宏组是共同存储在一个宏名下的相关宏的集合。该集合通常只作为一个宏引用。

另外，使用条件表达式可以确定在某些情况下运行宏时是否执行某个操作。条件表达式是指计算并与值进行比较的表达式。例如，If…Then 和 Select Case 语句。如果条件得到满足，则执行一项或多项操作；如果未满足条件，则跳过操作。

7. 模块（Module）

模块是使用 VBA 语言编写的程序段，它基本上是由声明、语句和过程组成的集合，它们作为一个已命名的单元存储在一起。VBA 提供了宏无法完成、较为复杂或高级的功能，也可以是对于整个数据对象的整合操作。Access 有两种类型的模块：

（1）标准模块。在该模块中，可以放置希望供整个数据库的其他过程使用的 Sub 和 Function 过程。标准模块包含与任何其他对象都无关的常规过程，以及可以从数据库任何位置运行的经常使用的过程。标准模块和与某个特定对象无关的类模块的主要区别在于其范围和生命周期。在没有相关对象的类模块中，声明或存在的任何变量或常量的值都仅在该代码运行时、仅在该对象中是可用的。

（2）类模块。可以包含新对象的定义的模块。一个类的每个实例都新建一个对象。在模块中定义的过程称为该对象的属性和方法。类模块可以单独存在，也可以与窗体和报表一起存在。窗体模块和报表模块都是类模块，它们各自与某一特定窗体或报表相关联。窗体模块和报表模块通常都含有事件过程，而过程的运行用于响应窗体或报表上的事件。可以使用事件过程来控制窗体或报表的行为以及它们对用户操作的响应，如单击某个命令按钮。为窗体或报表创建第一个事件过程时，Access 将自动创建与之关联的窗体模块或报表模块。

10.3.4 获得帮助

Access 的联机帮助涵括了几乎所有 Access 开发需要的内容，几乎所有的操作问题都可以在联机帮助里找到答案。若要获得联机帮助，应该先打开“Access 帮助”任务窗格，常用方法有两种：

（1）通过菜单，从“视图”菜单中选择“任务窗格”命令。

（2）通过快捷键，按下 F1 键，快速获得帮助。

然后，在打开的“Access 帮助”任务窗格中选择“帮助”命令，如图 10-10 所示，在“搜索”文本框中输入要查询的问题“创建表”，如图 10-11 所示。单击按钮，则显示出所有搜索结果，如图 10-12 所示，单击任何主题，可打开有相关解释信息的窗口。

图 10-10 “帮助”对话框

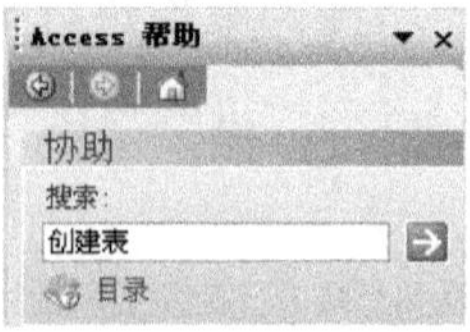

图 10-11 “帮助”对话框

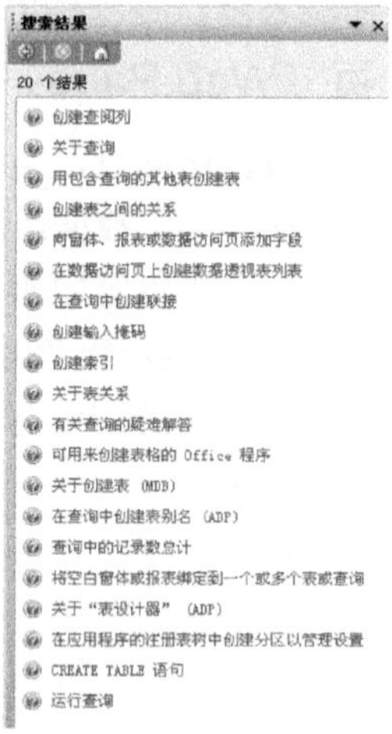

图 10-12 搜索结果

另外，还可以方便地利用 Office 助手获得及时帮助，从“帮助”菜单中选择“显示 Office 助手”命令，即可输入主题，显示提示，并针对正在使用的程序的各种特定功能提供帮助信息。

10.4 本章小结

本章简要介绍了数据管理技术的发展历程和数据库管理系统的组成，关系数据库的基本概念和 Access 2003 的概况。要着重理解关系的定义，注意区分关系模型的常用术语，掌握关系运算。熟练掌握 Access 2003 的启动和退出，并且了解 Access 2003 的 7 个基本对象。

习题

1．简述开发 Access 数据库应用系统的过程。

2．如何快速进入 Access 的界面？

3．简述 Access 的操作对象。

第 11 章　数据库和表的基本操作

Access 数据库应用系统与传统的数据库项目不同，它包括各种相关的表、索引、窗体、报表以及 VBA 程序代码，其文件扩展名是.mdb。也就是说，Access 将会为用户处理所有的文件管理工作。

11.1　创建数据库

11.1.1　数据库的设计步骤

建立一个 Access 数据库的基本步骤如下。

1．进行系统需求分析，确定新建数据库所要完成的任务

合理的设计是新建一个能够有效、准确、及时完成所需功能的数据库系统的基础。但合理设计的前提又是必须明确数据库所要完成的任务以及如何使用。用户需要明确将来希望从所设计的数据库系统中得到什么信息，由此可以确定需要用什么样的表来保存数据和每个表中需要哪些字段。

了解数据库就需要用户与将使用数据库的人员进行交流，集体讨论需要数据库解决的问题，并描述需要数据库完成的所有工作。例如，使用人员将可能输入什么样的数据；系统能够打印何种报表等。

2．规划该数据库中需要建立的表

规划表可能是数据库设计过程中最重要的步骤。表中的数据（即记录）是数据库中一切操作的基础。实际上，用户不应直接在 Access 上设计表的结构，而应该事先设计好，然后到 Access 环境中具体建立数据库和表。在设计表时，应该按以下设计原则对信息进行分类。

（1）表中不应该包含重复信息，并且信息不应该在表之间复制，也就是说，尽量减少不必要的数据冗余。如每条信息尽可能只保存在一个表中，只需在一处进行更新，这样效率更高。例如，在同一数据库中只在一个表中保存每个客户的地址和电话号码，其他表中不应再存放相同信息。

（2）每个表应该只包含关于一个主题的信息。如果每个表只包含关于一个主题的信息，则可以独立于其他表来进行维护。例如，将客户的地址与客户订单存在不同的表中，这样即便删除了某个订单，但仍然保留客户的基本信息。

3．规划表中应包括的字段及其属性，并确定每个表的主键

每个表中都包含关于同一主题的所有所需信息。例如，“客户表”一般包括公司名称、地址、所在城市和电话号码等内容。在设计表的字段时，应注意以下问题。

（1）每个字段直接与表的主题相关。

（2）不包含指导或计算的数据（表达式的计算结果）。

（3）包含所需的所有信息。

（4）以最小的逻辑部分保存信息。

同时，每个表应该包含一个或一组字段，且该字段是表中所保存的每一条记录的唯一标识，该字段（组）被称为表的主关键字。Microsoft Access 中主关键字字段不允许重复值并不允许为 Null。

4．确定表之间的关系

因为已经将信息分配到各个表中，并且已定义了主关键字字段，所以需要通过某种方式告知 Microsoft Access 如何以有意义的方法将相关信息重新结合到一起。用户如果进行上述操作，必须定

义表之间的关系。Microsoft Access 为了连接保存在不同表中的信息，例如将某个客户与该客户的所有订单相连接，数据库中的每个表必须包含表中唯一确定每个记录的字段或字段组。

5. 使用数据库分析工具来分析和改进数据库性能

在设计完需要的表、字段和关系之后，应该检查一下该设计可能存在的不足，因为此时改变数据库的设计要比更改已经填满数据的表容易。Access 本身提供了一个非常好的表设计分析优化工具。从“工具”菜单选择“分析”级联菜单中的“性能”命令，打开“性能分析器”对话框来分析表设计中的一些瓶颈问题。

6. 输入数据记录并创建其他数据库对象

分别向每个表中输入数据，即表的记录。再根据实际需要创建查询、窗体、报表、宏和模块等，以实现数据库的各项功能。

7. 设置数据库安全性

Access 中提供了一些加强数据安全的保护措施，例如，密码保护、安全机制和账户等。在“工具”菜单的“安全”级联菜单中有相关的命令。

11.1.2 创建空数据库

Access 提供了两种创建数据库的方法：一是先创建一个空数据库，然后添加表、查询、报表、窗体及其他对象；二是使用数据库向导来完成创建任务，只需要做一些简单的选择操作，就可以创建相应的表、窗体、查询、报表等对象，从而建立一个完整的数据库。在数据库创建之后，任何时候都可以修改或扩充数据库。下面先用第一种方法来创建一个空数据库。

第一次进入 Access 时，在窗口右侧会出现“新建文件”任务窗格，如图 11-1 所示，选择“空数据库”项。或者选择“本机上的模板”项，此时打开“模板”对话框，如图 11-2 所示，在“常用”选项卡中单击“空数据库”图标。

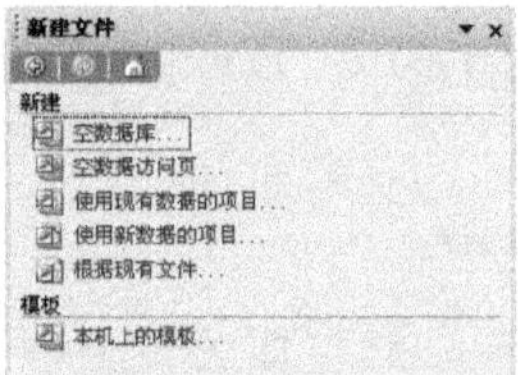

图 11-1 “新建文件”任务窗格

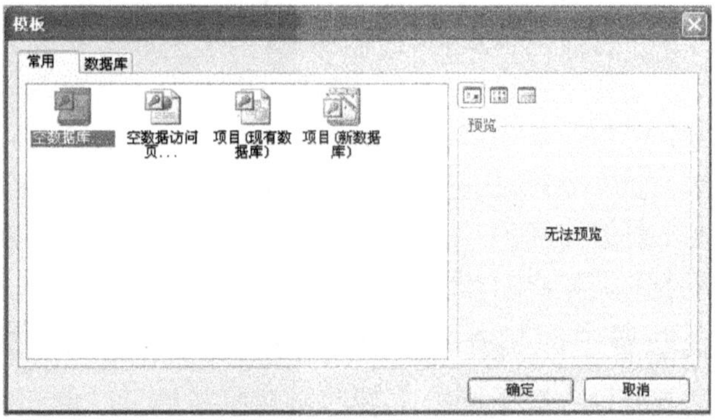

图 11-2 “模板”对话框

这两种操作完成后，都将出现如图 11-3 所示的“文件新建数据库”对话框，要求用户输入数据库存放的位置以及数据库名。选择一个适当的位置，在文件名栏里输入数据库的名称，单击“创建”按钮，创建数据库完毕，保存在适当的位置，并出现“数据库”窗口，如图 11-4 所示。下面就可以开始为数据库创建数据表、查询等数据库操作了。

注意：Access 同时只能处理一个数据库，因此每新建一个数据库，系统会自动关闭前面已打开的数据库。

注意：若界面右侧没有“任务窗格”，则可从“视图”菜单中选择“任务窗格”命令将其打开。

图 11-3 “文件新建数据库”对话框

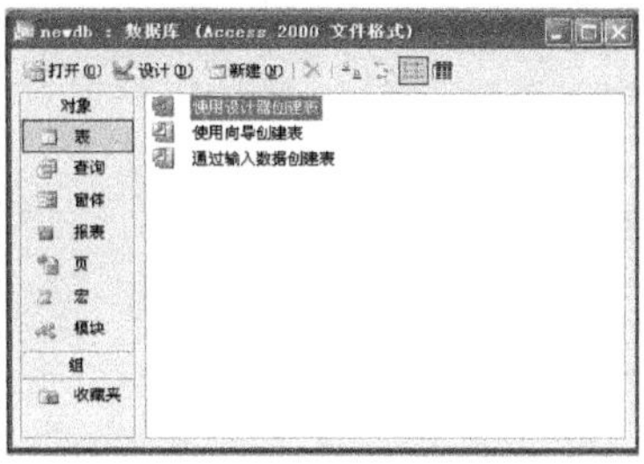

图 11-4 “数据库”窗口

11.1.3 使用向导创建数据库

“数据库向导”中提供了一些基本的数据库模板，利用这些模板可以方便、快速地创建数据库。一般情况下，在使用“数据库向导”前，应先从“数据库向导”所提供的模板中找出与所建数据库相似的模板，如果所选的数据库模板不满足要求，可以在建立之后在原来的基础上进行修改。

下面以创建“订单”数据库为例介绍操作步骤。

步骤 1：在“模板”对话框中选择“数据库”选项卡，如图 11-5 所示，单击“订单”图标，然后单击“确定”按钮。

步骤 2：在“文件新建数据库”对话框中，指定数据库保存位置和数据库名，如图 11-6 所示，数据库名为“订单 new.mdb”。

图 11-5 创建的数据库类型

图 11-6 指定数据库文件名

步骤 3：系统自动打开“数据库”窗口，如图 11-7 所示，并且打开“数据库向导”，如图 11-8 所示，提示用户接下来要进行几个方面的设置，即显示出该“订单”数据库中存储的信息内容。然后，单击“下一步”按钮。

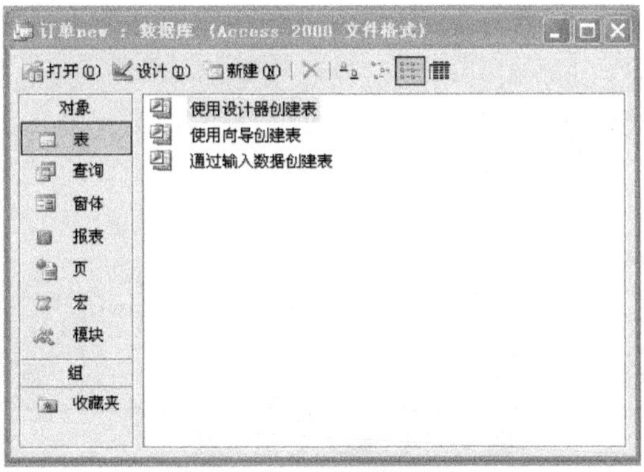

图 11-7 “数据库”窗口

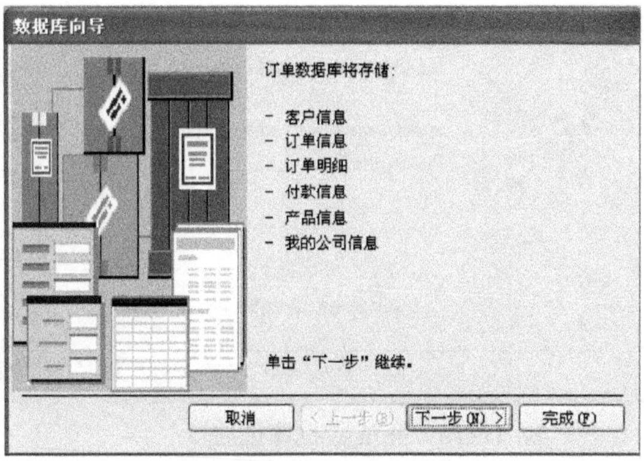

图 11-8 “数据库向导”窗口

步骤 4：向导中提供了每个表中的字段名和一些附加字段名，可以根据实际需要单击字段名前的复选框进行选择，否则系统保持所有默认字段，如图 11-9 所示。然后，单击“下一步”按钮。

步骤 5：选择窗体风格，左侧是相应风格窗体的预览，选择了默认的“标准”样式，如图 11-10 所示。然后，单击“下一步”按钮。

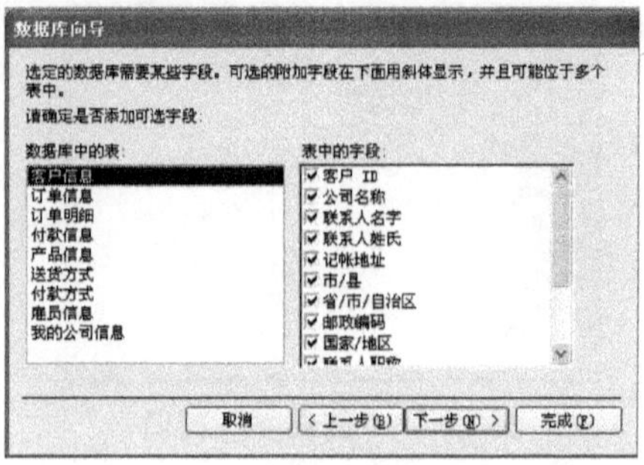

图 11-9 选择数据库中的表与字段

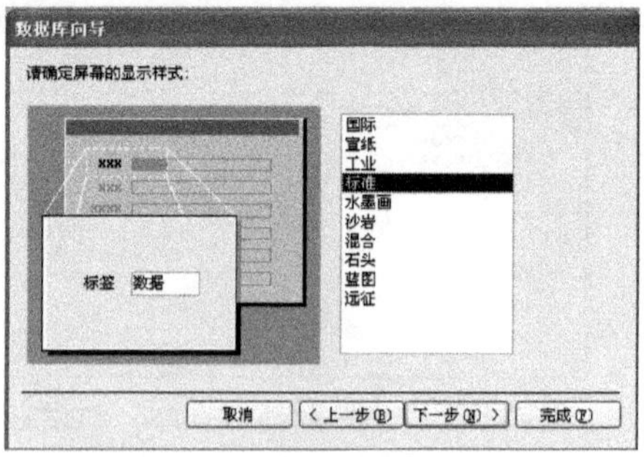

图 11-10 选择屏幕显示样式

步骤 6：选择数据库报表的打印样式，左侧是相应报表样式的预览，选择了默认的“组织”样式，如图 11-11 所示。然后，单击“下一步”按钮。

步骤 7：确定数据库的标题名称，输入数据库标题，若需要还可单击“图片”按钮，为数据库选择喜欢的图片，如图 11-12 所示。然后，单击“下一步”按钮。

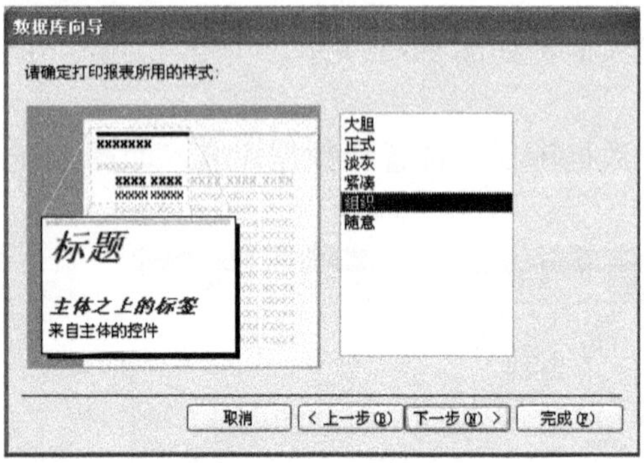

图 11-11 选择打印样式

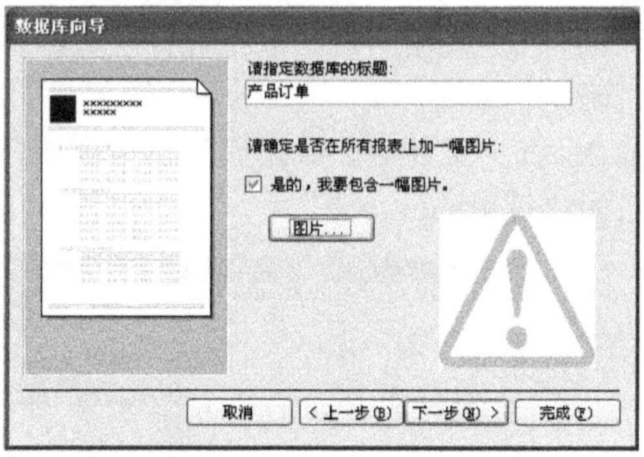

图 11-12 输入数据库标题

步骤 8：数据库创建向导的最后一步，选择“是的，启动该数据库”复选框，如图 11-13 所示。然后，单击“完成”按钮。

步骤 9：经过一段时间的生成过程，系统自动打开提示对话框，单击“确定”按钮。此时打开“我的公司信息”对话框，如图 11-14 所示，需要用户输入公司信息。输入各条相关信息后，单击右上角的“关闭”按钮。

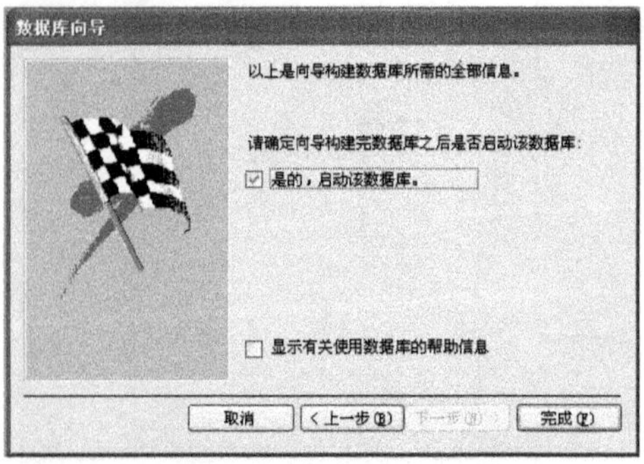

图 11-13 完成数据库创建

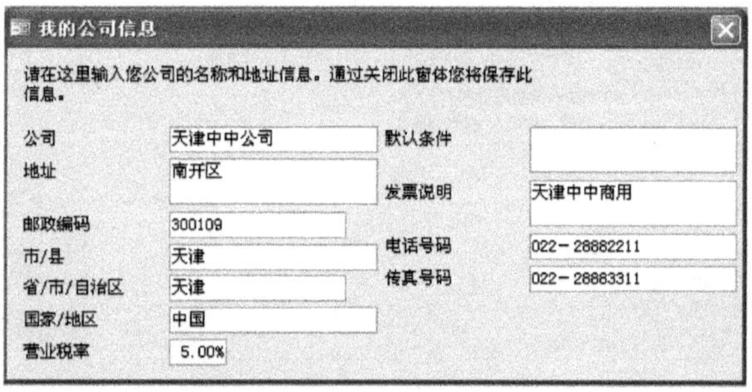

图 11-14 输入公司信息

步骤 10：系统自动打开“产品订单”数据库的主切换面板，如图 11-15 所示。此时，该数据库就创建好了，可以通过这个主切换面板（即该数据库系统的应用操作主界面）对它进行各种操作。

注意：“主切换面板”在 Access 中的作用就是提供一个操作平台，让用户从中选择所要操作的对象，并执行相应的操作。

在 Access 中，无论何时使用“数据库向导”新建数据库，都将自动新建一个切换面板，该面板对浏览数据库很有帮助。“切换面板”中有一些按钮，单击它们可以打开相应的窗口和报表，或者打开其他窗体和报表的切换面板，也可自定义切换面板。

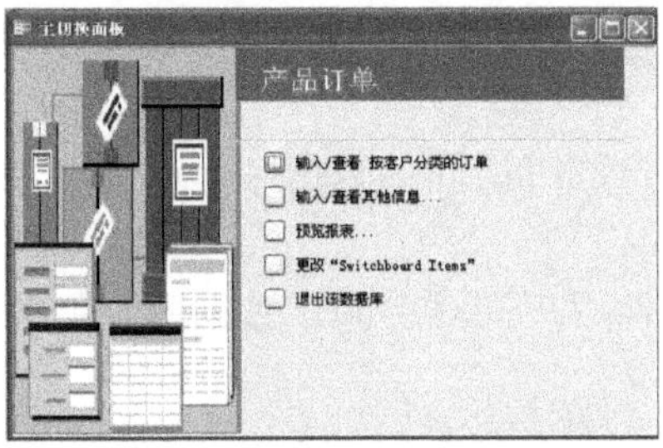

图 11-15　进入“主切换面板”对话框

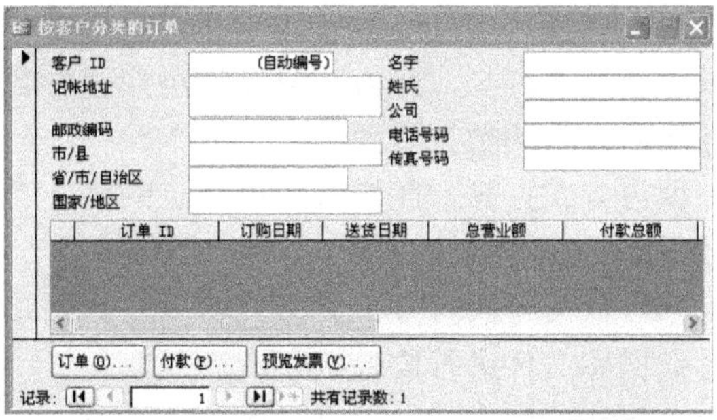

图 11-16　“按客户分类的订单”对话框

下面就介绍一下如何使用这个“产品订单”数据库系统。

（1）选中“输入/查看按客户分类的订单”选项，如图 11-16 所示。在此对话框中可以查看现有的客户及其订单的相关信息，也可以输入新的客户信息。

（2）选中“输入/查看其他信息”选项，系统自动打开“窗体切换面板”对话框，如图 11-17 所示。在此对话框中可以进一步打开“雇员”、“我的公司信息”、“产品”、“付款方式”以及“送货方式”等对话框，与图 11-16 相似，在这些对话框中可以查看已有信息或输入新信息。

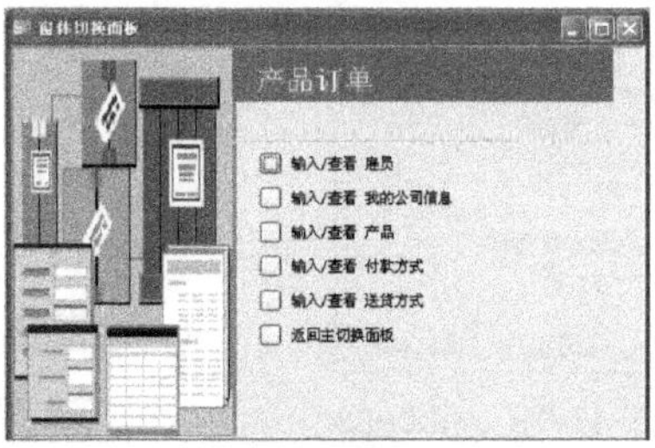

图 11-17　“窗体切换面板”对话框

注意：因为前面自动生成的数据库的表中不包含数据，所以这里的对话框只能实现输入新信息的功能。

11.1.4　数据库的操作

1．打开数据库

（1）在新创建数据库之后，新建的数据库会自动打开“数据库”窗口。

（2）从“文件”菜单中选择“打开”命令或在工具栏中单击对应的按钮，系统自动打开“打开”对话框，如图 11-18 所示，可以通过该对话框选择要打开的数据库。

（3）使用“新建文件”任务窗格直接打开最近使用过的数据库。

打开已有的数据库后，系统会自动打开其对应的数据库窗口，用户可以通过它管理数据库对象。

注意：在 Access 中，打开数据库文件时，可有 4 种不同方式，如图 11-18 所示。

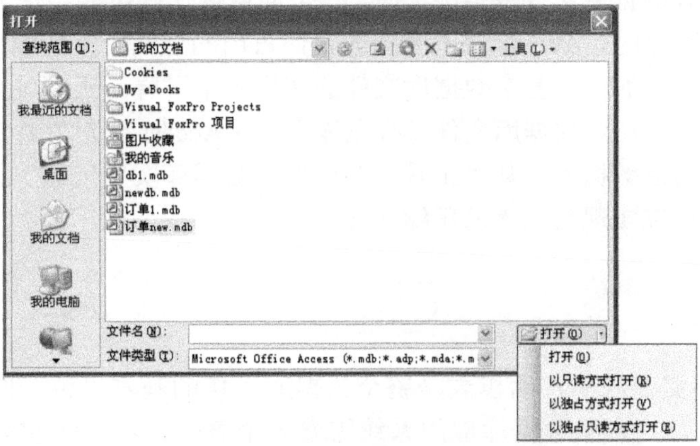

图 11-18　“打开”对话框

（1）以共享方式打开数据库，该方式是默认的打开方式，网络上的其他用户可以再打开这个文件，也可以同时编辑这个数据库。

注意：若在局域网中开发数据库项目，最好不采用此方式。

（2）以只读方式打开，此方式只允许用户查看数据库中的信息，而不能进行修改，从而可以防止由于误操作而导致的数据修改。

（3）以独占方式打开，此方式可以防止网络上其他用户同时访问该数据库，从而有效地防止用户对共享数据库文件的修改。

（4）以独占只读方式打开，此方式可以防止网络上其他用户同时访问该数据库，但此时用户本身也不能对数据库文件进行修改。

2．关闭数据库

当要退出 Access 时，一般可以采用 4 种方法：

图 11-19 Access 窗口快捷菜单

（1）单击 Access 窗口右上角的“关闭”按钮。

（2）从“文件”菜单中选择“退出”命令。

（3）单击 Access 窗口左上角的图标，在弹出的下拉菜单中选择“关闭”命令，如图 11-19 所示。

（4）直接使用快捷键 Alt+F4。

3．转换数据库

由于 Access 版本的不同，所创建的数据库应用系统的文件格式会有所区别。在 Access 2003 中可以将旧版本的 Access 数据库转换成新版本的数据库格式，也能够进行反向操作。要转换数据库文件格式，应先打开该数据库，然后从“工具”菜单的“数据库实用工具”级联菜单中选择“转换数据库”级联菜单中相应命令，如图 11-20 所示。

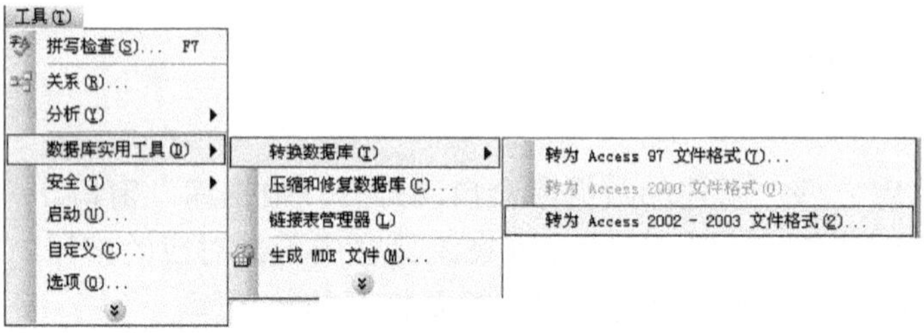

图 11-20 Access 数据库转换菜单命令

4．压缩数据库

当数据库遭到破坏或数据库文件变得庞大时，一个简单操作有可能会使 Access 崩溃，而且当删除窗体、报表等数据库对象时，Access 并不会释放它们占用的空间。不断地增加、删除对象就会在文件中导致碎片的出现，从而使得整个数据库文件的使用效率下降。压缩可以去除碎片，使 Access 重新安排数据，收回空间。在对数据库文件进行压缩之前，Access 会对文件进行错误检查，若检测到数据库损坏，就要求修复数据库。从“工具”菜单的“数据库实用工具”级联菜单中选择“压缩和修复数据库”命令，可以实现数据库的压缩和修复。

11.2 表的建立

Access 的数据都存储在表中，所以表是整个数据库工作的基本单位，同时它也是所有查询、窗体、报表的基本单位。当一个数据库应用系统需要多个表时，不是每次创建新表时都要创建一个数据库，而是把组成一个应用程序的所有表放进一个数据库中。所以，在开始设计数据库应用系统时，就要先创建一个数据库，然后再根据实际情况向数据库中加入数据表。

11.2.1　表的构成

表是数据记录的集合，每条记录又由具有不同数据类型的字段组成。其实表就相当于一张规则的二维表格，每一行就是记录，每一列就是字段。表中的一条记录代表一个实体，表中的一个字段代表实体的一个属性。

为了唯一地表示表中的某条记录，表中必须包含关键字。Access 的主关键字（主键）可以由一个或多个字段组成，但其值不能为空，也不能重复。

11.2.2　建立表

在数据库窗口，选择数据库对象“表”，如图 11-21 所示，有三种方法可以创建表。

1. 使用设计器创建表

直接在数据库窗口中选择表对象，然后双击“使用设计器创建表”，系统打开表设计器视图，如图 11-22 所示。表设计器视图分为字段输入区和字段属性区两部分，在字段输入区中输入每个字段的名称、数据类型和说明；在字段属性区中输入或设置字段的属性值。

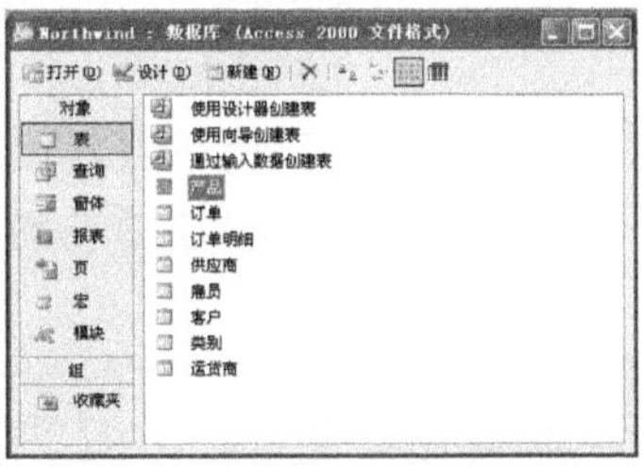

图 11-21　数据库窗口

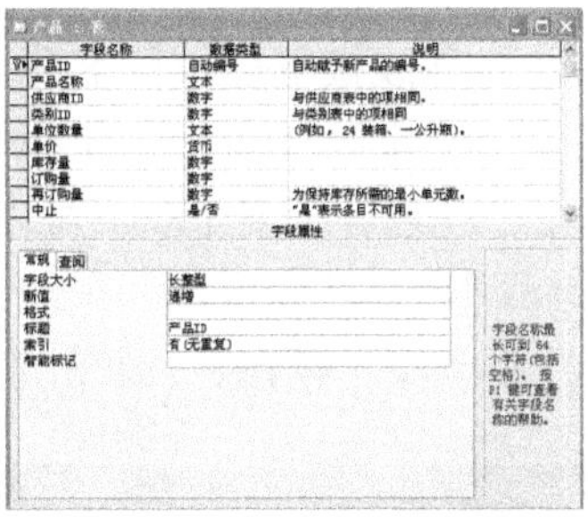

图 11-22　表设计视图窗口

具体操作步骤如下：

（1）在“字段名称”列中输入要创建的第一列字段名称。

（2）按 Tab 键，单击“数据类型”下拉列表的箭头，然后在下拉列表框中选择相应的字段数据类型。

（3）按 Tab 键，输入字段属性和用途的描述。

（4）按 Enter 键，转到下一行。根据需要，重复步骤（1）～（3），将新字段添加到表中。

（5）关闭“表设计器”窗口。

（6）在“保存”对话框中，选择表文件保存的位置，输入表文件名，然后单击“确定”按钮。

注意：可以利用“表设计”工具栏上的“插入行”按钮或“删除行”按钮，方便地插入新字段或删除字段。

2. 使用向导创建表

创建表的一个最简单的方法是使用“表向导”。“表向导”通过一系列的对话框操作来帮助用户选择将要包含在数据库中的表类型，以及每个表中的字段。在使用向导进行操作时，可以更改表的名称、字段名称和属性。向导还可以使你方便地创建表的主关键词，建立新表与数据库其他表之间的关系。

具体操作步骤如下：

（1）直接在数据库窗口中选择表对象，然后双击“使用向导创建表”，系统打开“表向导”对话框，如图 11-23 所示，然后按照提示逐步完成创建表的操作。

（2）单击“商务”或“个人”选项按钮。单击最适合需要的表，双击要在表中包含的字段。

注意：如果向导提供的字段名不符合用户需要，可以在“新表中的字段”框中选择字段，单击“重命名字段”按钮，在打开的“重命名字段”对话框中输入新的字段名，如图 11-24 所示。

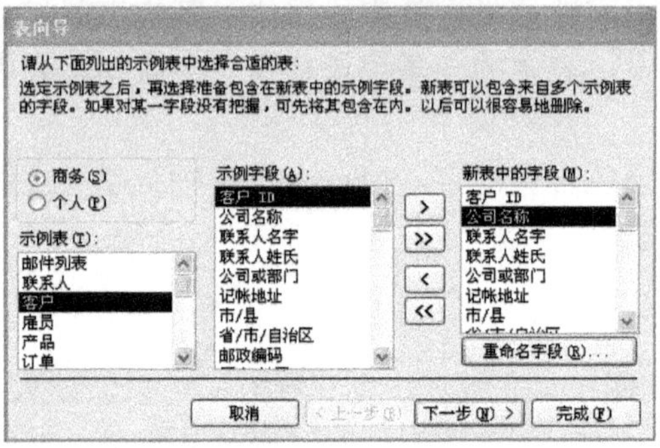

图 11-23 “表向导”对话框

图 11-24 “重命名字段”对话框

注意：在“示例字段”列表中，可以按照任意顺序选择要包括在新表中的字段，选定的字段将按照选择的顺序显示在表中。

然后，单击“下一步”按钮。

（3）输入表的新名称或接受建议的名称。同时，确定是否让“表向导”分配主键，如图 11-25 所示。然后，单击“下一步”按钮。

（4）若数据库中已经包含了多个表，可以单击“关系”按钮，确定新表是否与数据库中的其他表相关，如图 11-26 所示。若需要修改表间关系，可单击“关系”按钮，打开“关系”对话框，如图 11-27 所示。然后，单击“下一步”按钮。

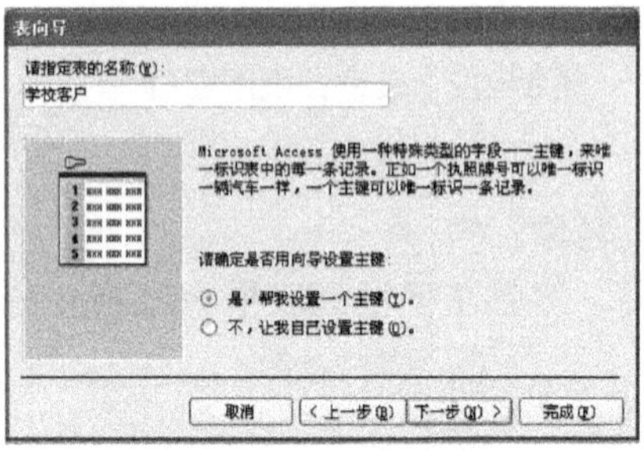

图 11-25 新表名称

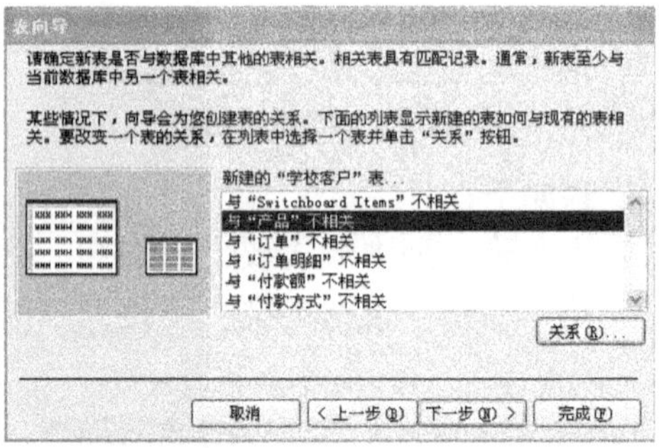

图 11-26 确定表间关系

（5）确定表的去向，如图 11-28 所示。若选择“修改表的设计”，则打开表设计器视图；若选择“直接向表中输入数据”，则打开表数据输入窗口；若选择“利用向导创建的窗体向表中输入数据”，则表向导自动创建一个可以输入数据的窗体。然后，单击“完成”按钮。

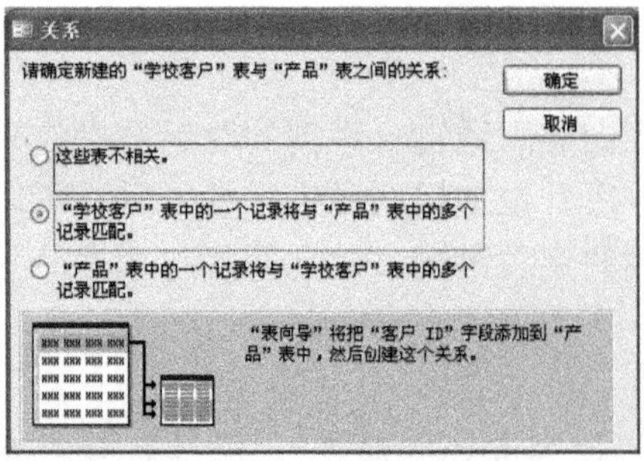

图 11-27 “关系”对话框

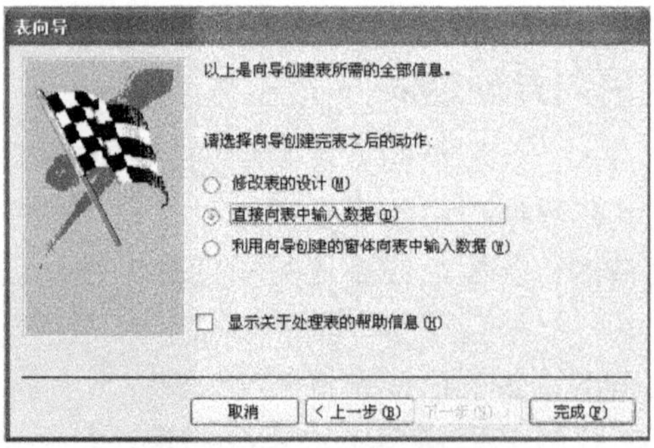

图 11-28 确定表的去向

3. 通过输入数据创建表

在 Access 中还允许用户先不用建立表，而是直接输入一组数据，由系统根据输入数据的特点自动确定各个字段的类型及长度，从而建立一个新表。

具体操作步骤如下：

（1）直接在数据库窗口中选择表对象，然后双击“通过输入数据创建表”，系统打开“数据表视图”窗口，如图 11-29 所示。

（2）在“数据表视图”窗口中，把具有相同属性的一组数据相应地输入到各个字段中。如果不改变字段名称，则表中的字段被自动命名为：字段 1、字段 2、字段 3 等。需要修改字段名时，可以将鼠标指针放在要修改字段的名字上，指针会变成黑色的下箭头，这时单击鼠标左键，可以看到该列全部变黑，此时再单击鼠标右键，出现快捷菜单，如图 11-30 所示，选择“重命名列”命令，这时“字段 1”就变成可修改的状态了，只要输入新的字段名即可。

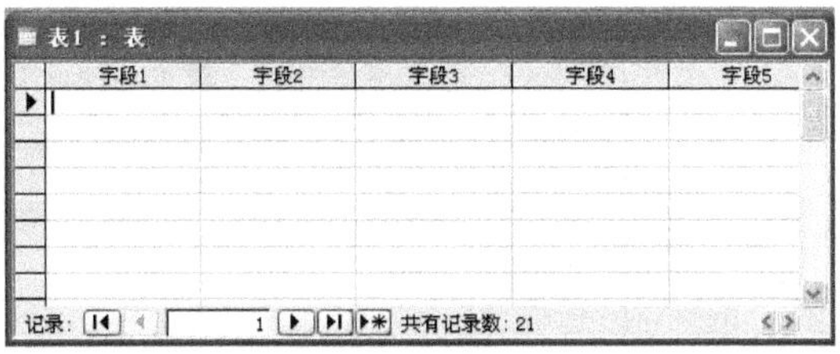

图 11-29　“数据表视图”窗口

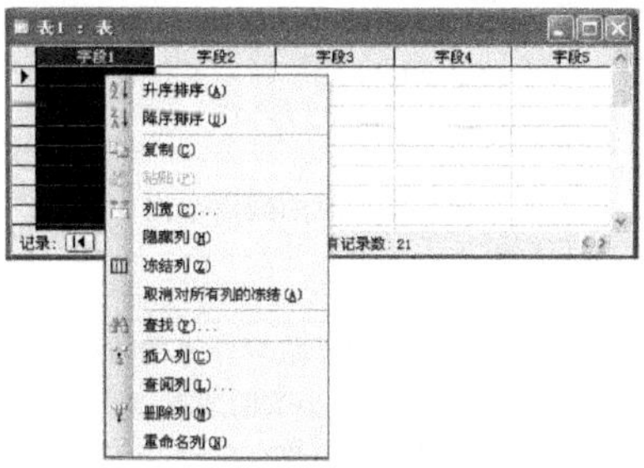

图 11-30　“字段”快捷菜单

（3）输入数据完毕后存盘退出，存盘时要为该表命名。退出时系统会提示你是否为该表创建“主关键字”，若接受，系统会自动为该表加上一个主关键字段；若拒绝，则以后可在设计视图中把某个字段设置为主关键字。

系统自动生成的表结构可能不完全符合要求，可以在设计视图中进一步修改它。

11.2.3　设置字段

如图 11-22 所示，在“表设计器”视图中可以对字段进行设置。

1. 字段名称

Access 中字段命名的有关规定如下：

（1）长度不能超过 64 个字符。

（2）可以包括汉字、字母、数字、空格及特殊字符（除 .、!、`、[]之外）的任意组合。

（3）不能以空格为先导。

（4）不能包括控制字符，即 ASCII 码值是 0～31 的字符。

注意：虽然字段名中允许使用空格，但字段名中最好不要包含空格，以免与 VBA 存在的命名发生冲突。

注意：这些命名规定同样适用于 Access 数据库命名和控件命名。

2. 字段类型

Access 提供了 10 种“数据类型”，它包含了各种数据，如表 11-1 所示。当字段已有指定数据类型时，Access 将只接受按数据类型指定的格式输入的数据。选择适当的数据类型可以使用户更容易地在数据库表中输入和检索信息。它还可以起到检查输入不正确的数据的作用。

注意：即使在输入完数据后，也可以更改字段的数据类型。但是，在保存表时，你也许需要执行潜在的较长的转换处理或需要重新输入字段数据。如果字段中的数据类型与新设置的数据类型冲突，则有可能会丢失一些或全部的字段数据。

3. 字段属性

为一个字段选择数据类型之后，可以在“表设计视图”下面的字段属性区域的“常规”选项卡中为其设置相关的字段属性，用于定义字段数据如何存放或显示。不同类型的字段，属性的定义也有所不同。例如，文本数据类型的字段具有字段大小属性，它控制着字段所能输入的字符长度，而逻辑数据类型的字段大小属性是固定值。但一般字段的属性都包括字段大小、格式、标题、有效性规则、输入掩码等，如图 11-32 所示。

表 11-1 字段数据类型

数据类型	用途	大小
文本	（默认值）文本或文本和数字的组合，也可能是不需要计算的数字，例如电话号码、学号	最多为 255 个字符或长度小于属性的设置值。Access 不会为文本字段中未使用的部分保留空间
备注	长文本或文本和数字的组合	最多为 65535 个字符[如果 Memo 字段是通过 DAO 来操作并且只有文本和数字（非二进制数据）保存在其中，则 Memo 字段的大小受数据库大小的限制]
数字	用于数学计算的数值数据	1、2、4 或 8 个字节（若 FieldSize 属性设置为 Replication ID，则为 16 个字节）
日期/时间	从 100 年到 9999 年的日期与时间值	8 个字节
货币	货币值或用于数学计算的数值数据。这里数学计算的对象是带有 1～4 位小数的数据。Access 2003 处理数值的功能非常强，能精确到小数点左边 15 位和小数点右边 4 位	8 个字节
自动编号	当向表中添加一条新记录时，由 Access 2003 指定一个唯一的顺序号（每次加 1）或随机数。Auto Number 字段不能更新	4 个字节（如果 Field．Size 属性设置为 Replication ID，则为 16 个字节）
是/否	用于记录逻辑型数据，只能取两种值中的一种，例如 Yes/No、True/False 或 On/Off	1 位
OLE 对象	中文 Access 2003 表中链接或嵌入的对象，例如 Microsoft Excel 电子表格、Microsoft Word 文档、图形、声音或其他二进制数据	最多为 1GB，受可用磁盘空间的限制
超级链接	用于保存超链接的字段，超链接可以是文件路径 UNC 或网页地址 URL	Hyperlink 数据类型的 3 个部分的每一部分最多只能包含 2048 个字符
查阅向导	创建字段，该字段可以使用列表框或组合框从另一个表或值列表中选择一个值。单击此选项将启动“查阅向导”，它用于创建一个“查阅”字段。在向导完成之后，中文 Access 2003 将基于在向导中选择的值来设置数据类型	与用于执行查阅的主关键字段大小相同，通常为 4 个字节

（1）字段大小：对于“文本”类型表示字段的长度，其大小可设置为 0～255 之间的整数，默认值为 50；对于“自动编号”类型表示字段范围，其大小可设置为长整型和同步复制 ID；对于“数字”类型则表示数字的精度或范围，其大小如表 11-2 所示。

表 11-2 字段大小属性的设置

设置	数值范围	小数位	字节数
字节	0～255	0	1
整型	-32768～32767	0	2
长整型	-2147483648～2147483647	0	4
单精度	-3.4×10^{38}～3.4×10^{38}	7	4
双精度	-1.8×10^{308}～1.8×10^{308}	15	8
同步复制 ID	全局唯一标识符	0	16

（2）格式：数据显示的格式，可以使显示的样式与实际的存储值有所不同。例如：用户要求字段值的显示包含特殊字符或固定格式，而又不希望把这些字符一起存入表中以减少数据库大小，那么使用格式属性来改变显示外观是常用方法。

自定义日期/时间格式的示例如表 11-3 所示。

表 11-3　日期/时间数据类型的自定义格式

格式字符	作　用	示　例	
		设　置	显　示
：	设定小时、分、秒之间的分隔符	hh:nn:ss	8:13:16
/	设定年、月、日之间的分隔符	dd/mm/yy	16/12/2007
c	按照一般日期格式显示	c	2007-12-16
aaa	显示中文星期几	aaa	星期六
d	当日期是一位数时将日期显示成一位或两位数（1～31）	Ddd","mmm d","yyyy	Mon, Jun 11,2008
dd	当日期是一位数时将日期显示成两位数（01～31）	"Today is"dd	Today is 06
ddd	显示星期的英文缩写（Sun～Sat）	Ddd","mmm d","yyyy	Mon, Jun 11,2008
dddd	显示星期的完整英文名称（Sunday～Saturday）	"Today is" "dddd	Today is Monday
ddddd	按照短日期格式显示	Ddddd	2007-12-16
dddddd	按照长日期格式显示	Dddddd	2007 年 12 月 16 日
w	用数字来显示星期几（1～7）	"Today is "w	Today is 1
ww	显示是一年中的第几个星期（1～53）	"This is week number "ww	This is week number 4
m	当月份是一位数时将月份显示成一位或两位数（1～12）	"The month is "m	The month is 5
mm	当月份是一位数时将月份显示成两位数（01～12）	"The month is"mm	The month is 05
mmm	显示月份的英文缩写（Jan～Dec）	Ddd","mmm d","yyyy	Mon, Jun 11,2008
mmmm	显示月份的英文完整名称（1anuary～December）	"The month is "mmmm	The month is December
Y	显示是一年中的第几天（1～366）	"Today is "Y	Today is 188
YY	用年的最后两位数显示年份（00～99）	"This is"YY	This is 07
YYYY	用四位数显示完整年份（0000～9999）	Ddd","mmm d","yyyy	Mon, Jun 11,2008
h	将小时以一位或两位数显示（0～23）	"The time is"h	The time is 6
hh	将小时以两位数显示（00～23）	"The time is"hh	The time is 06
n	将分钟以一位或两位数显示（0～59）	"The time is"n	The time is 9
nn	将分钟以两位数显示（00～59）	"The time is"nn	The time is 09
s	将秒钟以一位或两位数显示（0～59）	"The time is"s	The time is 3
ss	将秒钟以两位数显示（00～59）	"The time is"ss	The time is 03
tttt	按照长时间格式显示（下午 5:30:25）	"The time is"tttt	The time is17:30:25
AM/PM	用适当的 AM/PM 显示 12 小时制时钟	"The time is"AM/PM	The time is AM
am/pm	用适当的 am/pm 显示 12 小时制时钟	"The time is"am/pm	The time is pm
A/P	用适当的 A/P 显示 12 小时制时钟	"The time is"A/P	The time is A
a/p	用适当的 a/p 显示 12 小时制时钟	"The time is"a/p	The time is p
AMPM	按照 Windows 中所设定的格式显示	"The time is"AMPM	The time is 上午
-+$()	这些字符可以直接用于显示	"The time is"-+$()	The time is -+$()

自定义数字、货币格式的示例如表 11-4 所示。

自定义文本、备注格式的示例如表 11-5 所示。

当以上格式不能满足需要时，Access 允许创建自己的定制格式，并提供了一套通用符号指定字段的显示值。通用自定义格式符号如表 11-6 所示。

表 11-4 数字和货币数据类型的自定义格式

格式字符	作用	示例		
		设置	数据	显示
.	小数分隔符	###.00	13	13.00
,	千位分隔符	###，###	1234	1，234
0	数字占位符，显示一个数字或 0	000	12	012
#	数字占位符，显示一个数字或不显示	###	12	12
$	显示原义字符“$”	$	34	$
%	百分比。数字将乘以 100，并附加一个百分比符号		0.33	33%
E-或 e-	科学记数法，如 0.00 E-00 或 0.00 E00		0.003366	3.366E-03
E+或 e+	科学记数法，如 0.00 E+00		3366	3.366E+03

表 11-5 文本或备注数据类型的自定义格式

格式字符	作用	示例		
		设置	数据	显示
@	在该位置可以显示任意可用的字符	@@@@@	“123”	“ 123”
&	在该位置可以显示任意可用的字符，但不要求文本字符	&&&&	“12”	“12”
<	使所有字母变为小写显示	<	Access	access
>	使所有字母变为大写显示	>	Access	ACCESS

表 11-6 通用自定义格式符号

格式字符	作用
空格	将空格显示为原义字符
"要显示的文字"	显示双引号之间的任何文本
\	显示跟随其后的那个字符
!	左对齐
*	用跟随其后的那个字符作为填充字符
[颜色]	在方括号内设定显示的颜色，可用的颜色有 Black、Blue、Green、Cyan、Red、Magenta、White

（3）输入掩码：字段中所有输入数据的格式，用于控制用户在文本框类型的控件中输入值的格式，使得录入的数据十分规范。除备注、OLE 对象、自动编号三种数据类型之外，都可以使用输入掩码来格式化输入数据。可以直接设置输入掩码或者单击输入框旁边的⋯按钮，系统会自动打开“输入掩码向导”对话框，如图 11-31 所示。

输入掩码由 3 部分组成，各部分用分号分隔。第一部分用来定义数据的格式，格式字符如表 11-7 所示；第二部分设定数据的存放方式，如果等于 0，则按显示的格式进行存放，如果等于 1，则只存放数据；第三部分定义一个用来标明输入位置的符号，默认情况下使用下画线。图 11-32 所示为输入掩码设置示例。

（4）标题：在相关的表单上该字段的标签上显示的标题，标题属性最多为 255 个字符。如果该项不输入，则以字段名作为标题。如果没有为字段设置标题属性，则 Access 会使用该字段名代替。

（5）默认值：字段为空时的默认值，在新建记录时系统会自动把这个值输入到字段中。既可以指定一个常量值，也可以是一个表达式，如图 11-33 所示。

（6）有效性规则：用户通过设置有效性规则属性来指定对输入到记录、字段或控件中的数据的要求。当输入的数据不符合该规则时，可以定制出错信息提示或使光标继续停留在该字段直到输入正确的数据为止。定制有效性规则时使用的操作符如表 11-8 所示。

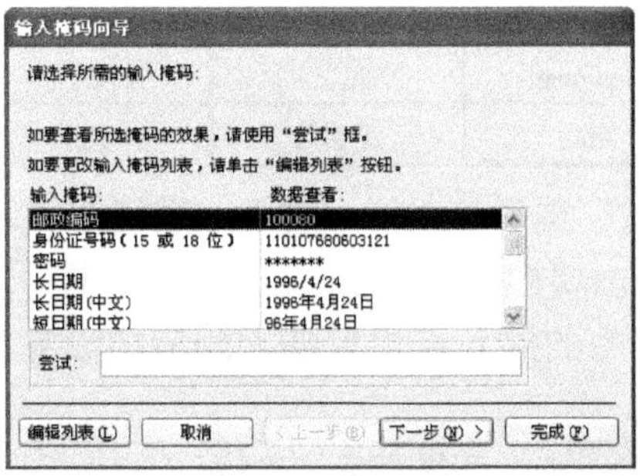

图 11-31 “输入掩码向导”对话框

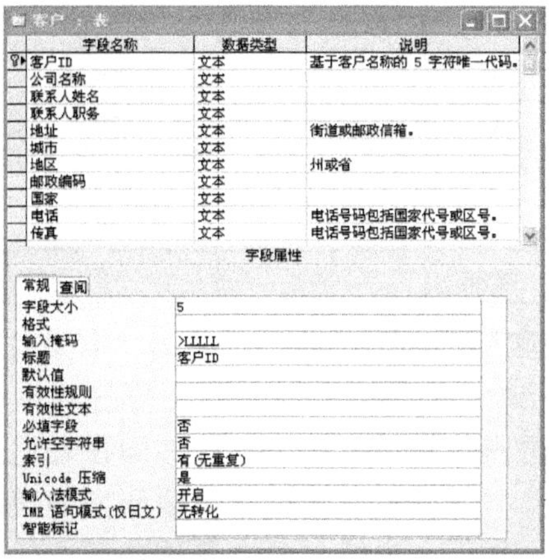

图 11-32 输入掩码设置示例

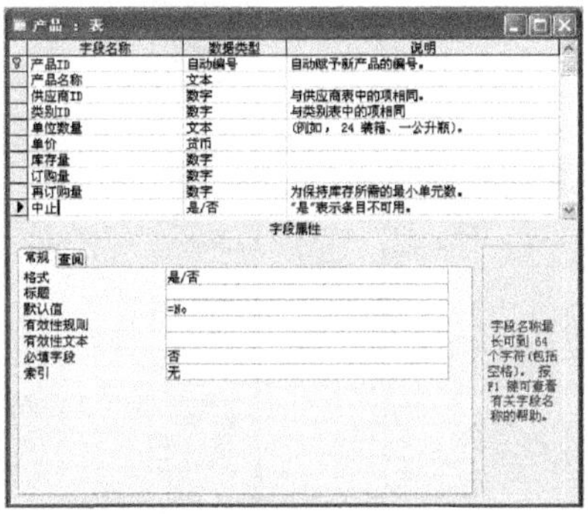

图 11-33 “默认值”设置

表 11–7　格式字符及意义

格 式 字 符	作　　用
0	必须在该位置输入数字（0～9，不允许输入+或-）
9	只允许输入数字及空格（可选，不允许输入+或-）
#	只允许输入数字、+、-及空格，但在保存数据时空白被删除
L	必须在该位置输入字母
A	必须在该位置输入字母或数字
&	必须在该位置输入字符或空格
?	只允许输入字母
a	只允许输入字母或数字
C	只允许输入字母或空格
!	字符从右向左填充
<	转化为小写字母
>	转化为大写字母
.	小数分隔符
,	千位分隔符
; /	日期时间分隔符
\	显示其后面所跟随的那个字符
"文本"	显示双引号括起来的文本

表 11-8　定制有效性规则时使用的操作符

格式字符	作　用	格式字符	作　用	格式字符	作　用	格式字符	作　用
+	加	\	整数除法	<=	小于等于	Eqv	逻辑相等
-	减	^	指数	>=	大于等于	Imp	逻辑隐含
×	乘	=	等于	<>	不等	Not	逻辑非
/	除	>	大于	Between	两值之间	Or	逻辑或
Mod	取余	<	小于	And	逻辑与	Xor	逻辑异或

可以直接输入有效性规则或者单击“有效性规则”框旁边的...按钮，系统会自动打开“表达式生成器”对话框，如图 11-34 所示。表达式生成器主要由 3 部分组成：表达式框、运算符按钮和表达式元素。单击运算符的某个按钮，即在表达式框中的插入点位置插入相应的运算符，还可以选择表达式元素并插入到表达式框中组成所需的表达式。

（7）有效性文本：当输入的字段值违反有效性规则时，系统显示的提示信息如图 11-35 所示。

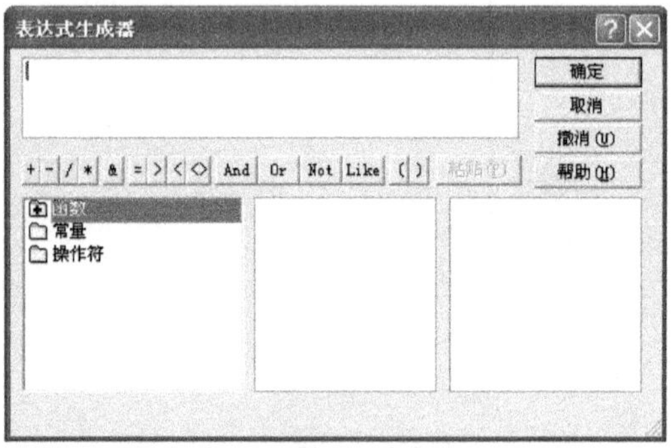

图 11-34　“表达式生成器”对话框

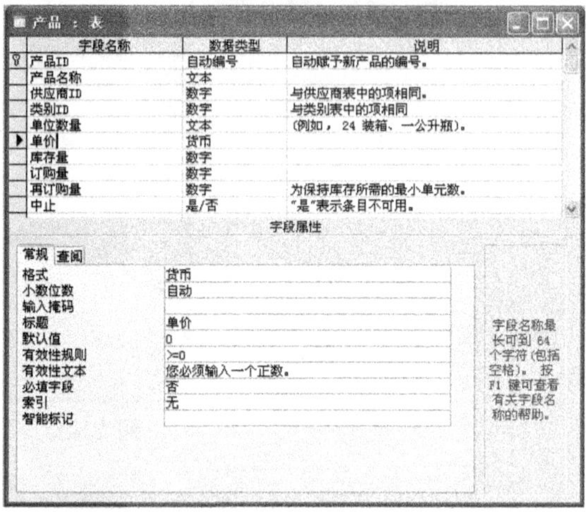

图 11-35　有效性规则和有效性文本设置

（8）必填字段：当插入新记录时，此字段值不可以为空，可以保证数据的完整性。

（9）允许空字符串：允许长度为 0 的字符串存储在该字段中。

（10）索引：以该字段创建索引。索引有助于快速查找和排序记录，既可以基于单个字段创建索引，也可以基于多个字段来创建索引。使用多个字段索引进行排序时，一般按索引中的第一个字段进行排序，若第一个字段有重复值，则再按照第二个字段进行排序，依次类推。

索引属性可以分为“无”、“有（无重复）”和“有（有重复）”三种，默认值为“无”。如图 11-36 所示，“订单 ID”作为“订单”表的主关键字段，其“索引”属性设置为“有（无重复）”，在输入数据时，可以自动检查是否有重复值。如图 11-37 所示，“产品名称”作为“产品”表的非主关键字段，但又希望能按其排序，所以其“索引”属性设置为“有（有重复）”，也就是允许不同的记录在该字段有相同的值。

（11）Unicode：此属性默认值为“是”。Unicode 是全球语言字集，此属性与用户操作无关，也与绝大部分设计无关，因为使用“Unicode”压缩会影响存储空间及运行效率。由于“Unicode”以两个字节代表一个字符，所以若使用，则文本及备注型数据在硬盘占用的存储空间会大一些。同样，因为系统内部使用“Unicode”，所有文本和备注型数据均需使用 Unicode 压缩，运行效率会低一些。

（12）输入法模式：当光标移到该字段时，系统会自动切换到输入法模式，对于中英文混合输入的录入窗体非常有用。

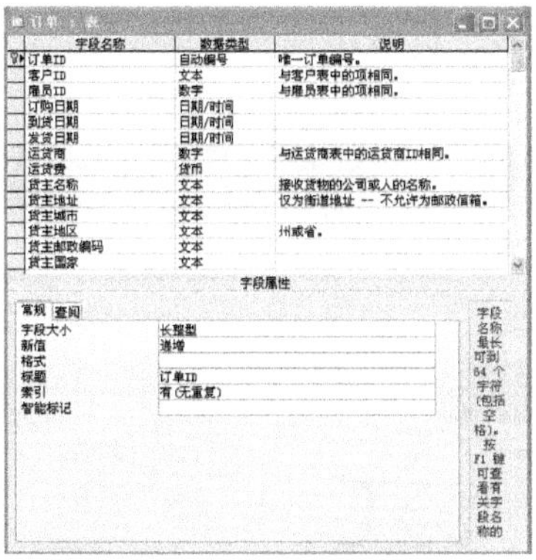

图 11-36　“有（无重复）”索引

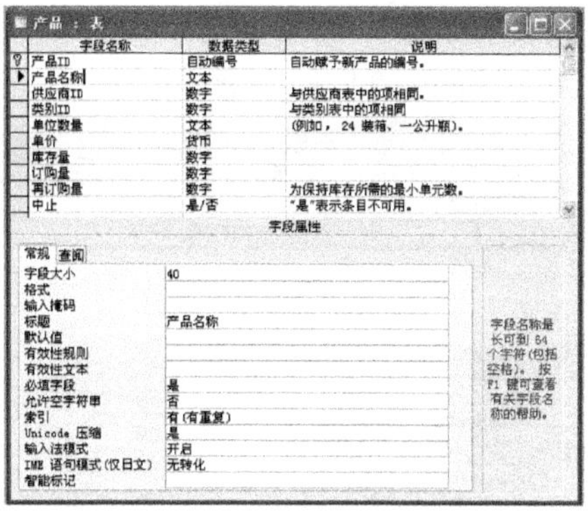

图 11-37　“有（有重复）”索引

4. 设置主键

创建表的过程中，还有一个关键的步骤是为表设置一个“主关键字”（Primary Key）。先选中要设置为关键字的字段，在工具栏上单击“主键”按钮，这时在该行会出现一个钥匙状的图标，表示该字段已经被设置为“主键”。

11.2.4　表的属性

当用表设计视图打开表时，单击工具栏中“表属性”按钮，打开“表属性”对话框，如图 11-38 所示。

图 11-38　“表属性”对话框

表的主要属性如下。

（1）默认视图：指定打开窗体时所用的视图。

（2）有效性规则：与字段有效性规则不同的是表达式中可以包含对该表中字段的引用。

（3）有效性文本：不符合“有效性规则”时显示的提示信息。

（4）筛选：当表在数据表视图打开时，只显示满足表达式条件的记录。

（5）排序依据：当表在数据表视图打开时，按照此依据重新排列显示记录。

（6）子数据表名称：指定或确定与子数据表绑定的表或查询。

（7）链接子字段：指明子数据表记录与主表记录的链接方式。

（8）链接主字段：指明主数据表记录与子表记录的链接方式。

（9）子数据表高度：指定或确定展开子数据表时子数据表的显示高度。

（10）子数据表展开：指定或确定表或查询中所有子数据表的保存状态。

（11）方向：可以为某些语言文字设置成从右向左显示。

11.2.5　输入数据

1. 直接输入数据

使用数据表视图直接输入数据的步骤如下：

（1）从切换面板或从“数据库”窗口中单击表对象，选择所需表名，单击“打开”按钮。

（2）如图 11-39 所示，打开表窗口，从第一个空记录的第一个字段开始分别输入每个字段的值。每输入完一个字段值，按 Enter 键或 Tab 键转至下一个字段。

若输入 OLE 对象型数据，则移动光标到该字段，在快捷菜单中选择“插入对象”命令，打开“Microsoft Office Access”对话框，如图 11-40 所示。

若输入超链接型数据，则移动光标到该字段，从“插入”菜单中选择“超链接”命令，打开“插入超链接”对话框，如图 11-41 所示。

图 11-39　输入记录值

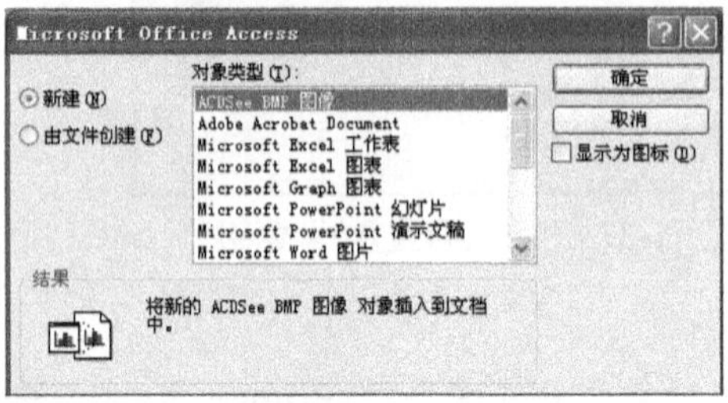

图 11-40　“Microsoft Office Access”对话框

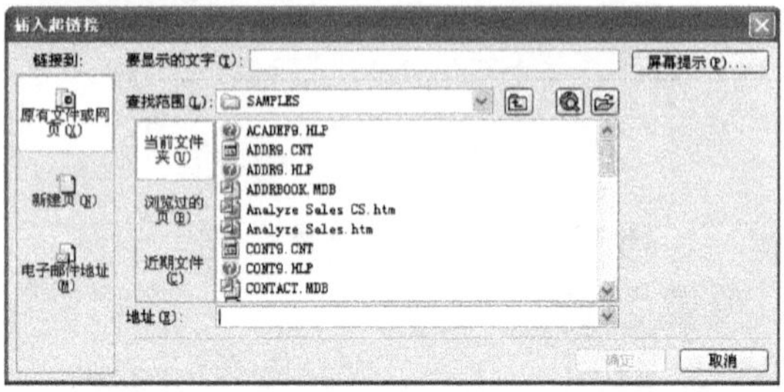

图 11-41　“插入超链接”对话框

创建值列表和查阅列表字段，当某个字段的值是几个固定的值或者是其他表中某个字段值之一时，可以创建值列表。例如，“产品”表中的“中止”字段值，应从“是”和“否”两个数据中选择，而实际存储的却是 1 或 0。在“数据类型”下拉列表中，选择“查阅向导”，如图 11-42 所示。打开“查阅向导”对话框，选择“自行键入所需的值”，如图 11-43 所示，单击“下一步”按钮。

打开对话框，如图 11-44 所示，可以设置“列数”为 2，第 1 列输入“是”和“否”，第 2 列中输入“1”和“0”。然后，单击“下一步”按钮。全部步骤完成后，“中止”字段的“查阅”属性如图 11-45 所示。此时，若不希望显示第 2 列的值，可在“列宽”中把值设为 0。

（3）输入完全部记录后，单击工具栏上的“保存”按钮，保存表中的数据。

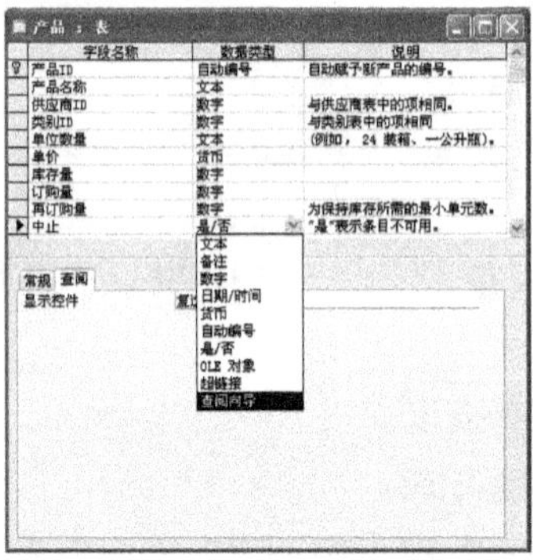

图 11-42　选择“查阅向导”

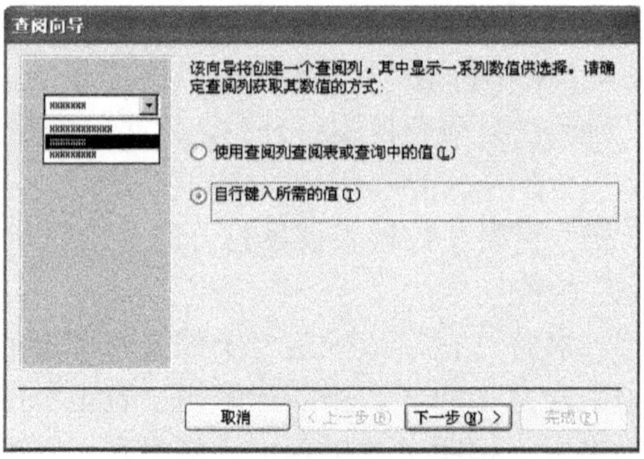

图 11-43　“查阅向导”对话框 1

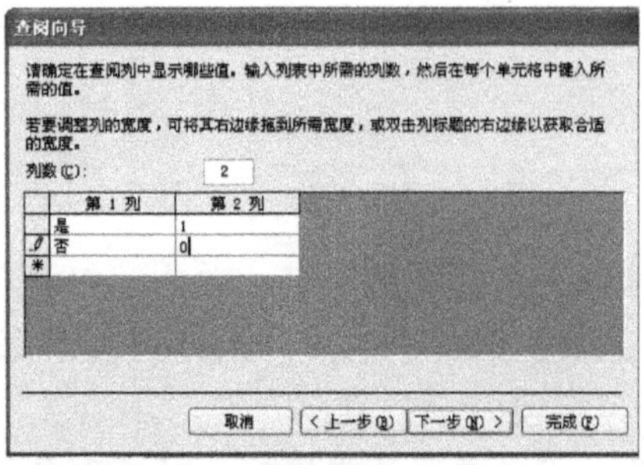

图 11-44　“查阅向导”对话框 2

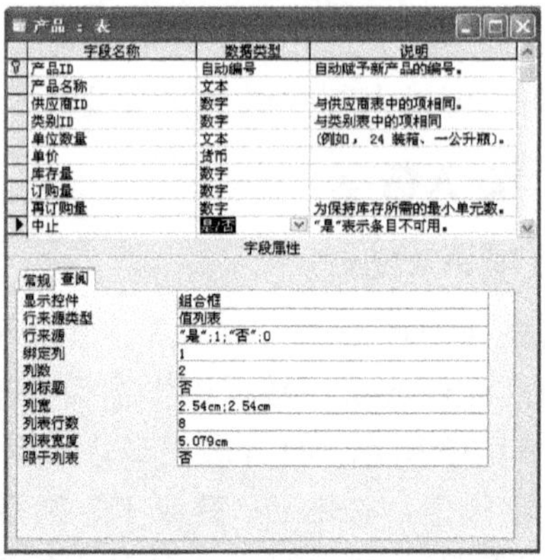

图 11-45　完成后“中止”的“查阅”属性

2．获取外部数据

导入外部数据的具体操作步骤如下：

（1）打开所需数据库，从“文件”菜单的“获取外部数据”级联菜单中选择“导入”命令，打开如图 11-46 所示的“导入”对话框。

（2）在“文件类型”下拉列表框中选择要导入的数据文件类型，然后选定该文件的保存位置和文件名。

（3）单击“导入”按钮。

图 11-46　“导入”对话框

链接外部数据就是在源数据和目标数据之间建立一个同步的映像，所有对外部源数据的修改会及时反映到目标数据中，同样，对目标数据的修改也会反映到源数据中。从“文件”菜单的“获取外部数据”级联菜单中选择“链接表”命令，后面的操作步骤与导入外部数据相似。

11.3　表间关系的建立与修改

如果仅在 Access 的数据库中创建若干个表，而表与表之间没有任何关联，则不能反映现实世界事物之间内在联系。表间的关系就是指通过两表中匹配的字段来建立表之间的逻辑关系。

11.3.1　表间关系的概念

表之间的关系分为一对一、一对多和多对多三种。

（1）一对一关系，是指在两张表的主关键字上建立的一种关系。其实这种一对一的关系往往意味着两个表可以合并，一般只有以下三种情况使用一对一关系。

① 为了减少表文件大小，加快检索速度，把不常用的字段单独存放在一个表中。

② 为了提高数据安全性，将特定字段单独存放在一个表中，只授权少部分人使用。

③ 字段太多以至于超出 Access 表所允许的数量时，分出一部分字段单独存放在一个表中。

（2）一对多关系，是指一个表中的一条记录与另一个表中的多条记录通过某一匹配字段建立关系，是最常用的一种关系。例如，订单表中的一条记录就对应着订单明细中的多条记录，如图 11-47 所示。

（3）多对多关系，是指两个表中分别有多个记录之间存在关系。例如，“订单”表和“产品”表之间，一张订单中包含多种产品；同样，一种产品存在于多张订单中。

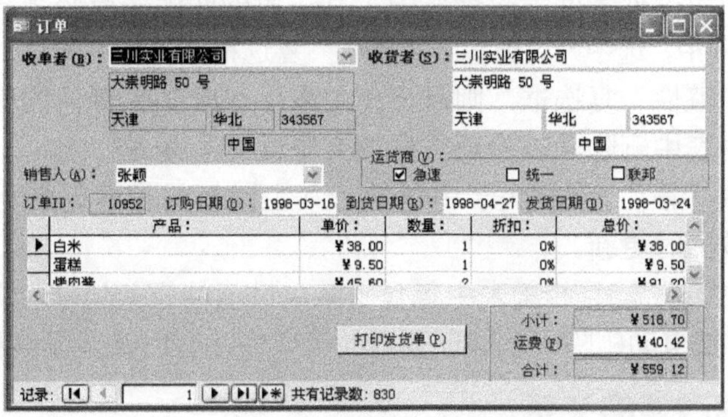

图 11-47　订单中的一对多关系

11.3.2　建立表间关系

可以使用多种方法来定义表间关系。当首次使用“表向导”创建数据库表时，向导将会提供定义表间关系的步骤，还可以在“数据库”窗口或“设计”视图中定义表间关系。

具体操作步骤如下：

（1）在“数据库”窗口中，单击“数据库”工具栏上的“关系”按钮。若数据库中已经建立了关系，那么在“关系”窗口中将显示这些关系。

（2）单击“关系”工具栏上的“显示表”按钮，打开“显示表”对话框。第一次打开关系管理器时，会自动打开，如图 11-48 所示。

（3）在“表”选项卡中选择所需要的表，单击“添加”按钮，此时，在“关系”窗口中会显示选定的表或查询。当选择完所有需要的表或查询之后，单击“关闭”按钮。

（4）在“关系”窗口中，将一个表中的关联字段拖到另一个表的关联字段中，在这两个表之间将出现一条线，表示它们之间已经创建了关系，如图 11-49 所示。此时，系统自动打开“编辑关系”对话框，如图 11-50 所示，可在其中确认或修改关系。

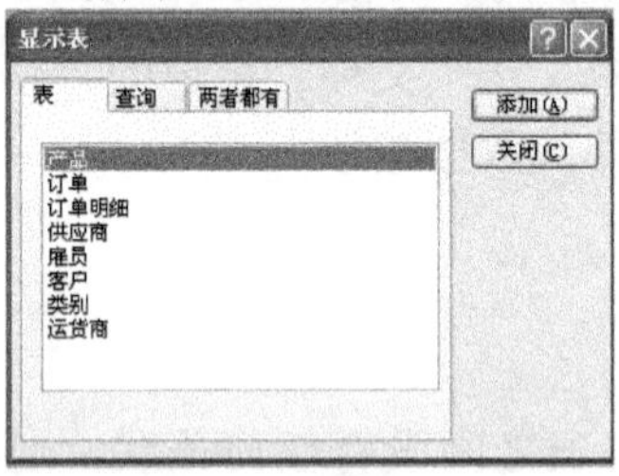

图 11-48 “显示表”对话框

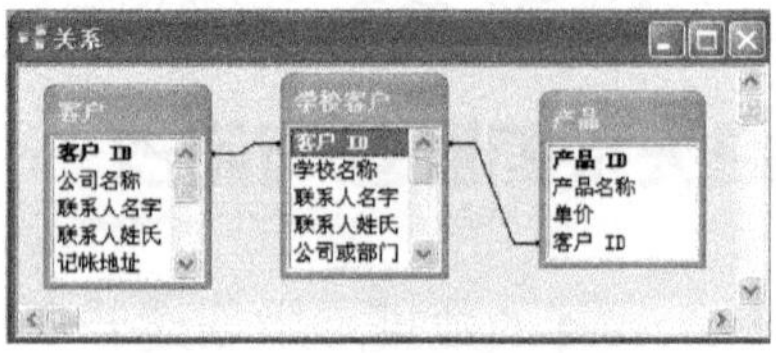

图 11-49 “关系”窗口

此时，单击“联接类型”按钮，可打开“联接属性”对话框，如图 11-51 所示。

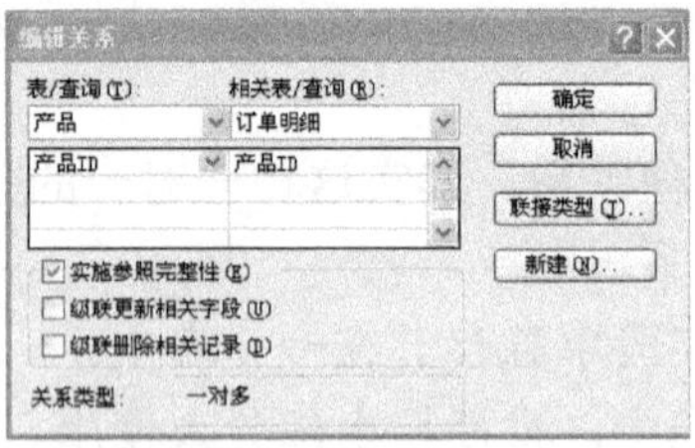

图 11-50 “编辑关系”对话框

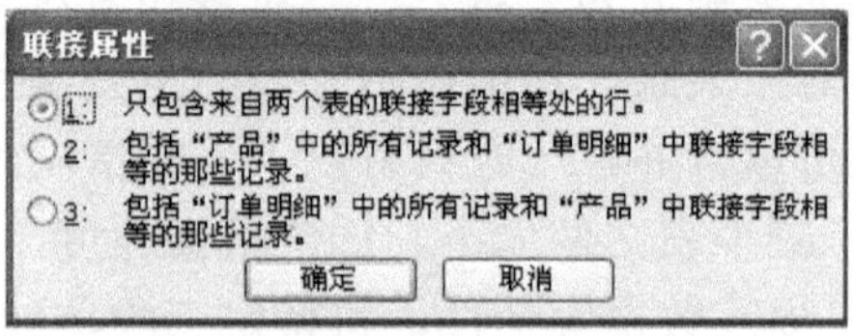

图 11-51 “联接属性”对话框

11.3.3 设置参照完整性

实施参照完整性是关系的一个重要属性，这个属性作为表与表之间的数据完整性维护的约束之一，用来防止相关表的主键被意外删除或修改，从而使得相关的表之间的数据保持完整性和一致性。实施参照完整性要求两个表都处于同一数据库中，且主表的匹配字段必须具有唯一的索引。

在“编辑关系”对话框中，选中“实施参照完整性”复选框，此时另外两个复选框也处于有效状态。

只选中“实施参照完整性”复选框，则只要相关表中包含某主键值的相关记录，那么该主键将不能被修改，也不能从主表中删除，以保证数据的完整性和有效性。

选中“级联更新相关字段”，且相关表中包含了某主键值的相关记录，则该主键值被修改时，相关表中的那些记录将被同时更新。

选中“级联删除相关字段”，且相关表中包含了某主键值的相关记录，则该主键值被删除时，相关表中的那些记录将同时被自动删除，以保证数据的有效性，有时甚至没有任何警告就直接删除。

11.3.4 查看、修改表的关系

1. 查看已建立的关系

单击“关系”工具栏上的“显示直接关系”按钮，查看彼此之间有直接关系的表。单击“关系”工具栏上的“显示所有关系”按钮，查看数据库中所有表和查询之间的所有关系。

2. 删除表间关系

在“关系”窗口中，选中不再需要关联的表间连线。单击“编辑”菜单，然后单击“删除”按钮。在消息框中，单击“是”按钮，确认要永久删除该关系。这种更改不能恢复。

3. 打印关系窗口

打开要打印的“关系”窗口，从“文件”菜单中选择“打印关系”命令，选择需要的打印选项。

11.4　表的维护

11.4.1　修改表结构

创建表的第一步就是定义表的结构，然后才是输入记录。在数据库使用过程中，可能会根据需要对表的结构进行修改。

1. 添加字段

在表设计视图中，右击鼠标弹出快捷菜单，选择“插入行”命令，如图 11-54 所示，或者单击表工具栏上的“插入行”按钮。在表设计视图中的当前字段下面会出现一行空白字段，输入新字段即可。

2. 修改字段

打开该表的设计视图，直接进行修改，之后保存即可。

3. 删除字段

在表设计视图中，右击鼠标弹出快捷菜单，选择“删除行”命令，如图 11-52 所示，或者单击表工具栏上的“插入行”按钮。系统自动删除表设计视图中的当前字段。

4. 修改已有索引

单击表工具栏上的“索引”按钮，打开“索引”对话框，如图 11-53 所示。在其中可以方便地修改索引类型、索引属性等设置。

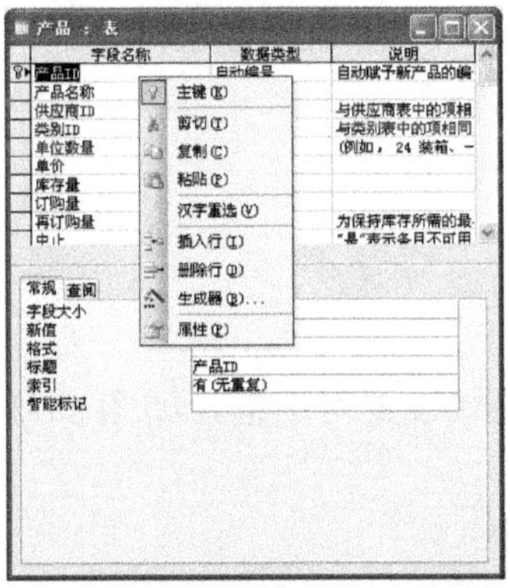

图 11-52 “表设计视图”的快捷菜单

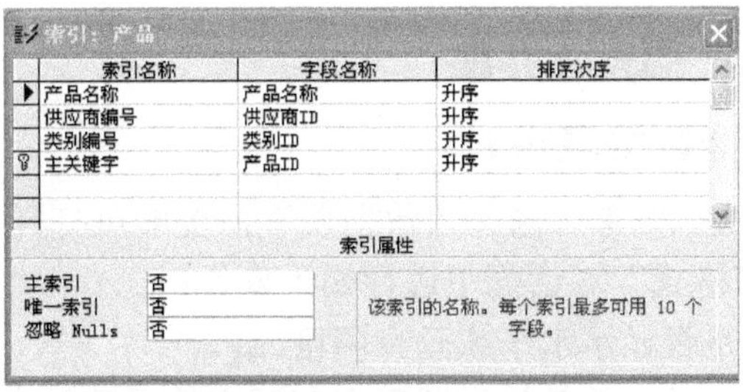

图 11-53 “索引”对话框

11.4.2　编辑表内容

Access 只允许每次操作一个记录，正在操作的记录在行选定器上显示一个三角 ▶ 图标用于标记当前记录。当改变当前记录的数据但又没有保存时，行选定器上显示一个笔形图标，当另一用户通过网络也在操作同一记录时，行选定器上显示一个圆内加一斜线的锁定图标。

1. 添加记录

在数据表视图中打开表时，表的最末端有一条空白的记录。在记录的行选定器上显示一个星号

✱ 图标，表示可以从这里开始增加新的记录

也可以从“插入”菜单中选择“新记录”命令，插入点光标即跳至最末端空白记录的第一个字段。输入完数据后，移到另一个记录时会自动保存该记录。

2. 修改记录

首先在数据表视图中打开表，然后直接按 Tab 键，移到要修改的字段，进行修改。

或者用鼠标光标移到要修改的单元格的左边框，此时鼠标光标变成一个空心的十字光标。单击鼠标左键，整个字段会以反白显示，表示已经选中整个字段。之后输入的任何数据都会取代旧数据，这时行选择器的符号也会由当前记录的三角 ▶ 图标变成笔形 ✎ 图标，表示数据已被改变，但未存盘。

如果更正几个拼错的字母，可以按下 F2 键来切换单一字母和整个字段的选择，屏幕上反白部分消失，文本光标停在该字段的最后。再按下 F2 键，整个字段又会以反白显示。可以用鼠标单击要修改的文字，文本光标停留在该字母的左边，可以进行修改。注意：若改错了，按 Esc 键可以恢复到原来状态。

3. 删除记录

删除记录的具体方法如下。

（1）删除一条记录：单击该行的行选定器（在每行记录的最左端），整条记录呈反白状态，表示已选择该条记录。之后，按 Delete 键删除所有选中的记录。

（2）删除连续的多条记录：单击开始/结尾处的记录，按 Shift+↑（↓）键或直接用鼠标移到最后一条记录再同时单击鼠标和 Shift 键，则被选择区字段呈反白色。之后，按 Delete 键删除所有选中的记录。

4. 复制记录

复制记录的操作步骤如下：

（1）选择记录，用鼠标在行选择器上单击，则选择一条记录。若需要选择多条连续记录，则再按住 Shift 键，单击最后一条记录的行选定器，则选择连续记录。

（2）从“编辑”菜单中选择“复制”命令或按 Ctrl+C 键。

（3）把记录光标移动到最后一条空记录或新位置。

（4）从“编辑”菜单中选择“粘贴”命令或按 Ctrl+V 键。

在新位置即复制出所需的记录，可以在此基础上更改。

11.4.3 调整表外观

1. 改变数据表格式

从“格式”菜单中选择“数据表”命令即可打开数据表格式设置对话框，如图 11-54 所示。在“设置数据表格式”对话框中进行如下操作：

- 设置是否显示水平或垂直网格线。
- 选择单元格的效果设置后可在下方的示范框中预览结果。
- 设置背景颜色。
- 设置边框和线条样式。
- 改变网格线颜色。

在中间的示范框可以预览设置的效果，设置好后单击“确定”按钮即可生效。

2. 改变数据表文本的字体及颜色

数据表和一般的文本编辑器一样，当然也可以对它进行例如字体、颜色等方面的设置。从“格式”菜单中选择“字体”命令，即可打开数据表字体设置对话框，如图 11-55 所示。

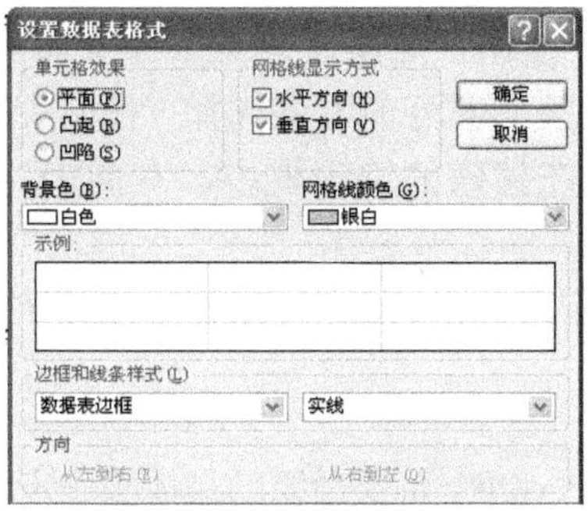

图 11-54　设置数据表格式

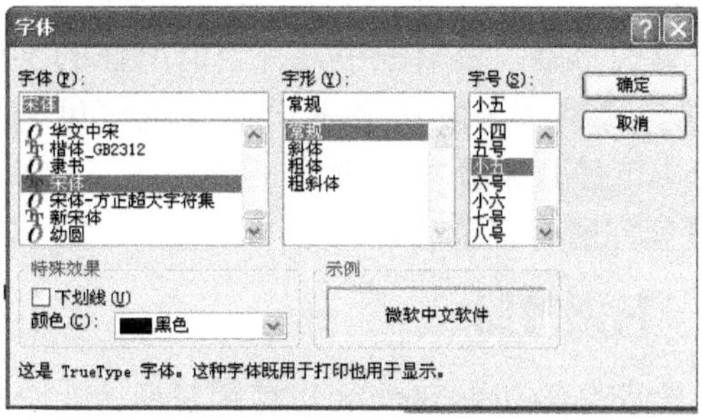

图 11-55　字体设置

3. 改变字段顺序

数据表显示记录时，默认的字段顺序与设计时是一致的，为了更好地利用数据，可以改变字段的排列次序。单击要移动的字段，选中相应的列，按住鼠标左键或 Shift 键，用鼠标将此列拖动至适当的位置即可。

4. 设置行高和列宽

根据数据表的大小不同，其行高和列宽都是可以调整的。常用的方法有：使用鼠标拖动和使用菜单命令指定行高和列宽。

使用鼠标时，将鼠标指向字段行或列的分界处，当鼠标变为水平或垂直的双箭头时，按住鼠标左键，上下拖动即可改变行高，左右拖动即可改变列宽。

使用菜单命令，从“格式”菜单中选择“行高”或“列宽”命令，在弹出的“行高”或“列宽”对话框中，输入适当的数值即可。在“列宽”对话框中，也可以选择“最佳匹配”按钮，使系统自动调整列宽。

5. 隐藏列

如果数据表中的字段太多，浏览时会很不方便，这时可将某些暂时无用的字段隐藏起来，当需要时再重新显示。隐藏列的方法是：将鼠标移到需隐藏的列上，从“格式”菜单中选择“隐藏列”命令即可。如果想把隐藏的列重新显示出来，则从“格式”菜单中选择“取消隐藏列”命令，在弹出的对话框中选中需要重新显示的列即可。

6. 冻结列

如果数据表中的字段需要通过滚动条才能看到，则可冻结常用的某些列，这样，这些列就固定在屏幕上，从而随时可以查看。例如，“产品 ID”、“产品名称”两列。冻结列的方法为：从“格式”菜单中选择“冻结列”命令即可，也可用鼠标右键菜单中的“冻结列”命令。如果想取消冻结，可从“格式”菜单中选择“取消冻结列”命令，将其解冻。

11.5　表的其他操作

11.5.1　查找数据

Access 除了允许对记录进行一些增加、删除和修改的基本操作外，还可以进行记录的查找。查找记录的具体操作步骤如下：

（1）单击工具栏中的“查找”按钮或从“编辑”菜单中选择“查找”命令，打开“查找和替换”对话框，如图 11-56 所示。

（2）在“查找内容”文本框中输入要查找的文本，根据搜索条件，可以在表格中找到多个匹配的记录。要查找下一个匹配记录，则单击“查找下一个”按钮，如果有，Access 会将其显示出来。

（3）在“查找范围”编辑框中，有当前所在的字段和整个表两项可供选择；在匹配的编辑框中，有字段任何部分、整个字段和字段开头 3 项可供选择；在搜索的编辑框中，有向上、向下和全部 3 项可供选择，可任意设置搜索方式。

Access 搜索完所有记录后，如果未找到另一个匹配的记录，则会显示一条已完成搜索记录的消息。

11.5.2 替换数据

当需要批量修改表的内容时，可以使用替换功能加快修改速度。替换数据的具体操作步骤类似于查找数据。只是在“查找和替换”对话框中选择“替换”选项卡，并且输入“替换为”文本，如图 11-57 所示。

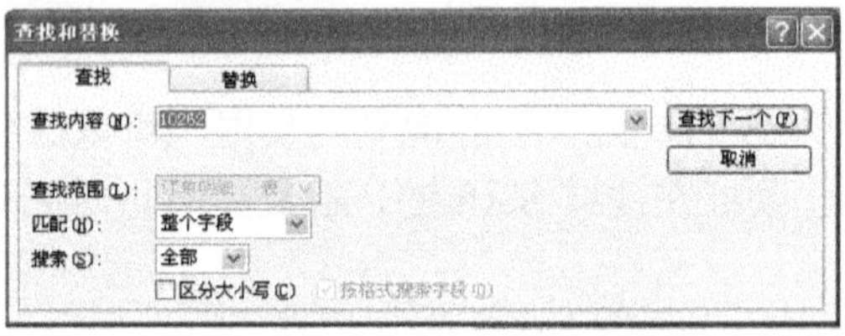

图 11-56 “查找”选项卡

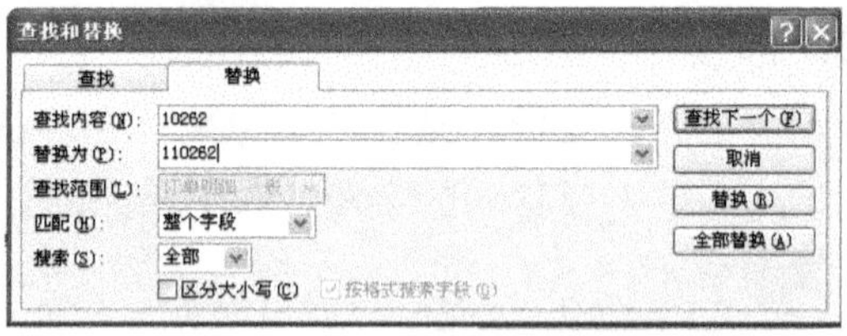

图 11-57 “替换”选项卡

11.5.3 排序记录

排序就是按照某个字段的值重新排列记录。在默认情况下，Access 系统自动按主键的次序显示记录。若表中没有主键，则以输入的次序来显示记录；若排序记录的字段上设置了索引，则排序速度更快。

选中排序要依据的字段，从“记录”菜单的“排序”级联菜单中选择“升序排序”命令或单击工具栏上升序排序按钮，即可实现按该字段值升序排列表中记录；同样，可以从“记录”菜单的“排序”级联菜单中选择“降序排序”命令或单击工具栏上降序排序按钮，即可实现按该字段值降序排列表中记录。

11.5.4 筛选记录

如果表中的记录太多，可使用“筛选”功能，只显示那些要查看的记录。Access 提供了多种筛选途径：“按选定内容筛选”、“按窗体筛选”、“内容排除筛选”和“高级筛选/排序”。

1. 按选定内容筛选

按选定内容筛选的方法只能选择与选定内容相同的记录，其具体操作步骤如下：

（1）将光标移到要筛选的字段，选中该字段值。

（2）单击工具栏中的“按选定内容筛选”按钮或从“记录”菜单的“筛选”级联菜单中选择“按选定内容筛选”命令，即可筛选记录，如图 11-58 所示。

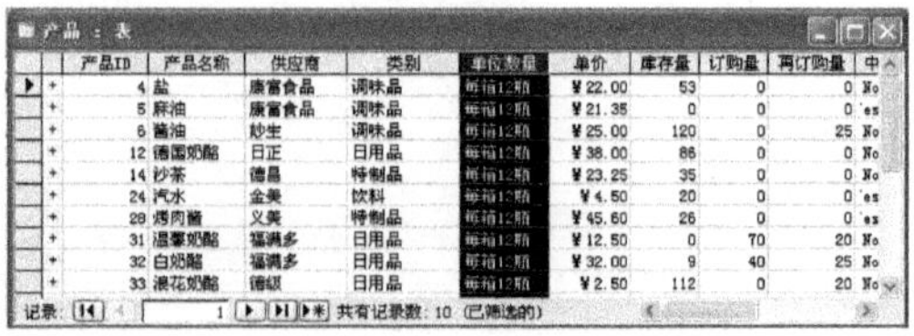

图 11-58 按选定内容筛选

在表的状态栏中显示的“共有记录数”为符合选定内容的记录数目。如果要取消筛选，重新显示全部记录，则单击工具栏中的“删除筛选”按钮或从“记录”菜单的“筛选”级联菜单中选择“取消筛选/排序”命令即可。

保存表时同时保存筛选，可在下一次打开表时继续使用内容筛选。从“记录”菜单的“筛选”级联菜单中选择“应用筛选/排序”命令，便可显示上次保存的筛选结果。

2. 按窗体筛选

按选定内容筛选必须从表中找到一个所需的值并且一次只能指定一个筛选准则。如果要一次指定多个筛选准则，就需要使用“按窗体筛选”。按窗体筛选的具体操作步骤如下：

（1）在数据视图中打开所需的表，单击工具栏中的“按窗体筛选”按钮或从“记录”菜单的“筛选”级联菜单中选择“按窗体筛选”命令，弹出筛选条件设置窗口，在其中依次设置多个筛选条件，如图 11-59 所示。

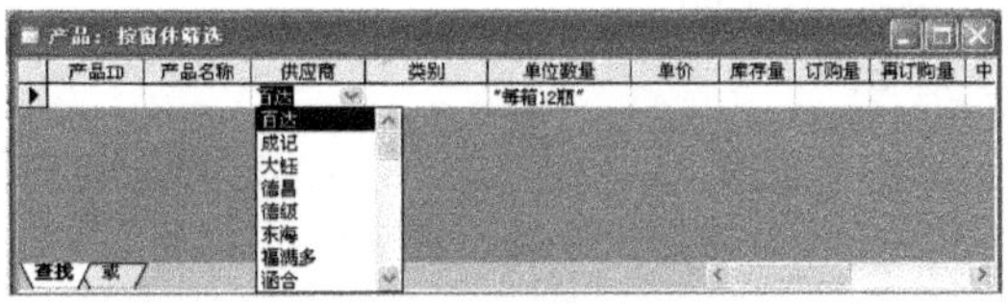

图 11-59　按窗体筛选

（2）单击工具栏中的“应用筛选”按钮或从“记录”菜单的“筛选”级联菜单中选择“应用筛选/排序”命令，系统立即按设定的筛选条件对记录进行过滤，将符合条件的记录显示出来。

3. 内容排除筛选

具体操作步骤与“按选定内容筛选”一样，但结果与之相反，显示的是那些不与选定字段值相同的记录。

4. 高级筛选/排序

按选定内容筛选和按窗体筛选虽然已经实现了按照一定规则筛选记录的功能，但当筛选准则较多时必须多次重复同一步骤，并且在此过程中无法实现排序。高级筛选/排序的具体操作步骤如下：

（1）在数据视图中打开所需要的表，从“记录”菜单的“筛选”级联菜单中选择“高级筛选/排序”命令，打开“筛选”窗口，如图 11-60 所示。

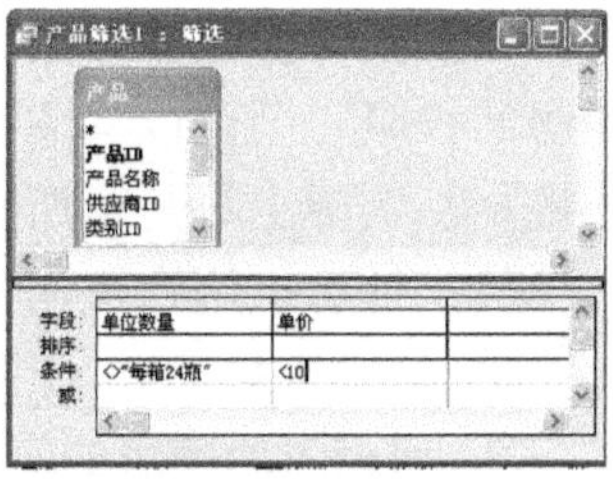

图 11-60　高级筛选

（2）在“字段”框中指定要添加筛选条件的字段，可以把表中的字段直接拖到字段行中。

（3）在“排序”框中指定该字段的排序方式，如降序、升序或不进行排序。

（4）在“准则”框中设定筛选的条件。

（5）设置完成后，单击工具栏中的“应用筛选”按钮或从“记录”菜单的“筛选”级联菜单中选择“应用筛选/排序”命令，系统立即按设定的筛选条件对记录进行过滤，将符合条件的记录显示出来。

11.6　数据库的安全性

11.6.1　设置数据库密码

经常采用的数据库的安全性管理措施就是为数据库加上密码，数据库访问密码是指为打开数据库而设置的密码，它是一种保护 Access 数据库的简便方法。设置密码后，打开数据库时将显示要求输入密码的对话框，只有正确输入密码的用户才能打开数据库。设置数据库访问密码的操作步骤是：

（1）“以独占方式打开”需要设置密码的数据库文件。

（2）从“工具”菜单的“安全”级联菜单中选择“设置数据库密码”命令。

（3）系统自动打开“设置数据库密码”对话框，如图 11-61 所示，输入密码后，单击“确定”按钮。

图 11-61　设置密码

注意：密码有字母大小写之分。

注意：密码与数据库一起保存。也就是说，当移动和复制数据库时，密码也随之移动和复制。

11.6.2 设置用户级安全机制

用户级安全机制是对 Microsoft Access 数据库实施安全性措施的最灵活而广泛的方法。可以为数据库设置安全机制，要求用户通过或不通过登录进入到数据库中。

1. 使用“设置安全机制向导”保护数据库

使用“设置安全机制向导”，可利用带有综合安全机制的方案应用用户级安全机制，并为 Microsoft Access 数据库编码。操作步骤如下：

（1）打开要保护的数据库。

（2）在“工具”菜单上，单击“安全”，再单击“设置安全机制向导”。

（3）按照向导对话框中的指导进行操作。

注意：

（1）“设置安全机制向导”以相同的名称及.bak 扩展名为当前的 Access 数据库创建一个备份，然后为当前数据库中的选定对象采取安全保护措施。

（2）如果当前的 Access 数据库用密码来帮助保护 Microsoft Visual Basic for Applications （VBA）代码，向导会在运行之前提示你解除 Visual Basic 项目的锁定。解除项目锁定后，返回向导。

（3）使用向导之后，在“设置安全机制向导”报表中将打印出使用向导过程中创建的所有密码。应将此报表保存在一个安全位置，也可用此报表重新创建工作组文件。

2. 在无须用户登录的情况下保护数据库

如果要保护数据库某些部分的安全，例如某些对象的设计，但又不想为不同的用户组建立不同的访问权限，则可以考虑在不要求用户登录的情况下保护应用程序的安全。这并不是删除用户级安全机制，实际上只是对所有对象（特定对象除外）禁用用户级安全机制。

（1）针对供用户使用的每个表、查询、窗体、报表和宏，将适当的权限授予管理员用户账户。

① 打开数据库。

② 登录时所使用的工作组信息文件中应该包含此时要为其指定权限的用户或组账户。也可以在为组指定权限后再将用户添加到组中。

③ 选择“工具”菜单中的“安全”级联菜单，然后单击“用户与组权限”命令。

④ 如图 11-62 所示，选择“权限”选项卡，单击“用户”或“组”，然后在“用户名/组名”框中单击要赋予权限的用户或组。

⑤ 在“对象类型”框中单击对象类型，然后在“对象名称”框中单击要为其指定权限的对象名称。在“对象名称”框中可以同时选定多个对象，方法是在要选择的对象上拖动，或按住 Ctrl 键然后单击所需对象。

图 11-62 “用户与组权限”窗口

注意：只有选中了“选项”对话框（“工具”菜单）中“视图”选项卡的“隐藏对象”，“对象名称”框中才会显示隐藏对象。

⑥ 在“权限”选项组中，选择要指定的权限，或清除要为组或用户删除的权限，然后单击“应用”按钮。重复第④步和第⑤步，为当前的用户或组指定或删除对其他对象的权限。

重复第③～⑤步，为其他用户或组指定权限。

注意：有些权限自动隐含其他权限。例如，对表的“修改数据”权限自动隐含“读取数据”和“读取设计”权限，因为只有具有这两项权限才能修改表中的数据。“修改设计”和“读取数据”权限则隐含了“读取设计”权限。对宏的“读取设计”权限则隐含“打开/运行”权限。

注意：在编辑并保存对象时，同时保留了为其指定的权限。但如果对象以新名称保存，则会因为它现在是个新对象，所以具有的是为这类对象定义的默认权限，而不是原对象的权限。

（2）关闭“登录”对话框。

如果无须为不同的用户组建立不同级别的权限，可以将 Microsoft Access 设置为自动使用户以“用户组”中的“管理员”身份登录，并具有为该组指定的权限。用户打开数据库时，不必在“登录”对话框中输入用户名和密码。使用这种方法，可以帮助保护数据库中任一或所有对象。不过，每个用户将拥有相同的权限。这种方法不会从数据库中删除用户级安全机制。

① 加入要关闭其登录过程的工作组。

注意：如果正在设置用户级安全机制，并需要确保工作组及其权限不重复，则必须确定用于定义要加入的工作组的工作组信息文件步骤如下：是用唯一的工作组 ID（WID）创建的。如果不存在这样的工作组信息文件，则应该重新创建。

A．启动 Microsoft Access。

B．选择“工具”菜单的“安全”级联菜单中“工作组管理员”命令。

C．在“工作组管理员”对话框中单击“加入”按钮。

D．输入要加入的 Microsoft Access 工作组的工作组信息文件的路径和名称，然后单击“确定”按钮；或单击“浏览”按钮，然后用“选择工作组信息文件”对话框来查找工作组信息文件。

下一次启动 Microsoft Access 时，Microsoft Access 就会对新加入的工作组使用存储在工作组信息文件中的用户与组账户以及密码。

② 选择“工具”菜单的“安全”级联菜单中的“用户与组账户”命令。

③ 选择“用户”选项卡。在“名称”框中，从列表中选择“管理员”，然后单击“清除密码”按钮，如图 11-63 所示。

图 11-63　“用户与组账户”窗口

此后，当第①步中加入工作组的任何成员启动 Microsoft Access 并打开数据库时，都将不再显示“登录”对话框。

11.7　本章小结

本章首先介绍了数据库的创建，然后详细讲解了表的设计、建立、维护，以及表与表之间的关联设置和利用表完成的基本操作，最后简要介绍了 Access 2003 用户级安全机制和具体操作。本章的重点是熟练掌握 Access 2003 数据库和表的创建及基本操作。

习题

1．数据表中的字段命名应符合哪些规则？

2．什么是主关键字？主关键字与外部关键字有什么关系？

3．试述“输入掩码”的用途及设计方法。

4．举例说明定义字段时如何选择数据类型。

5．“隐藏列”和“冻结列”有什么区别？如何显示被隐藏列？如何取消对列的冻结？

6．举例说明不使用向导如何创建值列表字段。

7．通过直接输入数据来创建表时，能否修改字段的定义？如何修改？

8．举例说明在“关系视图”中修改表与表之间关系的方法。

9．什么是参照完整性？如何实施参照完整性？

第 12 章　查询的基本操作

查询是一个从数据库中检索记录的描述，可以将查询看成是动态的数据集合，使用查询能够按不同的方式来查看、更改和分析数据，也可将其作为窗体、报表、数据访问页的数据。查询实际上是将那些分散的数据按一定的条件集中起来，形成一个数据记录集合。查询与表的最大区别在于，查询中的数据并不是真正存在的。查询实际上只是一组 SQL 语句指令，它只是对表中的数据进行处理并返回一个类似表的结果。这个结果记录集在数据库中并不存在，只有运行查询时，系统才会从查询源表中抽取数据创建它。

查询的主要功能有：

（1）选择表。可以从单个表或一些通过公用数据相联系的多个表中获取信息，并能够在使用多个表时将数据返回到原来对应的单个数据表中。

（2）选择字段。可以从每个表中指定在结果动态集中需要的字段。

（3）选择记录。通过指定的规则可以选择要在动态集中显示的记录。

（4）排序记录。可以重新排列数据，以更友好的方式显示。

（5）执行计算。可以使用查询来执行对数据的计算，执行对某个字段求平均值、求总和或简单的统计等计算。这些运算结果可以不直接存储在表中，以减少磁盘空间的占用。

（6）建立表。将经常处理的原始数据定义为查询，即建立一个基于动态集的新表，此举可大大简化处理工作，从而提高整个数据库的性能。

（7）建立基于查询的报表和窗体。报表或窗体中所需要的字段和数据可以是来自于从查询中建立的动态集。使用基于查询的报表或窗体时，每一次打印该报表或使用窗体时，查询将对表中的当前信息进行及时的检索。

（8）建立基于查询的图表。可以使用查询所得到的数据建立图表，然后用于窗体或报表中。

（9）使用查询作为子查询。可以建立辅助查询，它是基于先前查询中所选择的动态集，根据需要缩小检索的范围，从而查看更为直接具体的内容。

（10）修改表。Access 的查询可以从广泛的信息源中获取信息，返回位于多个表中的多个相关记录。

查询有很强大的批量处理功能，而利用可视化设计工具来设计查询既方便又快捷。

12.1　查询分类

Access 支持五种查询方式：选择查询、交叉表查询、操作查询、SQL 查询和参数查询。

12.1.1　选择查询

选择查询是最常见的一种查询，也就是按照一定规则从一个表或多个表的查询中获得数据，并可按照所需的排列次序显示。例如，从“产品列表”表中查找目前依然生产的产品，结果按“产品名称”升序排列，如图 12-1 和图 12-2 所示。

12.1.2　交叉表查询

交叉表查询可以根据数据表左下方列出的一组字段和数据表顶部列出的另一组字段进行分组，然后汇总数据字段的值，汇总结果显示在行与列交叉的单元格中。它还可以计算总计、平均值、最大值和最小值等。例如，“各种产品的季度订单”查询就是一个交叉表查询，如图 12-3 和图 12-4 所示。

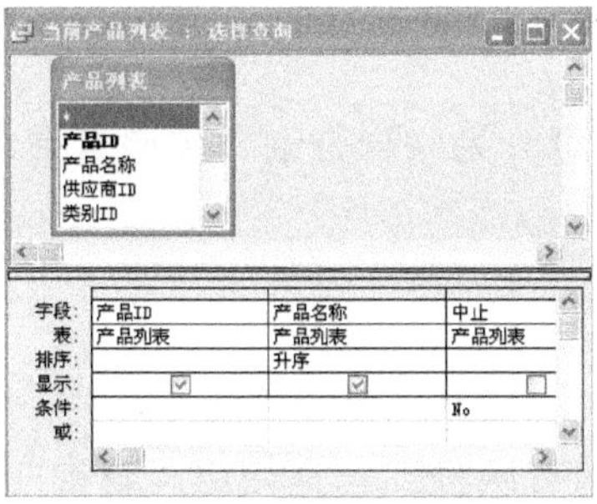

图 12-1　选择查询

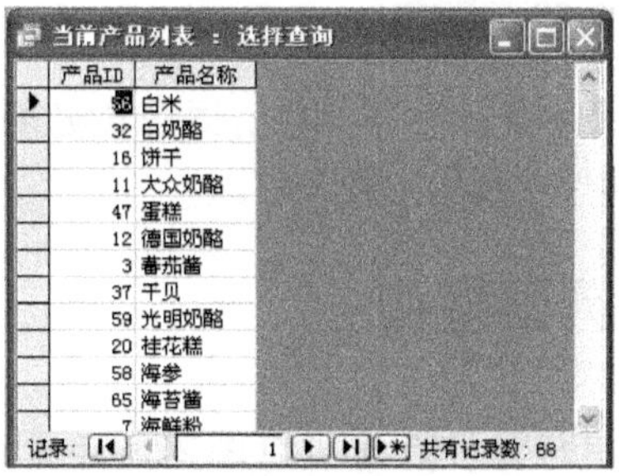

图 12-2　“选择查询”的结果

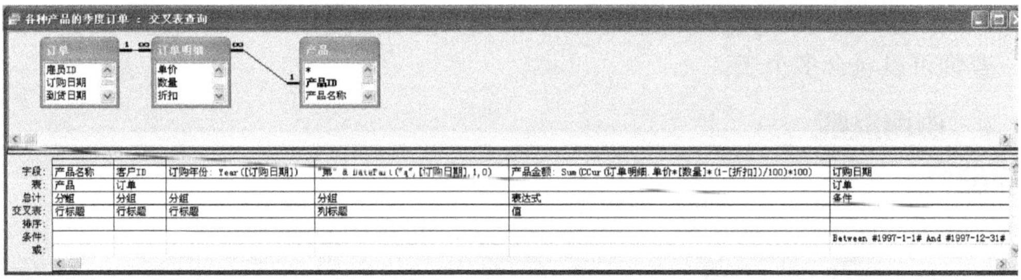

图 12-3　交叉表查询

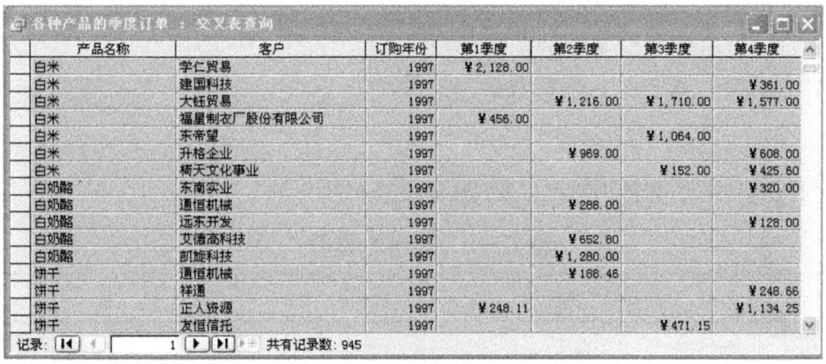

图 12-4　“交叉表查询”的结果

12.1.3　操作查询

操作查询就是在一个表或多个表中，对与准则匹配的记录进行某种操作。可分为四种操作查询：

（1）“生成表查询”。根据匹配的记录创建新表。

（2）“更新查询”。更改匹配的记录。

（3）“追加查询”。将新记录添加到表的末尾。

（4）“删除查询”。删除匹配的记录。

12.1.4　参数查询

参数查询并不是独立的查询，而是在其他查询中增加了可变化的参数，在运行查询时会出现提示框来获取查询条件信息，从而提高了查询的灵活性。例如，根据“订单”表建立查询，由用户输入要查询的订单号，然后从该表中检索符合要求的记录，如图 12-5 和图 12-6 所示。

图 12-5　参数查询的提示框

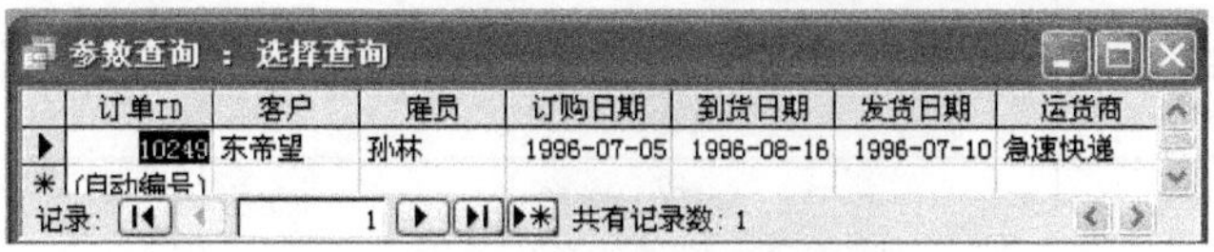

图 12-6　参数查询的结果

12.1.5 SQL 查询

SQL 查询就是直接利用 SQL 语言创建查询，它又可分为联合查询、传递查询、数据定义查询等，与第 11 章中所讲的内容一致。

12.2 创建选择查询

在 Access 中有多种方法可以用来创建查询。常用的有两种：一是使用“查询向导”，帮助用户创建简单的查询，检索需要的记录；二是使用设计视图窗口创建查询。

查询并不局限于一个表，只要数据库包含彼此相关的表字段，就可以一起作为查询的源数据，也就是说，查询可以包含多个表。

12.2.1 查询准则

1．通配符

如果需要查询一些不确切的条件，可以使用 Access 提供的通配符：

?	代表单一字符
*	代表 0 个或多个字符
#	代表单一数字（0～9）
[字符表]	代表属于该字符表的单一字符
[!字符表]	代表不属于该字符表的单一字符

2．运算符

在 Access 的查询准则中，常用的运算符如表 12-1 所示。

表 12-1 常用运算符

运 算 符	举 例	说 明
>	>100	大于 100 的数值
<	<100	小于 100 的数值
>=	>=100	大于等于 100 的数值
<=	<=100	小于等于 100 的数值
<>	<>100	不等于 100 的数值
=	=100	等于 100 的数值
Is	Is null	空的字段值
	Is not null	不为空的字段值
In	In（"01","02","03"）	等于 01、02、03 的文本
Between…and	Between #2007-8-8# and #2007-12-8#	2007-8-8 至 2007-12-8 的日期
Like	Like "A*" or Like "*A"	以 A 开头或以 A 结尾的文本
	Like "A?A"	以 A 开头和结尾的 3 个字符的文本
	Like "*[ABC] "	以 A、B、C 任一字母结尾的文本
	Like "*[!0-9][a-d] "	以 a、b、c、d 任一字母结尾的非数字字符文本
	Like "A[D-F]### "	以 A 开头，第二个字符为 D、E、F 的 5 个字符的文本
and	<100 and >10	大于 10 且小于 100 的数值
or	>100 or <10	大于 100 或小于 10 的数值
not	Not In（1,2,3）	不等于 1、2、3 的文本

3. 常用函数

（1）日期函数。

DAY(Now)	返回当前的日期
MONTH(Now)	返回当前的月份
YEAR(Now)	返回当前的年份
HOUR(Now)	返回当前的小时

（2）SQL 合计函数。

COUNT(*)	统计表中元组个数
COUNT(属性名)	统计一列中列值的个数
SUM	计算一列值的总和（此列必须是数值型）
AVG	计算一列值的平均值（此列必须是数值型）
MAX	求一列值中的最大值
MIN	求一列值中的最小值
FIRST	返回表的第一条记录的字段值
LAST	返回表的最后一条记录的字段值
STDEV	返回标准方差值
VARP	返回总体方差值

12.2.2　使用向导创建查询

在使用“查询向导”创建查询时，可以指定要创建的查询种类及要检索的表或现有查询中的记录类型。“查询向导”会通过一系列的问题指导每一步操作，然后系统自动创建查询。

具体操作步骤如下：

（1）在“数据库”窗口中，单击“对象”面板上的“查询”，然后双击“使用向导创建查询”。

（2）打开“简单查询向导”对话框，如图 12-7 所示。在“表/查询”组合框中选择一个表或查询作为查询的对象。如果选择一个查询，表示对一个查询的结果进行进一步查询。同时，选定要在查询中包含的字段。然后，单击“下一步”按钮。

（3）确定查询类型，如图 12-8 所示。如果选定的字段中有数值型或日期型字段，则要指出是希望查看详细信息还是汇总信息，才出现此步对话框。“明细”是指在查询中显示每条记录的每个被选字段，不进行其他处理；“汇总”是指在查询中对记录中的某些字段进行求和、求均值等处理，并把处理的结果显示出来。具体设置可以单击“汇总选项”按钮，打开“汇总选项”对话框，如图 12-9 所示。然后，单击“下一步”按钮。

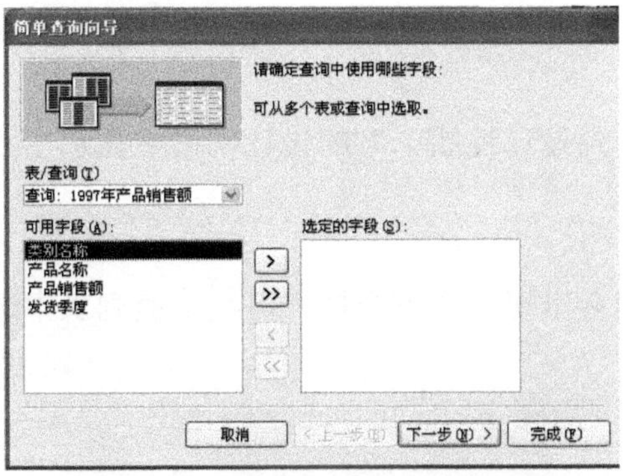

图 12-7　“简单查询向导”对话框

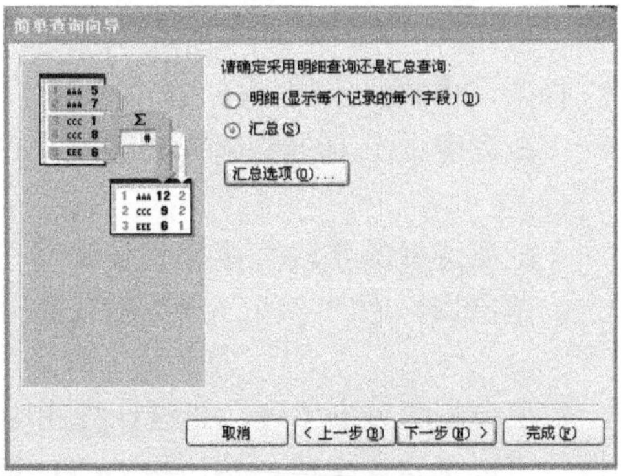

图 12-8　“确定查询类型”对话框

（4）输入查询的名称，并选择是希望在“设计”视图中查看查询结果，还是修改查询设计，如图 12-10 所示。选择“打开查询查看信息”，则如图 12-11 所示显示查询结果。

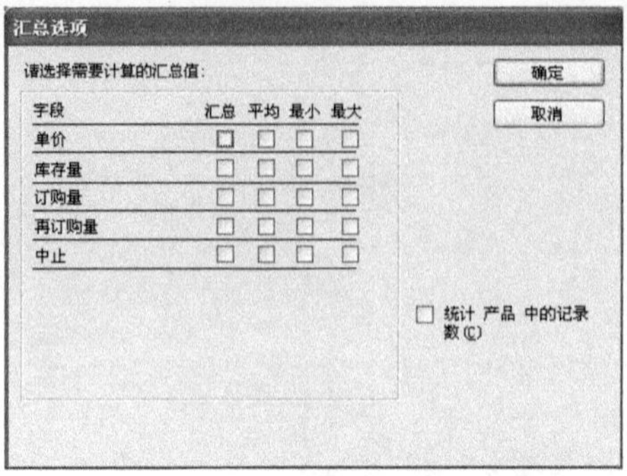

图 12-9 “汇总选项”对话框

图 12-10 “简单查询向导”最后一步

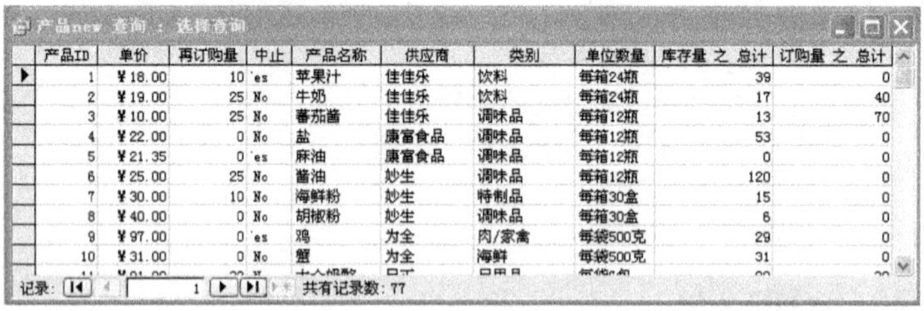

图 12-11 简单查询结果

12.2.3 使用设计视图创建查询

1．创建基于单表的简单查询

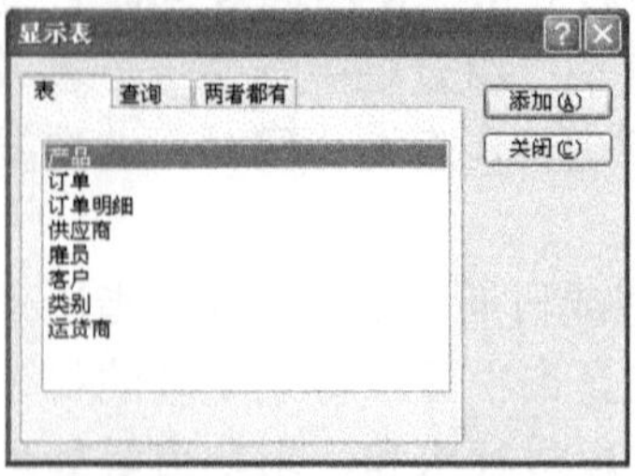

图 12-12 “显示表”对话框

例如，在罗斯文示例数据库中，基于“产品”表，查询当前仍然生产的产品，如图 12-12 所示。查询设计视图窗口分为上下两部分：上半部分是选定表的纵向排列的字段列表；下半部分是设计网格，设计网格中的每个字段都是横向显示的。

具体操作步骤如下：

（1）在“数据库”窗口中，选择“对象”面板上的“查询”，双击“在设计视图中创建查询”或者单击工具栏上“新建”按钮后再选择“设计视图”。

（2）系统自动打开“显示表”对话框，如图 12-12 所示。添加查询设计使用的表或查询，然后单击“关闭”按钮。

（3）选择查询中要显示的字段。

方法一：在列表框上双击要选择的字段，可以看到设计视图下方的设计网格中显示出刚才选择的字段名。

方法二：把要选择的字段直接拖到设计网格中。

方法三：单击表格中“字段”一行的任意一格，会出现一个组合框，可从下拉列表中选择需要的字段。

注意：隐藏或删除查询字段，在设计视图中，若要隐藏字段，可单击取消选中“显示”复选框；要删除字段，可以选定该字段，然后按 Delete 键。

（4）设置查询结果排序方式，将“产品名称”字段的排序项设为升序。

（5）设置查询条件，在“中止”字段的条件项中输入查询条件。

（6）查看查询结果。此时，可以单击工具栏上“视图”下拉按钮中的“数据表视图”命令或者单击工具栏上的“运行”按钮。

（7）单击“保存”按钮，输入查询的名称，然后单击“确定”按钮。

2．创建基于多表的查询

例如，基于客户表和订单表的查询，显示已有订单的客户。

多表查询的具体操作与单表相似，只是在“显示表”对话框中添加多个表或查询。另外，这多个表之间应存在联系，如图 12-13 所示。如果多表之间事先没有联系，则可在查询设计视图中直接拖曳关键字段以建立联系。

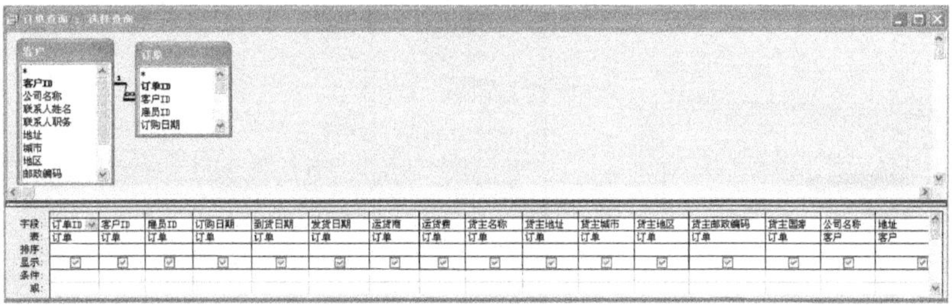

图 12-13　多表查询

3．查询设计视图的设计网格中的选项

（1）字段：可以在此输入或加入字段名。

（2）表：字段所在的表或查询的名称。

（3）排序：可以选择查询所采用的排序方向。

（4）显示：利用复选框确定字段是否在数据表中显示。

（5）条件：可以输入准则来限定记录的选择。

（6）或：用于增加多个条件的选择。

4．修改查询

在“数据库”窗口中，选择要修改的查询，然后单击“设计”按钮，便可在查询设计视图中打开该查询，可以方便地进行修改。

12.2.4　查询中的计算

1．查询的计算功能

在查询字段中显示的计算结果不存储在基准的窗体中。Access 在每次执行查询时都将重新进行计算，以使计算结果永远都以数据库中的最新数据为准。

在 Access 的查询中可以执行许多类型的计算。例如，计算一个字段值的总和或平均值等。在 Access 的查询中，设置执行下列计算以生成新的数据结果：

（1）预定义计算。预定义计算即所谓的“总计”计算，是系统提供的用于对查询中的记录组或全部记录进行的计算，通过设计网格“总计”项目的选项来实现。它包括下列计算方法：总和、平均值、数量、最小值、最大值、标准偏差或方差。

（2）自定义计算。自定义计算可以用一个或多个字段的数据进行数值、日期和文本计算。例如，使用自定义计算，可以将某一字段值乘以某一数量；可以找出存储在不同字段的两个日期间的差别，可以组合文本字段中的几个值，或者创建子查询。

另外，在 Access 查询中计算还可以应用到不显示计算结果而是起到其他作用的地方。例如，在“条件”项目中设置表达式来先计算后判断，或者在“更新到”项目中输入表达式。

2．总计和分组总计查询

在 Access 查询设计视图的设计网格中包含了“总计”项目，可针对选择查询、交叉表查询、生成表查询和追加查询进行计算。单击工具栏上的“总计” Σ 按钮来显示或隐藏查询设计网格中的“总计”项目。在设计网格中激活“总计”项目的下拉列表框，如图 12-14 所示。该下拉列表框共有 12 个选项，其中 9 个是合计函数，另外还有：分组（Group By），其作用是把普通记录进行分组以便执行合计计算；表达式，其作用是把几个汇总运算进行分组并执行该组的汇总；限制条件，其作用是对某个字段执行总计时对该记录进行限制。

如图 12-15 所示，在示例数据库的“1997 年产品销售额”查询中，就设置了不同“总计”选项。

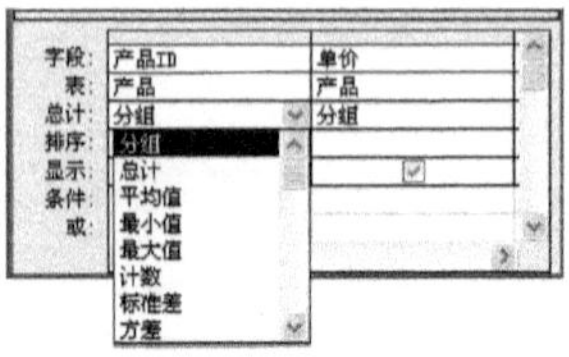

图 12-14 “总计”项目

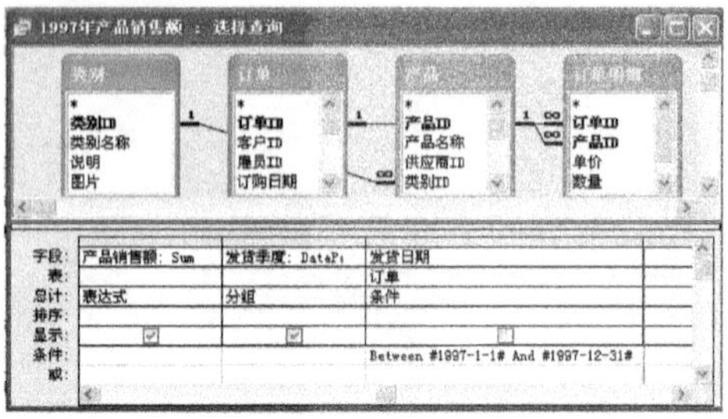

图 12-15 总计和分组总计查询

3. 创建自定义查询

在罗斯文示例数据库中有“订单明细”表，如图 12-16 所示，从表中可以看到订单明细中的每一条记录，但是如果现在需要查看每份订单的总金额，则无法从该表中直接看到，必须先经过计算才行。

现在创建一个自定义查询，以便实现查看每份订单总金额的目标。具体操作步骤如下：

（1）在罗斯文示例数据库窗口中，选择对象“查询”，单击“新建”按钮。

（2）在“显示表”对话框中，选择“订单明细”表，单击“添加”按钮。

（3）单击工具栏中的“总计” Σ 按钮，在设计网格中出现“总计”项目。

（4）在查询设计视图中设置，如图 12-17 所示，拖曳“订单 ID”字段到设计网格，其“总计”项目设为“分组”；再输入“小计：Sum(CCur([单价]*[数量]*(1−[折扣])/100)*100)”，其“总计”项目为“表达式”。

（5）运行此查询，单击工具栏中的“运行” ! 按钮，结果如图 12-18 所示。

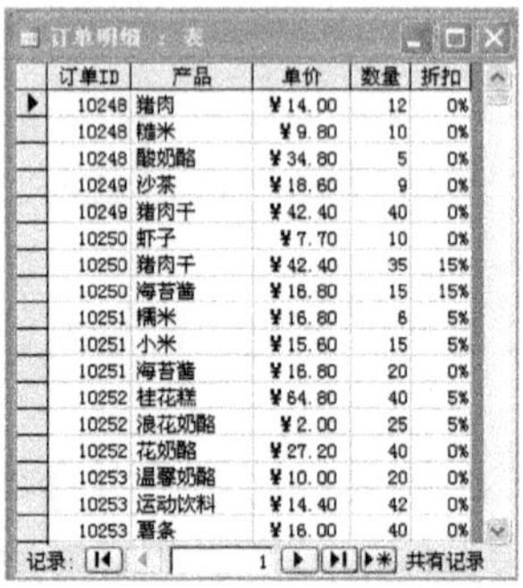

订单明细 : 表

订单ID	产品	单价	数量	折扣
10248	猪肉	¥14.00	12	0%
10248	糙米	¥9.80	10	0%
10248	酸奶酪	¥34.80	5	0%
10249	沙茶	¥18.60	9	0%
10249	猪肉干	¥42.40	40	0%
10250	虾子	¥7.70	10	0%
10250	猪肉干	¥42.40	35	15%
10250	海苔酱	¥16.80	15	15%
10251	糯米	¥16.80	6	5%
10251	小米	¥15.60	15	5%
10251	海苔酱	¥16.80	20	0%
10252	桂花糕	¥64.80	40	5%
10252	浪花奶酪	¥2.00	25	5%
10252	花奶酪	¥27.20	40	0%
10253	温馨奶酪	¥10.00	20	0%
10253	运动饮料	¥14.40	42	0%
10253	薯条	¥16.00	40	0%

记录：1 共有记录

图 12-16 订单明细表记录

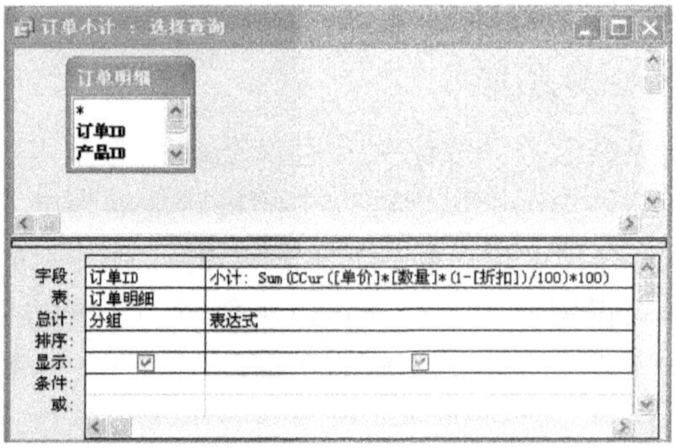

图 12-17 订单小计查询设计视图

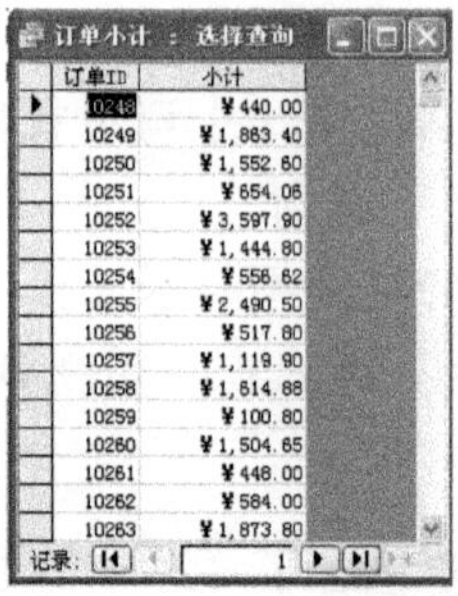

订单小计 : 选择查询

订单ID	小计
10248	¥440.00
10249	¥1,863.40
10250	¥1,552.60
10251	¥654.06
10252	¥3,597.90
10253	¥1,444.80
10254	¥556.62
10255	¥2,490.50
10256	¥517.80
10257	¥1,119.90
10258	¥1,614.88
10259	¥100.80
10260	¥1,504.65
10261	¥448.00
10262	¥584.00
10263	¥1,873.80

记录：1

图 12-18 订单小计查询结果

12.3　创建交叉表查询

交叉表查询是以行和列的字段作为标题和条件选取数据，并在行和列的交叉点对数据进行汇总、统计等计算。使用交叉表查询是以另一种形式来重新组织数据结构，并且还可以进行计算，从而能更方便地分析数据。

可以使用“交叉表查询向导”，依次选择相应的表，指定相应的行标题、列标题及设置交叉点的计算字段的合计方法，轻松地创建交叉表查询。

若使用查询设计视图创建交叉表查询，例如罗斯文示例数据库中的“各种产品季度订单”查询，其具体操作步骤如下：

（1）在查询设计视图窗口中选择需要更新的“产品”表、“订单”表和“订单明细”表。必须保证三个表之间有相应的联系，如图 12-3 所示。

（2）指定作为行标题的字段，从“产品”表的列表中拖曳“产品名称”字段到设计网格；从“订单”表的列表中拖曳“客户 ID”字段到设计网格；由于需要“订购年份”字段，但没有直接的对应字段，所以利用表达式“订购年份: Year([订购日期])”来设置。

（3）指定作为列标题的字段，需要“季度”作为列标题，但表中没有直接的对应字段，因此利用表达式“"第" & DatePart("q",[订购日期],1,0) & "季度"”来设置。

（4）设置交叉点统计，要统计每个季度每项产品的订购总金额，利用表达式“产品金额: Sum(CCur(订单明细.单价*[数量]*(1-[折扣])/100)*100)”来设置。

（5）设置查询条件，示例中输入的表达式是“Between #1997-1-1# And #1997-12-31#”，表明只统计 1997 年中 4 个季度的订货情况。

（6）运行此查询，单击工具栏中的“运行”按钮，结果如图 12-4 所示。

12.4　参数查询

参数查询是在运行时显示对话框来提示用户输入信息，再据此进行查询。一般可将参数查询作为窗体、报表和数据访问页的基础。

例如，在罗斯文示例数据库中创建“订单”查询，用来查询指定订单号的订单详细内容，具体操作步骤如下：

（1）在查询设计视图窗口中选择需要的“订单”表。

（2）如图 12-17 所示，在查询设计视图窗口中，拖曳全部字段，即把“*”拖曳到设计网格中。

（3）设置参数，单独拖曳“订单 ID”字段到设计网格，把其“显示”项目设为不选中状态，以免在新表中重复出现该字段；对于“条件”项目则输入“[请输入订单 ID]”。

注意：尽管提示文本中可以包含字段名，但是必须不能与某个字段名完全相同。

（4）运行该查询，单击工具栏上的“运行”按钮，则弹出提示框，如图 12-19 所示，输入订单号后，单击“确定”按钮，显示查询结果，如图 12-18 所示。

图 12-19　参数查询设置

12.5 创建操作查询

12.5.1 生成表查询

生成表查询可以产生新表，新表中包含来自一个或多个表中的全部或部分数据副本。生成表查询有助于创建表以导出到其他数据库中作为备份。

例如，要将罗斯文示例数据库中所有东北地区的客户信息传给新成立的东北办事处，具体操作步骤如下：

（1）在查询设计视图窗口中选择需要更新的“客户”表。

（2）在查询设计视图窗口中的快捷菜单的“查询类型”级联菜单中，选择“生成表查询”命令，打开“生成表”对话框，如图 12-20 所示。

（3）.输入新表名称。选择新表所位于的数据库，若在当前数据库中生成新表，则选择“当前数据库”；若要位于其他数据库，则选择“另一个数据库”。

注意：若新表与当前已有表重名，则查询运行后生成的新表将覆盖原来的同名表，同名表的结构和数据都将丢失。然后，单击“确定”按钮。

（4）如图 12-21 所示，在查询设计视图窗口中，拖曳全部字段，即把“*”拖曳到设计网格中。

图 12-20 “生成表”对话框

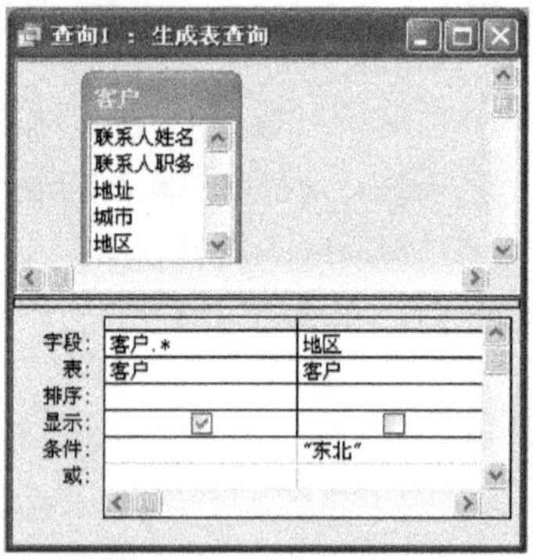

图 12-21 生成表查询

（5）设置条件，单独拖曳“地区”字段到设计网格，把其“显示”项目设为不选中状态，以免在新表中重复出现该字段；对于“条件”项目则输入“东北”。

（6）运行该查询，单击工具栏上的“运行” 按钮，则弹出生成新表提示框，单击“是”按钮，即可生成一个新表。

12.5.2 更新查询

更新查询可以对表中一组记录的一个或多个字段进行成批更改。例如，在罗斯文示例数据库中，把单价低于 30 元的产品单价都提高 20%。具体操作步骤如下：

（1）在查询设计视图窗口中选择需要更新的“产品”表。

（2）从“查询”菜单中选择“更新查询”命令，即在查询设计视图中添加“产品”表，如图 12-22 所示。

（3）将需要更新的“单价”字段拖曳到设计网格中。在“更新到”项目中填入“[单价] *1.2”；在“条件”项目中填入“<30”，如图 12-23 所示。

（4）从快捷菜单中选择“数据表视图”命令，可以查看查询没有执行前将要被更新的那些记录的值。

（5）返回查询设计视图后，单击工具栏上的“运行” 按钮，弹出更新提示消息框，如图 12-24

所示。此时，单击“是”按钮，即可更新表中的数据。

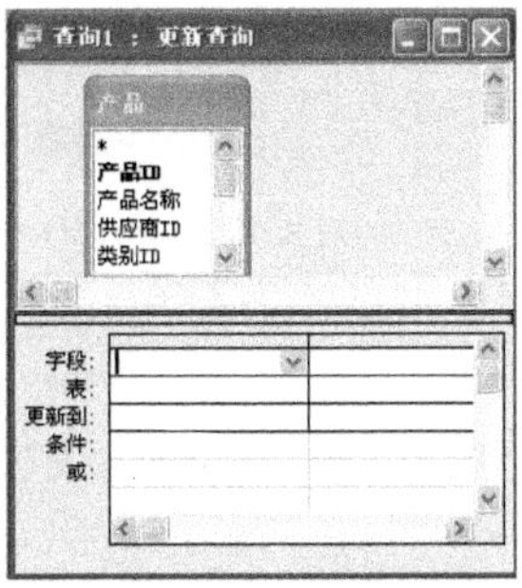

图 12-22　更新查询设计

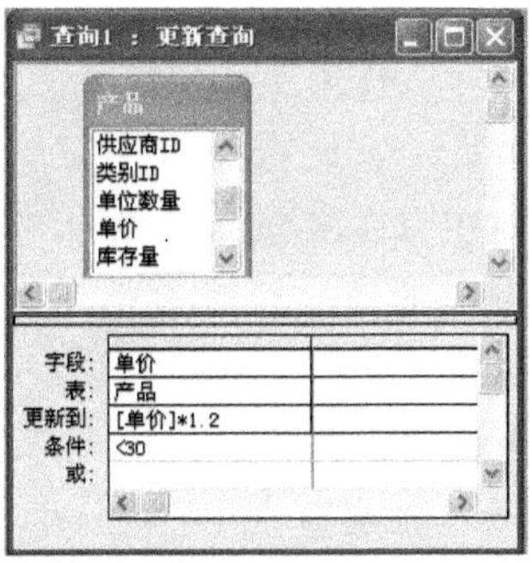

图 12-23　填入更新的值和条件

图 12-24　更新提示消息框

12.5.3　追加查询

因为生成表查询每次运行时都会覆盖掉已有的同名表，所以若要分多次备份不同的数据到同一个表中，用生成表查询是无法实现的。追加查询则能满足这种需求，插入的数据可以源自一个或多个表，并且不覆盖原有数据仅仅是追加到表中原有记录后面。例如，在罗斯文示例数据库中，追加已停产的产品到“中止产品”表中作为备份，具体操作步骤如下：

（1）由于追加查询不能生成新表，只能向已存在的表中插入数据，所以先创建一个空表。打开罗斯文示例数据库，选中“产品”表，从快捷菜单中选择“另存为”命令，打开“另存为”对话框，如图 12-25 所示，复制一个名为“中止产品”的空表。再打开“中止产品”表，确认表中不包含任何记录。

（2）打开查询设计视图，添加“产品”表，从快捷菜单的“查询类型”级联菜单中选择“追加查询”命令。打开“追加”对话框，在“表名称”中输入“中止产品”，如图 12-26 所示，单击“确定”按钮。

（3）选中字段列表中的所有字段，不包括“*”，拖曳到设计网格中。因为“产品”表与“中止产品”表的结构完全相同，系统自动在设计网格的“追加到”项目中填入对应的字段名。若两个表格的字段名不同，则需要在该项目中手动选择目标表中的对应字段。

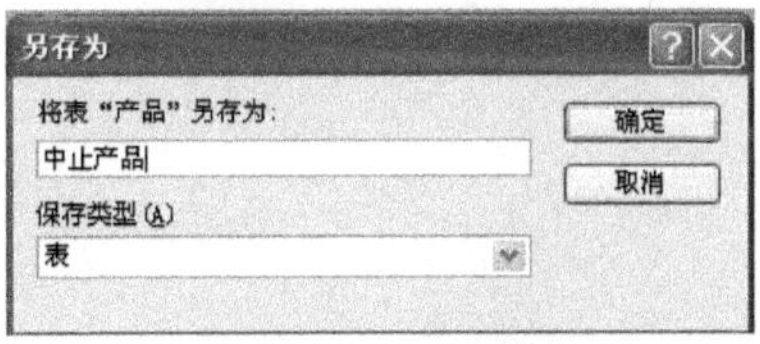

图 12-25　复制表

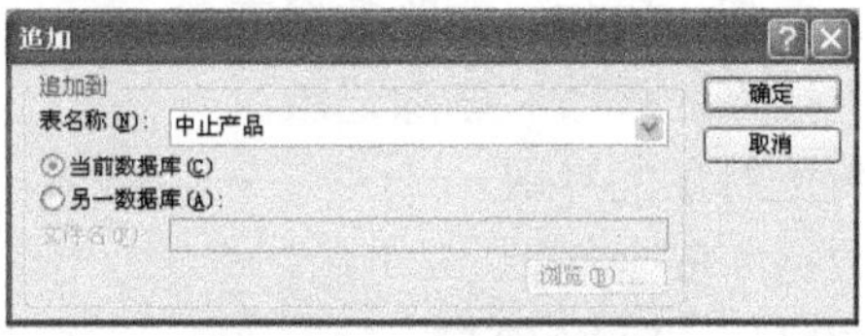

图 12-26　“追加”对话框

（4）因为“单价”、“订购量”、“再订购量”三个字段信息只在特定时间有效，所以直接把 0 值追加到目标表的三个字段中，在“字段”项目中输入，如图 12-27 所示。

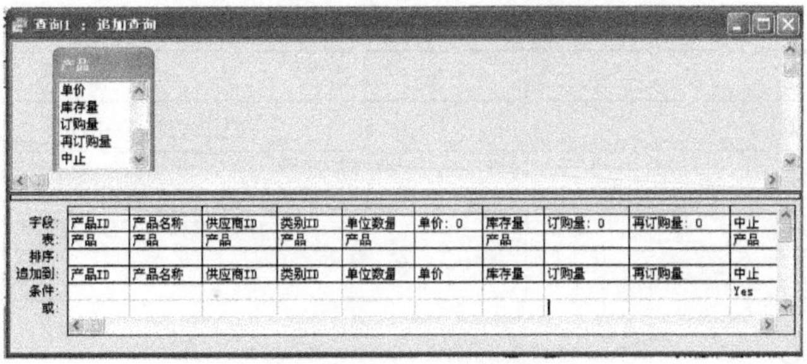

图 12-27　追加查询

（5）设置追加条件，“中止”字段的“条件”项目设为“Yes”。

（6）运行此查询，单击工具栏中的“运行” 按钮。

（7）打开“中止产品”表，查看追加查询运行结果。

12.5.4 删除查询

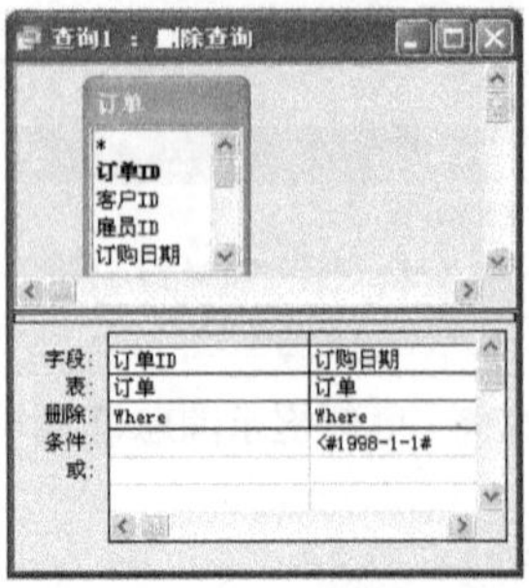

图 12-28 删除查询

删除查询可以从一个或多个表中删除一组满足条件的记录。例如，在罗斯文示例数据库的“订单”表中，删除 1998 年以前的所有订单记录，具体操作步骤如下：

（1）打开查询设计视图，添加“订单”表，从快捷菜单的“查询类型”级联菜单中选择“删除查询”命令。

（2）将“订货日期”字段拖曳到设计网格中，在其“条件”项目中输入“<#1998-1-1#”，如图 12-28 所示。

注意：时间常量要用“#”括起来。

（3）运行此查询，单击工具栏中的“运行” 按钮。

12.6 SQL 查询

SQL（Structured Query Language）结构化查询语言是一种介于关系代数与关系演算之间，并且使用范围限定的形式化语言。它专门用于与关系数据库管理系统进行数据交互，并且能够完成数据查询、数据操纵、数据定义和数据控制四个方面的功能，是一种通用的、功能性极强的关系数据库语言。

12.6.1 SQL 的特点

1．功能一体化

SQL 语言集数据定义语言（DDL）、数据操纵语言（DML）、数据控制语言（DCL）和数据查询的功能于一身，可以独立完成数据库生命周期中的全部活动，包括：

（1）数据查询。

（2）建立、更新、维护、删除数据库。

（3）在表中插入、修改和删除记录。

（4）控制数据对象的存取。

（5）控制数据库安全性。

2．语言简洁，易学易用

SQL 语言功能极强，设计巧妙，语言结构十分简洁，完成数据定义、数据查询、数据操纵、数据控制功能只用了 9 个动词，如表 12-2 所示。SQL 语言容易学习，容易使用。

表 12-2 SQL 语言动词

SQL 功能	操 作 符
数据定义	CREATE，DROP、ALTER
数据查询	SELECT
数据操纵	INSERT，UPDATE，DELETE
数据控制	GRANT，REVOKE

3．高度非过程化

非关系数据模型的数据操纵语言是面向过程的语言，用其完成某项请求，必须指定存取路径。

而 SQL 语言是一种非过程语言，进行数据操作时，只要提出“做什么”，而无须指明“怎么做”。数据的存取路径的选择以及 SQL 语句的操作过程对用户都是透明的，由系统自动完成，从而大大减轻了用户负担，同时也提高了数据独立性。

4．面向集合的操作方式

SQL 语言是关系数据库语言，是面向集合的操作方式，不仅操作对象，查找结果也可以是元组的集合，而且一次插入、删除、更新操作的对象也可以是元组的集合。SQL 的集合特征允许一条 SQL 语句的结果作为另一条 SQL 语句的输入，所有返回的结果也都是集合。

5．以同一种语法结构提供两种使用方式

SQL 语言既是自含式语言，又是嵌入式语言。作为自含式语言，它能够独立地用于联机交互的使用方式，用户可以在终端上直接输入 SQL 命令对数据库进行操作；作为嵌入式语言，SQL 语句能够嵌入到高级语言（例如 C，C++等宿主语言）程序中，供专业程序员设计程序时使用。而在两种不同的使用方式下，SQL 语言的语法结构基本上是一致的。这种以统一的语法结构提供两种不同的使用方式的做法，提供了极大的灵活性与方便性。

12.6.2　SQL 语句

1．CREATE 语句

CREATE 命令可实现基本表、视图和索引的建立。

（1）定义基本表。

一般格式为：

```
CREATE TABLE <表名> (<列名 1><数据类型> [列级完整性约束条件]
[,<列名 2><数据类型> [列级完整性约束条件]…]
[,<表级完整性约束条件>])
```

其中：

<表名>：定义基本表的名字，最好能够表达表的应用语义，如学生关系表 Student。

<列名>：基本表中包括的属性列的名字，表中可以定义多个属性列。

<数据类型>：指明列的数据类型，限制了属性的取值范围。不同系统支持的数据类型稍有区别。常用的数据类型有：

VARCHAR(n)	最大长度为 n 的不定长字符串。
CHAR(n)	长度为 n 的定长字符串长。
INT	长整数。
SMALLINT	短整数。
NUMBERIC(n,d)	长度为 n（不包括小数点和正负号），小数位为 d 的定点数。
FLOAT(n)	精度为 n 的浮点数。
DATE	日期型，格式为 YYYY-MM-DD。
TIME	时间型，格式为 HH:MM:SS。

注意：Access 中支持 SQL 语句的数据类型名称与 Access 本身并不完全一样。

完整性约束条件：在定义表的同时可以定义与表有关的完整性约束。如果完整性约束只涉及某一列，则这些约束条件可以在定义列的同时定义，称为列级完整性约束条件。如果完整性约束涉及表中多列，则这些约束条件可以在表定义的最后定义，称为表级完整性约束条件。完整性约束条件包括以下内容。

① NULL | NOT NULL：表示字段中是否允许为空值。如果省略该项，且包含 PRIMARY KEY 或 UNIQUE 子句，则系统默认为 NOT NULL。该属性只能在[列级完整性约束条件]处定义。一般情况下不允许主关键字为空。

② CHECK：限制列的取值范围。

③ DEFAULT：指定字段的默认值，默认值的数据类型应与该字段的类型相同。该属性只能在[列级完整性约束条件]处定义。

④ FOREIGN KEY：定义本列为其他表的外关键字。格式为：[FOREIGN KEY <外关键字所在列名> Tag <外关键字名> REFERENCES <外表名>]。

⑤ PRIMARY KEY：指定该列为表的主关键字。如果表的主关键字由多个列组成，则它只能在[表级完整性约束条件]处定义。

⑥ UNIOQUE：限制列取值不能重复。

例 1

```
CREATE TABLE Student(
Sno   CHAR(5) PRIMARY KEY,
Sname CHAR(10) NOT NULL,
Ssex CHAR(2),
Sage CHAR(2))
```

（2）建立索引。

一般格式：

```
CREATE [UNIQUE][CLUSTERE] INDEX <索引名> ON <表名>(<列名>[排序][,<列名> [排序]])
```

索引可以建立在基本表的一列或几列上，并用排序指定索引值的排列次序，可选 ASC（升序）或 DESC（降序），默认值为 ASC。

UNIQUE 表示要建立的索引是唯一索引。UNIQUE 表明此索引的每一个索引值只对应唯一的数据记录，保证了索引列的取值不重复。

CLUSTERE 表示要建立的索引是聚簇索引。所谓聚簇索引是指索引项的顺序与表中记录的物理顺序一致的索引组织。

（3）定义视图。

一般格式：

```
CREATE VIEW <视图名> ([列名 1，列名 2，…，列名 n])
AS 子查询;
```

视图由子查询的查询结果来定义，其中：子查询可以是任意复杂的 SELECT 语句，但子查询通常不包含 ORDER BY 和 DISTINCT 语句。

2. ALTER 语句

修改基本表是指对已经建立的基本表进行添加列、删除列、修改列或更新完整性约束条件等操作。修改基本表使用 ALTER TABLE 语句。

例 2 向 Student 表中增加所属专业两列。

```
ALTER TABLE Student
  ADD Sdept   CHAR(20)
```

新增加的属性处于表的最后一列。如果被修改的基本表本身已经有了数据，各个记录中新增加的属性全部是空值，可用更新语句修改。新增加的属性列约束条件不能用［NOT NULL］，因为可能表中已有元组，则在加入新属性时必须先赋空值再设值。

3. DROP 语句

删除基本表：把一个基本表的结构、表中的数据、索引及由此表导出的视图全部删除，并释放所占的存储空间。

删除基本表的格式：DROP TABLE <表名>

删除索引的格式：DROP INDEX <索引名>

删除视图的格式：DROP VIEW <视图名>

4. SELECT 语句

一般基本格式：

```
SELECT ［DISTINCT］目标列                          /* SELECT 子句
    FROM  基本表(或视图)                            /* FROM 子句
［WHERE  条件表达式］                                /* WHERE 子句
［GROUP  BY 列名 1 ［HAVING 内部函数表达式］］      /* GROUP BY 子句
［ORDER BY 列名 2［ASC/DESC］］；                   /* ORDER BY 子句
```

SELECT 语句的含义是：根据 WHERE 子句的条件表达式，从 FROM 子句的基本或视图中检索出满足条件的元组，按 SELECT 子句的目标列，选出元组中的分量形成新的表。新表中记录可以按 ORDER BY 子句中指定的列名 2 进行升序或降序排序，还可以按 GROUP BY 子句指定的列名 1 的值对元组进行分组。

DISTINCT——去除重复记录。

例 3　简单查询：查询所有年龄在 18～20 岁之间的学生信息。

```
SELECT  Sno, Sname, Sage, Ssex, Sdept
FROM Student
WHERE Sage NOT BETWEEN 18 AND 20
```

相当于：

```
SELECT  *
FROM Student
WHERE Sage NOT BETWEEN 18 AND 20
```

例 4　分组统计查询：选课在 4 门以上并且成绩及格的学生，统计平均成绩，按总成绩降序排列。

```
SELECT Sno,AVG(Grade) Average
FROM SC
WHERE Grade>=60 GROUP BY Sno HAVING COUNT(*)>=4
ORDER BY Average DESC
```

例 5　联合查询：查询每个学生及其选修课程的情况。

```
SELECT Student.*, SC.*
FROM Student,SC
WHERE Student.Sno=SC.Sno
```

例 6　嵌套查询：查询选修了计算机网络技术课的学生姓名。

```
SELECT Sname FROM Student
WHERE Sno IN  (SELECT Sno  FROM SC
WHERE Cno IN
(SELECT Cno FROM Course WHERE Cname='计算机网络技术'))
```

5. INSERT 语句

（1）插入单个元组。

一般格式：

```
INSERT INTO <表名>[(<列名 1>[,<列名 2>]…)] VALUES (<值 1>[,<值 2>]…)
```

注意：列名必须是表定义中的列名，列名顺序不一定与表结构一致，但列名与插入值的顺序要一一对应，且数据类型一致。

（2）插入多个元组。

基本格式：

```
INSERT INTO <表名>[(<列名 1>[,<列名 2>]…)]
子查询;
```

6. UPDATE 语句

表中已有数据需要修改，使用该命令可以更新表中某一行元组的某一列，也可以更新所有元组的所有列。

一般格式：

```
UPDATE <表名> SET <列名 1> = <表达式 1>[,<列名 2> = <表达式 2>]…
[WHERE <更新条件>]
```

SET 指定更新的列及这些列的新值，其中：表达式可为具体值、计算结果或子查询。WHERE 限定更新条件，省略 WHERE 则修改所有元组。注意保证列与表达式的数据一致性。

7. DELETE 语句

一般格式：

```
DELETE FROM <表名> [WHERE <删除条件>]
```

删除数据是指从指定表中去掉满足删除条件的元组，省略 WHERE 则删除表中的全部元组，但只删表的数据，不删表的结构。

8. GRANT 语句

授权语句使用 GRANT 命令将指定表的某些权利授予用户。

一般格式：

```
GRANT <权限列表> ON <基本表> TO <用户列表> [WITH GRANT OPTION]
```

其中，WITH GRANT OPTION 表示被授权限的用户有权将他获得的权限再授予别的用户。被授权的用户可以是 PUBLIC 类型，表示全体用户，也可以是具体的用户。

注意：为了防止用户权限随意使用，GRANT 语句规定 WITH GRANT OPTION 选项不能与 PUBLIC 同时使用。

9. REVOKE 语句

可以使用 REVOKE 命令将授予的权利回收。

一般格式：

```
REVOKE <权限列表> ON <基本表> FROM <用户列表>
```

12.6.3 在 Access 中创建 SQL 查询

1. 创建联合查询

联合查询就是将多个查询结果合并起来，形成一个完整的查询结果。使用 UNION 关键字可以将两个 SELECT 语句的结果合并。例如，罗斯文示例数据库中的“各城市的客户和供应商”查询。打开查询设计视图后，从“查询”菜单的“SQL 特定查询”级联菜单中选择“联合”命令，系统自动打开“联合查询”文本窗口，输入 SELECT 语句，如图 12-29 所示。运行该查询，查询结果如图 12-30 所示。

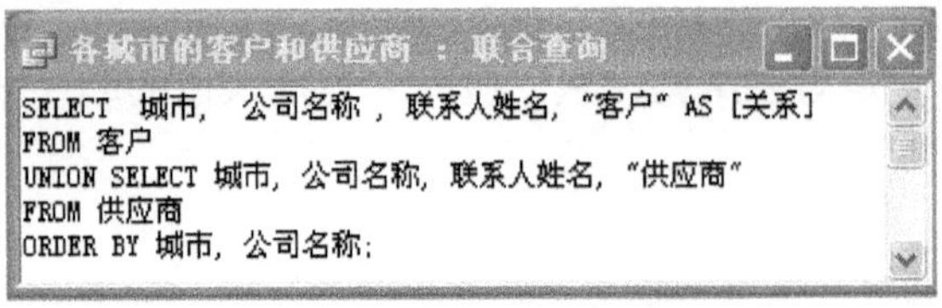

图 12-29 SQL 联合查询

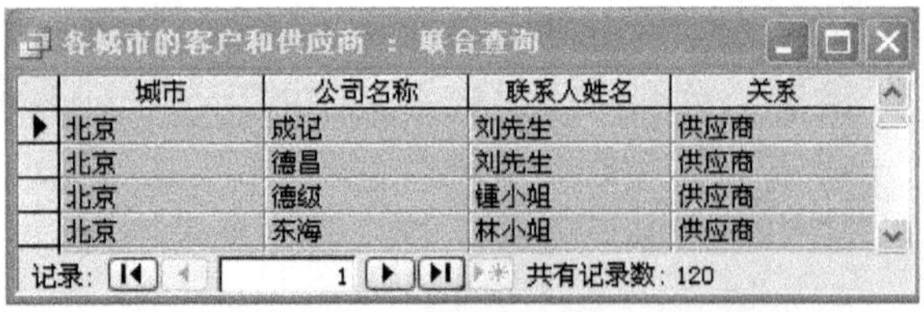

图 12-30 查询结果

2. 创建传递查询

传递查询可以直接将命令发送到 ODBC 数据库服务器上，例如 SQL Server 等大型的数据库管理系统。ODBC 就是开放式数据库连接，它是一个数据库的工业标准，就像 SQL 语言一样，任何数据库管理系统都能运行 ODBC 连接。创建传递查询的方法是：在查询设计视图中，从“查询”菜单的“SQL 特定查询”级联菜单中选择“传递”命令，系统自动打开“传递查询”文本框。此时从“视图”菜单中选择“属性”命令，打开“查询属性”对话框，如图 12-31 所示。在“ODBC 连接字符串”中输入指定数据源的位置。还可以根据实际需要进行其他设置，最后保存查询文件。

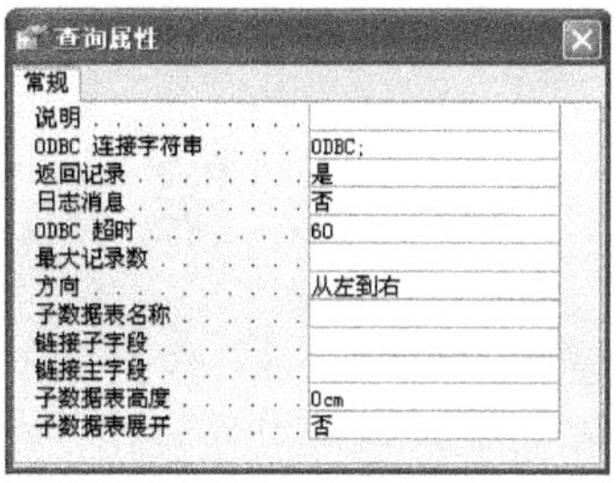

图 12-31　传递查询

3. 创建数据定义查询

数据定义查询可以创建、更改、删除表、视图和索引，其语法格式与 12.6.2 节中介绍的一样。

12.7　本章小结

数据库的重要应用之一就是查询，本章详细讲解了 Access 2003 数据库中常用查询的设计和使用，包括选择查询、交叉表查询、操作查询、参数查询以及 SQL 查询，其中 SQL 语言可以应用于其他数据库管理系统。

习题

1. 为什么要使用查询来处理数据？查询可以完成哪些功能？
2. 选择查询、交叉表查询和参数查询有什么区别？操作查询分哪几种？
3. 简述创建子查询的操作步骤。
4. 什么是查询的三种视图？各有什么作用？
5. 能否在查询设计视图中修改表间关系？如果能，应该如何修改？
6. 在条件表达式中如何引用数据库中的字段？
7. 如何为一个查询添加计算字段？
8. SQL 语言有何特点？在 Access 的查询中如何使用 SQL 语句？
9. 熟悉 SELECT 语句的用法，并以实例的方式写出 Access 的各种查询 SQL 语句。
10. 如何使用查询把罗斯文示例数据库“产品”表中的“单价”降低 15%？

第 13 章　窗体的基本操作

窗体作为 Access 数据库的重要组成部分，起着数据库与用户之间的桥梁作用。以窗体作为输入界面时，它可以接收用户的输入，判断其有效性、合理性，并响应消息且执行一定的功能。以窗体作为输出界面时，它可以输出一些记录，还可以实现数据库中的多媒体数据处理。

窗体的主要功能有：

（1）显示和编辑数据。提供增加、修改、删除等编辑数据的功能，如图 13-1 所示。

（2）数据输入。用户可以设计一个专用窗体作为数据输入的对话框，如图 13-2 所示。

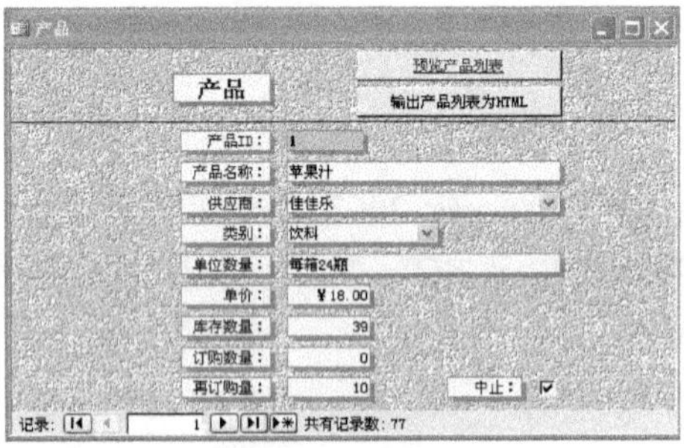

图 13-1　窗体

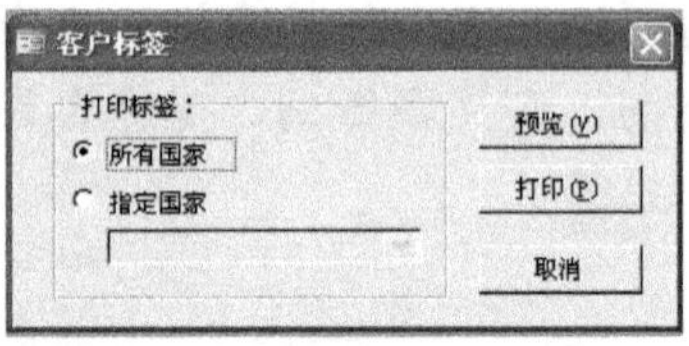

图 13-2　“客户标签”对话框

（3）程序导航。控制应用程序流程，类似于 VB 中的窗体，可以与函数、过程等 VBA 结合完成调用功能，如图 13-3 所示。

（4）打印窗体。可以使用窗体直接打印数据，如图 13-4 所示。

图 13-3　“主切换面板”对话框

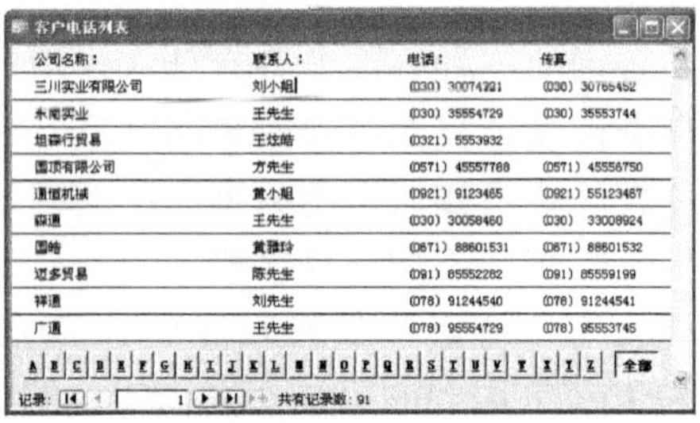

图 13-4　打印窗体

（5）信息显示。将查询、统计和分析的数据结果显示出来或者采取灵活的形式显示提示、解释和警告等信息，如图 13-5 所示。

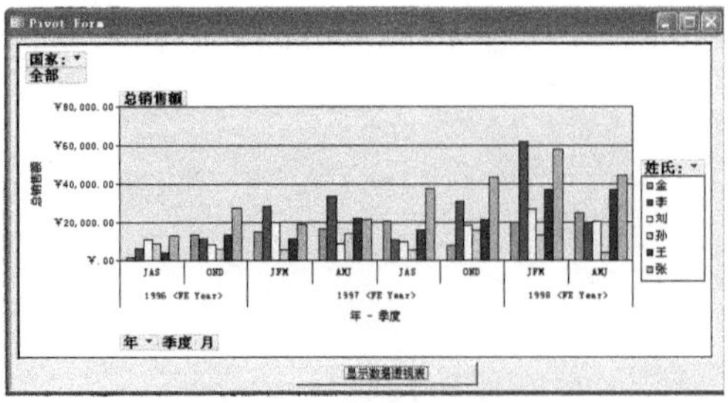

图 13-5　信息显示

13.1　窗体分类

窗体的分类方法有多种，可以从功能上区分，从逻辑上区分，还可以从显示方式上区分。主要窗体有以下五种。

1．纵栏式窗体

纵栏式窗体是最基本的，也是默认的窗体格式，一次只显示一条记录，记录中的每个字段纵向排列在窗体中，如图 13-1 所示。

2．表格式窗体

表格式窗体是将每条记录中的字段横向排列，而将记录纵向排列，从而在一个窗体中可以显示多条记录，如图 13-4 所示。

3．主/子窗体

窗体中的窗体称为子窗体，包含子窗体的基本窗体称为主窗体。主窗体和子窗体通常用于显示多个表或查询中的数据，这些表或查询中的数据具有一对多关系。在这种窗体中，主窗体和子窗体彼此链接，主窗体显示某一条记录的信息，子窗体就会显示与主窗体当前记录相关的记录信息，如图 13-6 所示。

4．图表窗体

图表窗体是将数据表示成图表形式，嵌入到窗体中显示。Access 提供了多种图表，包括折线图、柱形图和饼图等，如图 13-5 所示。

5．数据透视表窗体

数据透视表窗体中所进行的计算与数据在数据透视表的排列有关。例如，可以水平或垂直地显示字段值，然后计算每一行或一列的合计；也可以将字段值作为行号或列标，在每个行列交叉处计算各自的数量，然后再计算小计和总计。也就是说，通过排列筛选、行、列和明细等区域中的字段，来查看明细数据和汇总数据，如图 13-7 所示。

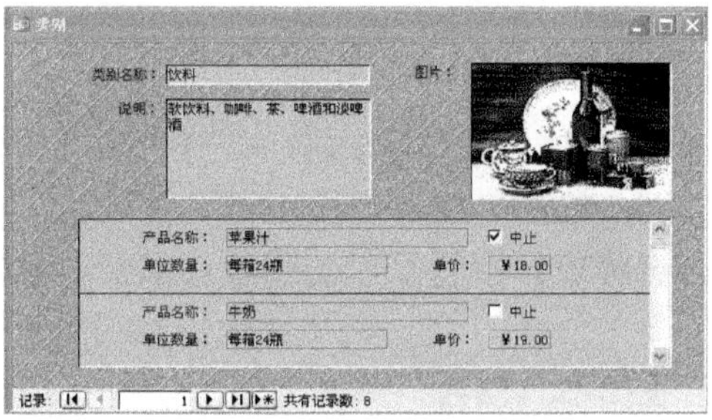

图 13-6　主/子窗体

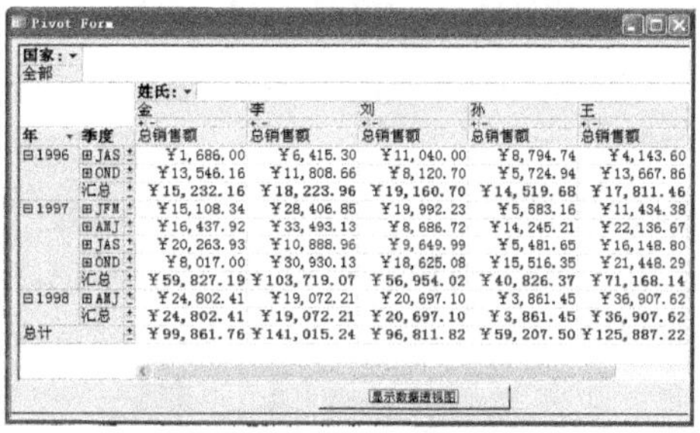

图 13-7　数据透视表窗体

13.2　创建窗体

在 Access 中创建简单的窗体，可以使用“窗体向导”一步步完成，也可以直接使用窗体设计视图创建，还可以通过复制已有窗体来快速创建。

13.2.1　使用向导创建普通窗体

使用“窗体向导”创建普通窗体的具体操作步骤如下：

（1）在罗斯文示例数据库窗口，选择“窗体”对象，单击“新建”按钮，打开“新建窗体”对话框，如图 13-8 所示。选择数据源，并选择“窗体向导”，单击“确定”按钮。

（2）打开“窗体向导”对话框，如图 13-9 所示。选择窗体中将显示的字段。然后，单击“下一步”按钮。

（3）确定窗体布局，如图 13-10 所示，选择一种窗体布局。然后，单击“下一步”按钮。

（4）确定窗体样式，如图 13-11 所示，选择一种窗体样式。然后，单击“下一步”按钮。

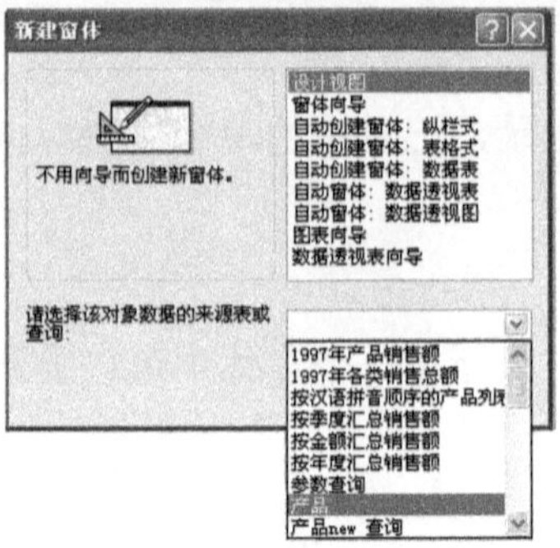

图 13-8 “新建窗体”对话框

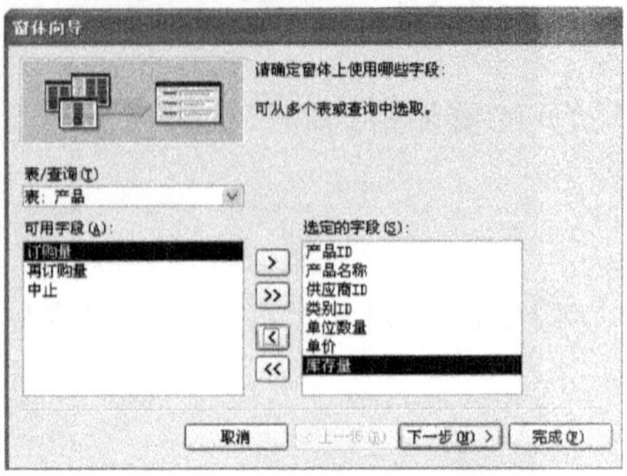

图 13-9 “窗体向导”对话框

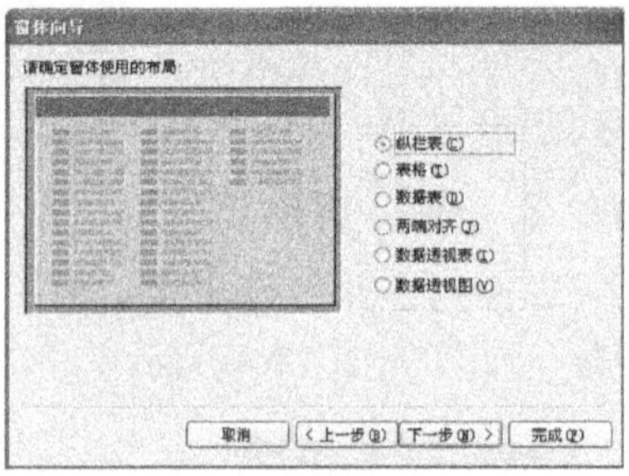

图 13-10 选择窗体布局

（5）确定窗体标题，如图 13-12 所示，在文本框中输入窗体标题，并选择窗体创建后的操作方式。然后，单击“完成”按钮。所创建的窗体如图 13-13 所示。

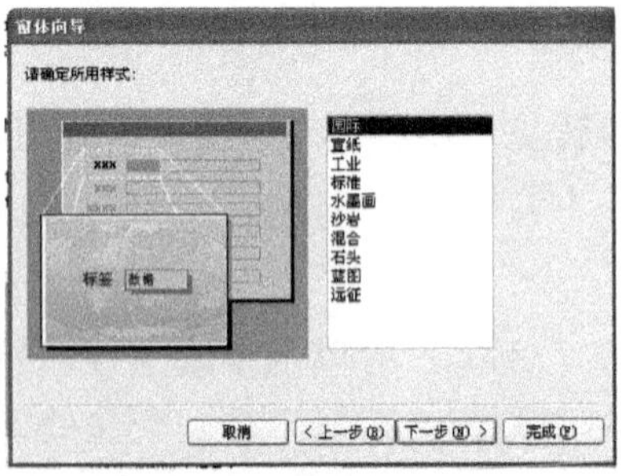

图 13-11 选择窗体样式

图 13-12 选择窗体标题

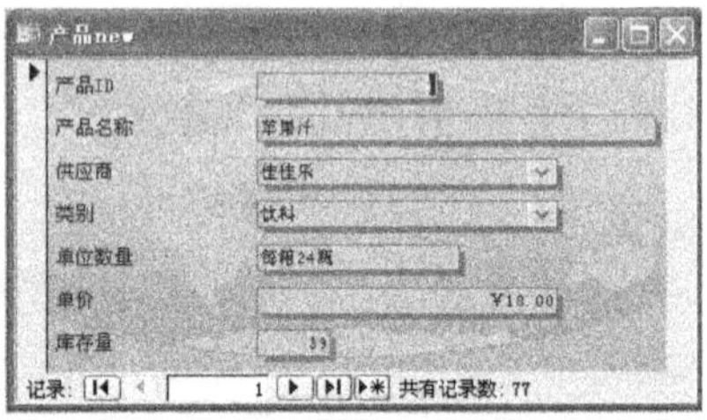

图 13-13 窗体

13.2.2 使用向导创建图表窗体

使用“图表向导”创建图表窗体的具体操作步骤如下：

（1）在罗斯文示例数据库窗口，选择“窗体”对象，单击“新建”按钮，打开“新建窗体”对话框，如图 13-8 所示。选择数据源，并选择“图表向导”，单击“确定”按钮。

（2）打开“图表向导”对话框，如图 13-14 所示。选择窗体中将显示的字段。然后，单击“下一步”按钮。

（3）确定图表类型，如图 13-15 所示，选择一种图表类型。然后，单击“下一步”按钮。

（4）确定图表的布局，如图 13-16 所示，可以把分类的依据字段拖曳到图中，并选择统计字段。此时，若不希望统计求和，而要做其他统计，可以双击“求和库存量”，打开“汇总”对话框，如图 13-17 所示，选择其他统计类型。然后，单击“下一步”按钮。

（5）确定窗体标题，如图 13-18 所示，在文本框中输入窗体标题，并选择是否需要显示图例和窗体创建后的操作方式。然后，单击“完成”按钮。所创建的窗体如图 13-19 所示。

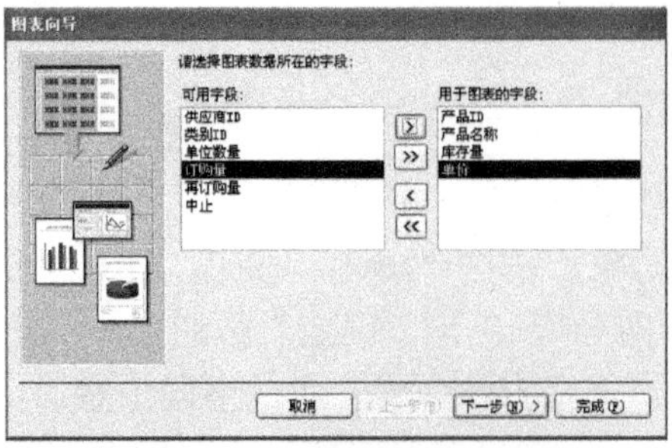

图 13-14 “图表向导”对话框

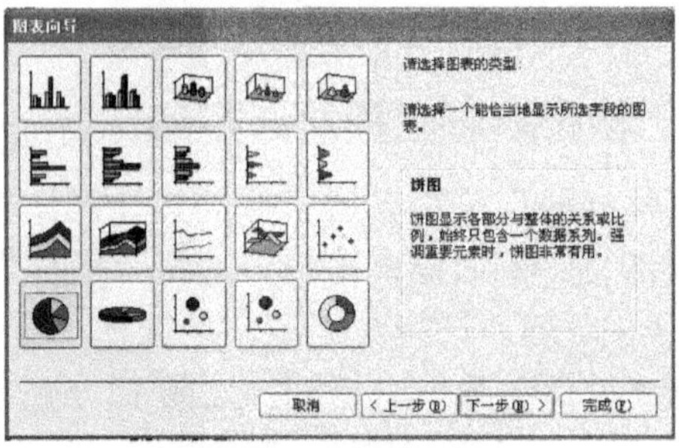

图 13-15 选择图表类型

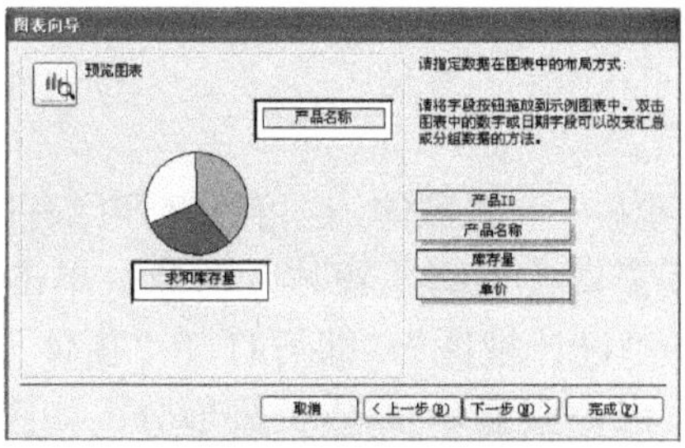

图 13-16　选择图表布局

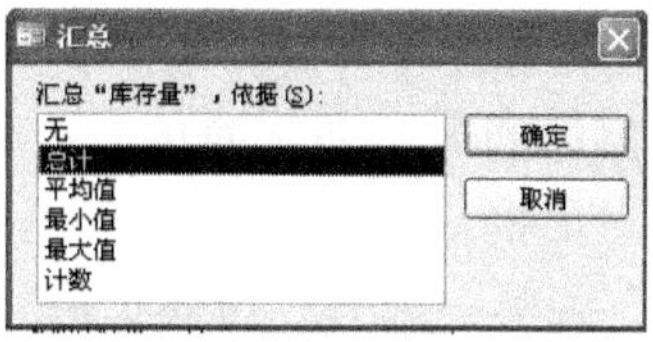

图 13-17　“汇总”对话框

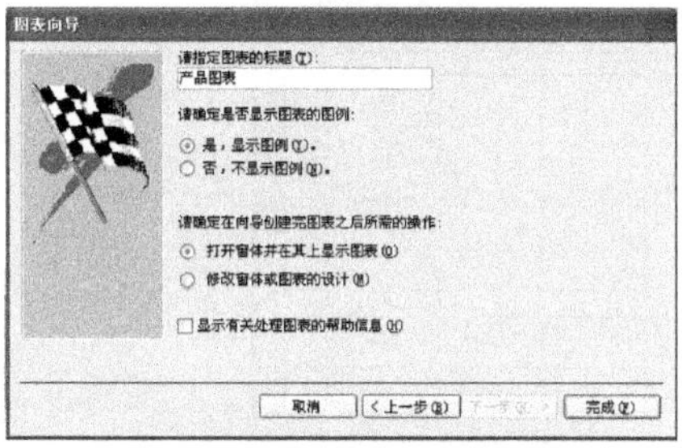

图 13-18　选择图表标题

图 13-19　图表窗体

13.2.3　使用向导创建数据透视表窗体

使用“数据透视表向导”创建数据透视表窗体的具体操作步骤如下：

（1）在罗斯文示例数据库窗口，选择“窗体”对象，单击“新建”按钮，打开“新建窗体”对话框，如图 13-20 所示。选择数据源，并选择“数据透视表向导”，单击“确定”按钮。

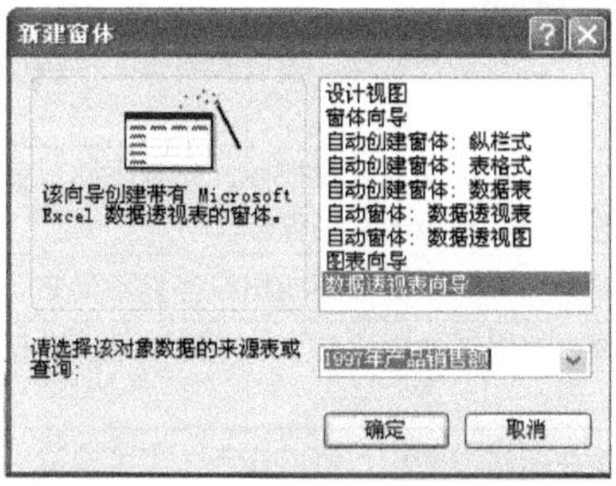

图 13-20　“新建窗体”对话框

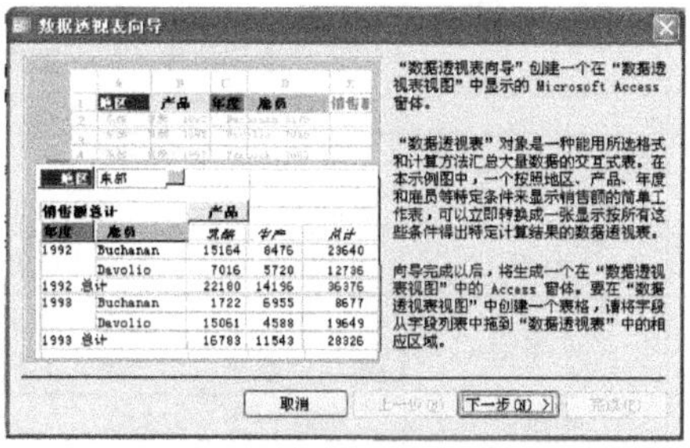

图 13-21　“数据透视表向导”对话框

（2）打开“数据透视表向导”对话框，如图 13-21 所示。单击“下一步”按钮。如图 13-22 所示，选择窗体中将显示的字段。然后，单击“完成”按钮。

（3）确定各字段的位置，如图 13-23 所示，将各字段拖曳到相应的位置，如图 13-24 所示。然后，关闭窗口，保存窗体文件。

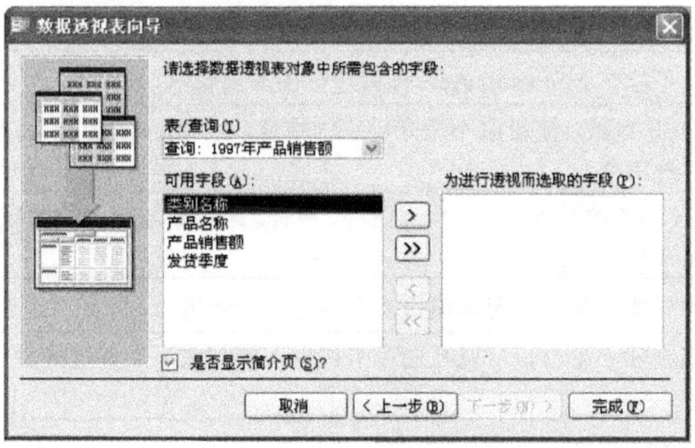

图 13-22　选择字段

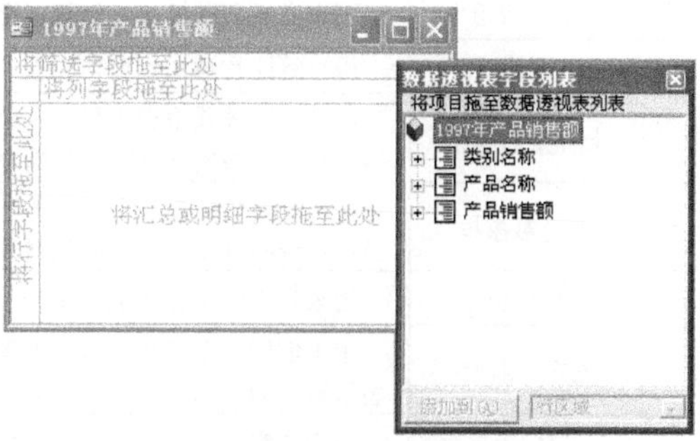

图 13-23　确定字段位置

13.2.4 使用设计器创建窗体

1. 创建空白窗体

使用窗体设计视图创建窗体时，用户可以直接创建一个新窗体，也可以打开已有的窗体进行修改。

创建一个空白窗体的方法非常简单，在数据库窗口，选择“窗体”对象，单击“新建”按钮，打开“新建窗体”对话框，如图 13-24 所示，选择“设计视图”，即可打开“窗体设计视图”窗口，此时，可从“视图”菜单中选择“窗体页眉/页脚”命令来显示页眉/页脚部分，如图 13-25 所示。同时，打开的还有工具箱，如图 13-26 所示。

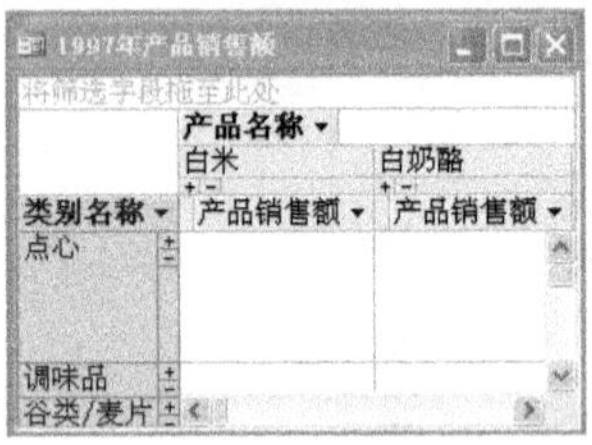

图 13-24 窗体

图 13-25 空白窗体

图 13-26 工具箱

2. 窗体控件

利用工具箱，可以方便地向窗体中添加各种控件，工具箱中的控件说明如表 13-1 所示。

表 13-1 工具箱中的控件说明

图　标	名　称	功　能
	选定对象	用于选取控件、节、窗体、报表或数据访问页，以对其进行移动、缩放和编辑。单击该工具可以释放已锁定的工具箱按钮
	控件向导	用于打开或关闭控件向导。使用控件向导可以帮助用户快速地创建控件，如列表框或命令按钮，在窗体中，还可以使用其他向导来创建组合框、选项组、子报表和子窗体
	标签	用来显示说明性文本的控件，如窗体、报表或数据访问页上的标题或指导等提示信息
	文本框	产生一个文本控件，用于显示、输入或编辑窗体、报表或数据访问页的基础记录源数据、显示计算结果或接收用户输入的数据
	选项组	用来包含一组控件，与复选框、单选按钮或切换按钮搭配使用，可以显示一组可选值
	切换按钮	用来显示二值数据，如“是 / 否”，在自定义窗口或选项组中接收用户输入数据
	选项按钮	用于一组（两个或多个）有互斥性（即只能选其一）的选项
	复选框	用于一组没有互斥性（即可以选择多个）的选项
	组合框	组合了列表框和文本框的特性，可以在文本框中直接输入或在列表框中选择输入项，然后将值添加到基础字段中
	列表框	建立可滚动的值列表。可以从列表中选择值并输入到新记录中或者更改现有记录中的值
	命令按钮	用来完成各种操作，如查找记录、打印或窗体筛选
	图像	用来将图片添加到窗体或报表中，不能在 Microsoft Access 内进行图片编辑
	未绑定对象框	用于在窗体或报表中显示未绑定 OLE 对象，该对象不是来自表的数据，如 Microsoft Excel 电子表格。当在记录间移动时，该对象将保持不变
	绑定对象框	用于在窗体或报表上显示具有 OLE 功能的对象，如一系列图片、声音。该对象与表中的数据关联。当在记录间移动时，不同的对象将显示在窗体或报表上
	分页符	用来定义多页窗体上开始一个新的屏幕或在打印窗体或报表上开始一个新页
	选项卡控件	用于创建一个多页的选项卡窗体或选项卡窗口。可以在选项卡控件上复制或添加其他控件。用来显示属于同一内容的不同对象的属性
	子窗体/子报表	用于在窗体或报表上显示来自多个表的数据
	直线	用于在窗体、报表或数据访问页上突出相关的或特别重要的信息，可以在窗体上画线

续表

图　　标	名　　称	功　　能
	矩形	用于显示图形效果，如在窗体中将一组相关的控件组织在一起，或在窗体、报表或数据访问页上突出重要的数据
	其他控件	单击此按钮，会弹出快捷菜单，显示 Acccss 已经加载的其他控件

13.2.5　创建带子窗体的窗体

具体操作步骤如下：

（1）先分别创建主窗体和子窗体并保存。

（2）打开主窗体，在窗体设计视图中向其中添加“子窗体”控件，系统自动打开“子窗体向导”对话框，如图 13-27 所示，选择子窗体的来源“使用现有的窗体”，在列表中选定前面创建好的子窗体。然后，单击“下一步”按钮。

（3）设置主窗体链接到子窗体的字段，从下拉列表中分别选定主窗体字段和子窗体字段。然后，单击“下一步”按钮，如图 13-28 所示。

（4）设置窗体标题，在文本框中输入窗体标题。

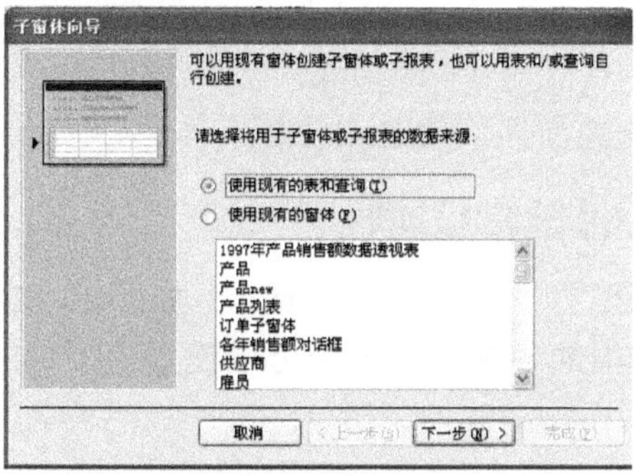

图 13-27　“子窗体向导”对话框 1

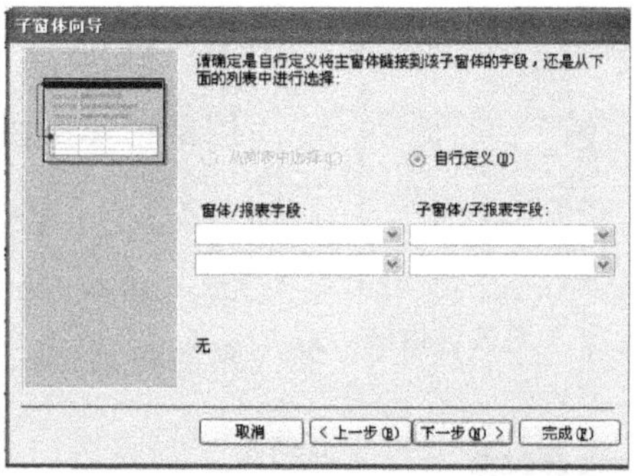

图 13-28　“子窗体向导”对话框 2

13.3　窗体常用控件的使用

13.3.1　添加、修改和删除控件

1．用工具箱绘制控件

具体操作步骤如下：

（1）单击要绘制的控件工具按钮，例如“文本框”按钮，如图 13-29 所示。

（2）将鼠标移动到窗体上，该鼠标成十字线，拖曳绘制，释放鼠标后出现“文本框”控件，如图 13-30 所示。

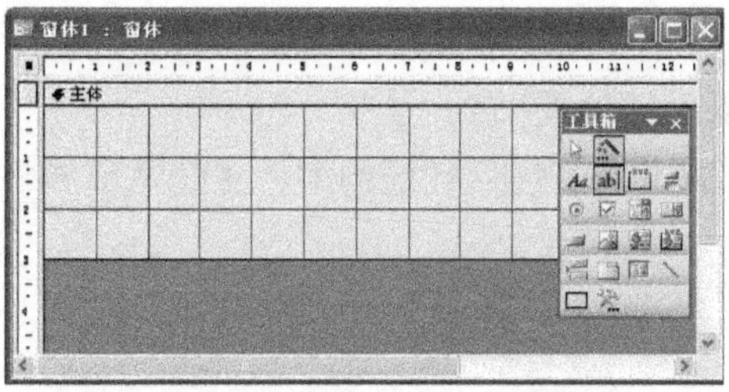

图 13-29　选择“文本框”控件

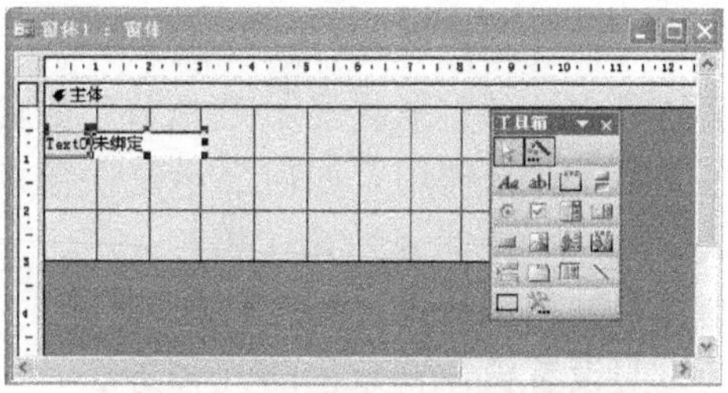

图 13-30　绘制“文本框”控件

（3）此时，系统自动打开“文本框向导”对话框，如图 13-31 所示。可以按照向导的提示一步步设置控件外观、标题等属性。

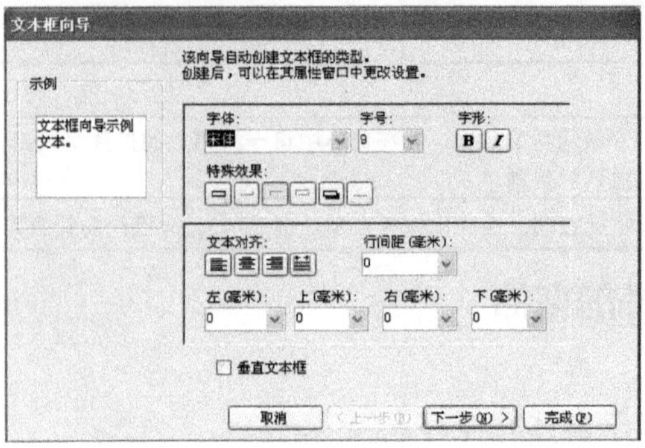

图 13-31 “文本框向导”对话框

2. 调整、移动控件

用鼠标单击要调整尺寸的控件，则控件周围出现尺寸手柄，拖动尺寸手柄，直到大小满足要求为止。

移动控件，也是先单击要移动的控件，然后用鼠标拖动控件到目标位置。也可以用 Ctrl 键加箭头键移动控件，这样控件每次只移动一个象素。

图 13-32 “标签”属性对话框

3. 删除控件

用鼠标单击要删除的控件，按 Delete 键。

13.3.2 设置控件的常见属性

双击某个控件，可以打开它的属性对话框，如图 13-32 所示的“标签”属性对话框，在其中的各个选项卡中可以设置该控件的全部属性。

13.4 本章小结

窗体是数据库应用系统的重要组成部分，是人机交互的主要手段，本章详细讲解了 Access 2003 数据库中常用的设计和使用，通过本章的学习可以熟练掌握各种窗体的设计和实现，包括在子窗体和窗体中添加常用的控件。

习题

1. 简述窗体的主要功能。
2. 与自动窗体比较，窗体向导有什么优点？
3. 双击链接对象或嵌入对象时却得到不能打开的信息，为什么？
4. 窗体有几种视图？各有什么作用？
5. 窗体的节有几种？默认显示哪几节？如何显示其他的节？
6. 属性窗口有什么作用？如何显示属性窗口？举例说明在属性窗口中设置对象属性值的方法。
7. 什么是控件？控件分为哪几类？
8. 举例说明如何创建计算型控件。
9. 举例说明设置窗体背景色的几种方法。
10. 如何在窗体上创建一个用于定位记录的组合框。
11. 把复选框、单选按钮加入选项组与不加入选项组有何区别？

第 14 章　报表和数据访问页的基本操作

报表用来以某种特定的格式打印有关的数据。在 Access 的报表中，可以增加数据的多级汇总、统计比较；可以使用图片来美化表的外观；可以利用图表和图形来帮助说明数据的含义；也可以在每页的顶部和底部打印有标示信息的页眉和页脚。Access 的报表功能非常强大和方便，并且支持子报表、多栏报表、图表等多种复杂形式。

14.1　报表基础

设计报表与设计窗体有许多相似的地方，但是窗体和报表的创建目的有本质区别。窗体主要用于显示和处理数据，以及实现人机交互，窗体中的数据是可以修改的；报表则主要用来分析和汇总数据，然后再将数据以某种格式打印出来，报表中的数据是无法修改的。

14.1.1　报表的分类

在 Access 2003 中，常用的报表有 5 种类型。

1．明细报表

明细报表像窗体一样，可以显示数据表中同一条记录的许多细节信息。在明细报表中，同一报表可以显示一条或多条明细数据，如图 14-1 所示。

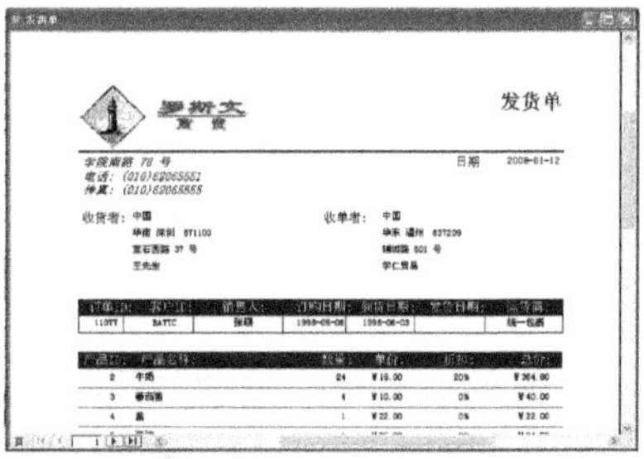

图 14-1　明细报表

2．汇总报表

汇总报表可以对数据进行分组汇总，通常用一个或多个字段对报表进行数据分组、汇总，在报表中仅显示出某一数据或某些数据的总数，如图 14-2 所示。汇总报表是一种较常用的报表形式。

3．交叉报表

交叉报表一般用于打印栏目可变的数据表，且数据是由同一表中的两个动态数据字段对应产生的，它是一种典型的中国式报表，如图 14-3 所示。交叉报表的设计比较复杂，一般是在“报表设计视图”中以一个空白报表直接进行设计。

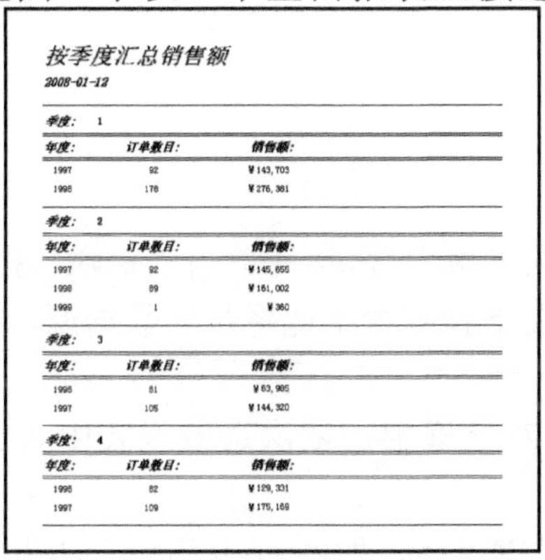

图 14-2　汇总报表

各班学生成绩统计

总分	英语	数学	语文	物理	化学
1 班	2031	2238	2141	2031	1891
2 班	2290	2170	1996	2290	2290
3 班	2216	2004	1916	2306	2290
4 班	1980	2030	2007	1980	1980
5 班	2156	2112	2156	1968	2156
6 班	2275	2455	1972	2275	2275

图 14-3　交叉报表

4. 图表报表

图表报表是一种用图形或图表的形式来表现数据变化的报表，在报表中除了显示具体的数据信息外，通过图形或图表更能直观地显示数据，如图 14-4 所示。

5. 标签报表

在 Access 中没有创建标签的单独组件，但可以在报表中创建标签报表，如图 14-5 所示。

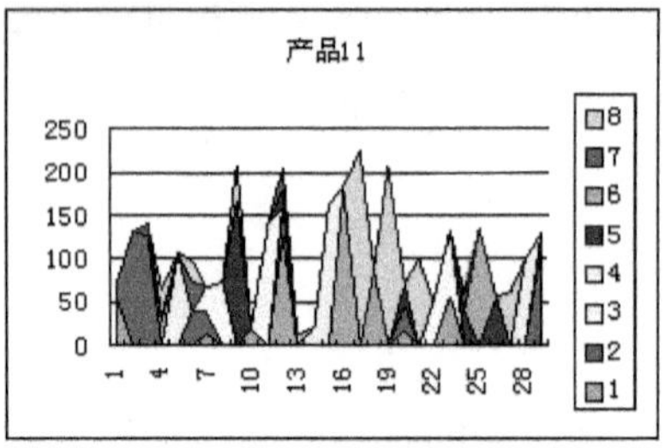

图 14-4 图表报表

图 14-5 标签报表

14.1.2 报表的组成

在报表设计视图中可以看到报表的每个组成部分——节，报表中的内容是以节为单位划分的，如图 14-6 所示。报表由 5 个节组成：报表页眉、报表页脚、页面页眉、页面页脚和报表主体，其中报表主体还包括标头和注脚。上述每一个节都有其特定的目的，而且按照一定的顺序打印在页面及报表上。

图 14-6 报表的节

（1）报表页眉只出现在报表开始的位置，每个报表出现一次。例如，在报表中显示标题、徽标、图片以及其他报表的标识物等。

（2）页面页眉位于每页的最上部，每页出现一次。例如，显示字段标题、页号、日期和时间等。

（3）主体是报表的主要内容所在。它可以包括：组标头，位于每个字段组的开始处，需要对字段排序或分组的地方，用来显示标题和总结性的文字等；主体内容，每个有下画线的记录都有相对应的详细内容，用来显示记录的详细内容；主体注脚，位于每个字段的末端，报表主体之后和页脚之前，可以用来显示计算和汇总信息等。

（4）页面页脚位于每页的最下部，每页出现一次。例如，日期、页号、报表标题等信息。

（5）报表页脚只出现在报表的结束位置，每个报表出现一次。例如，显示总结性文字等。

14.2 使用向导创建报表

14.2.1 使用报表向导创建报表

具体操作步骤如下：

（1）在“数据库”窗口中，单击“对象”面板上的“报表”，然后单击“新建”按钮。

（2）打开“新建报表”对话框，如图 14-7 所示。在下拉列表中选择报表数据源，同时选择“报表向导”，然后单击“确定”按钮。

（3）确定报表中的字段，在打开的“报表向导”对话框中，依次选取报表中要显示的字段，如图 14-8 所示。然后，单击“下一步”按钮。

（4）确定分组依据，选取对报表数据进行分组的关键字段，如图 14-9 所示。如果需要特定的分组间隔，则可以单击“分组选项”按钮，打开“分组间隔”对话框，如图 14-10 所示。然后，单击“下一步”按钮。

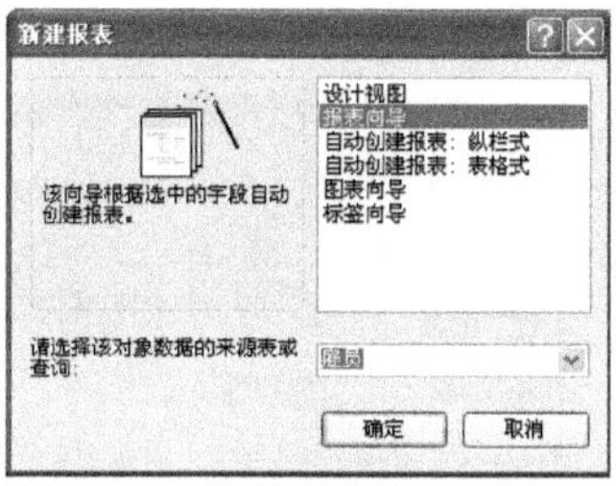

图 14-7 “新建报表”对话框

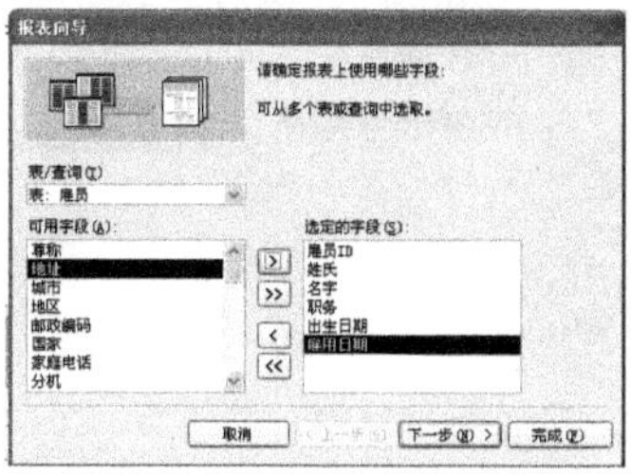

图 14-8 “报表向导”对话框

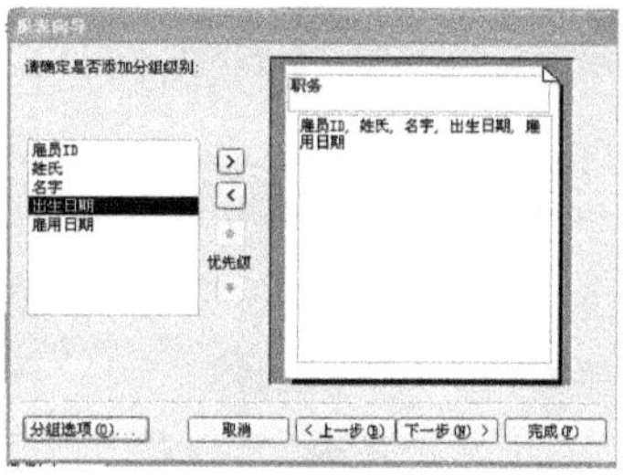

图 14-9 设置分组字段

（5）设置排序依据，按优先级高低，依次选择报表中记录的排序字段，如图 14-11 所示。然后，单击“下一步”按钮。

（6）确定报表布局，选择报表所需要的布局和方式，如图 14-12 所示。然后，单击“下一步”按钮。

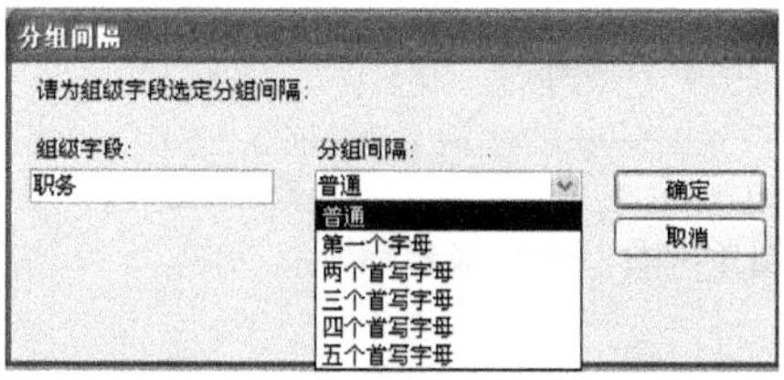

图 14-10 “分组间隔”对话框

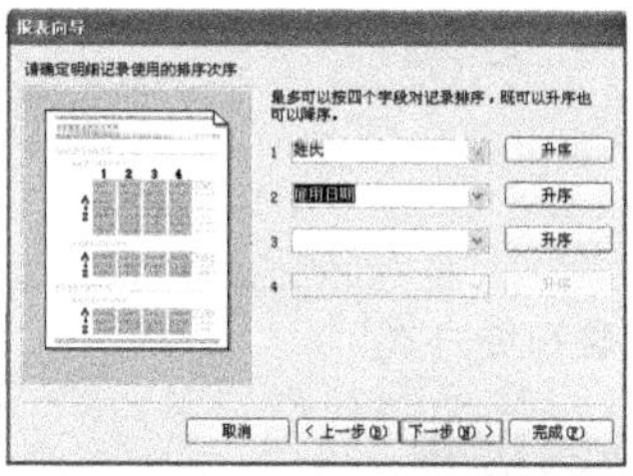

图 14-11 设置排序字段

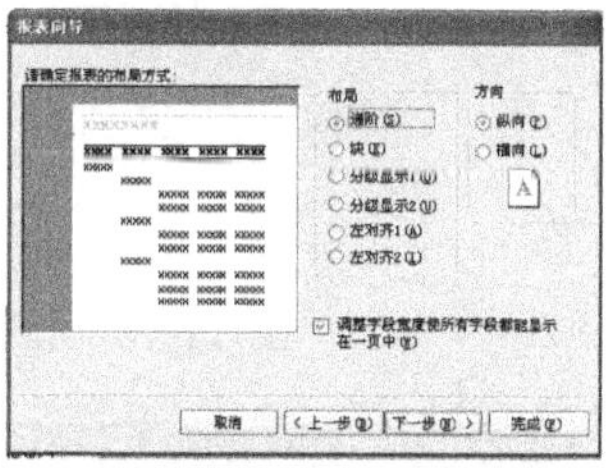

图 14-12 选择布局

（7）确定报表样式，选择报表所需要的样式，如图 14-13 所示。然后，单击“下一步”按钮。

（8）确定报表标题，在文本框中输入报表标题，并选择报表生成后的处理方式。然后，单击“完成”按钮，如图 14-14 所示。

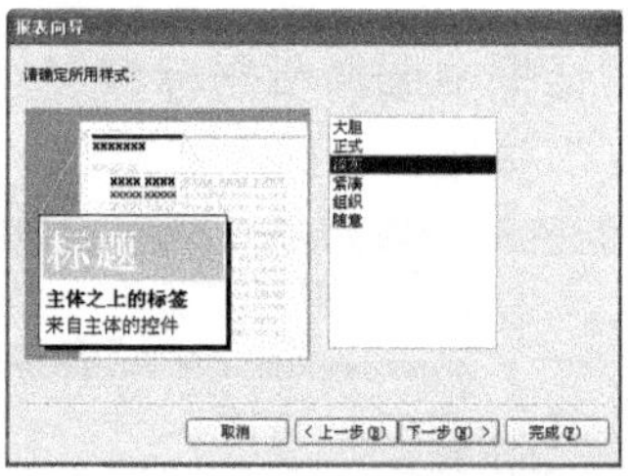

图 14-13 选择报表样式

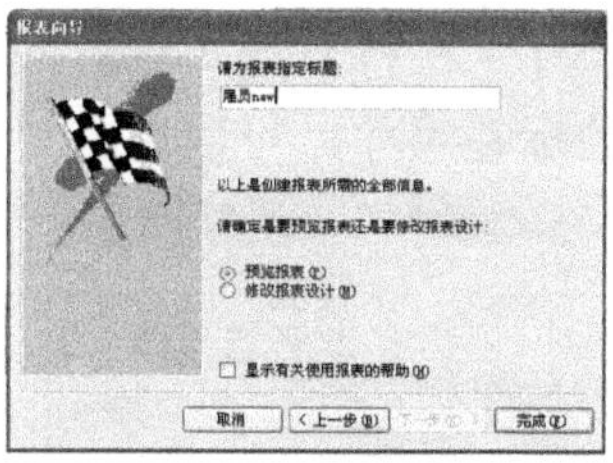

图 14-14 确定报表标题

14.2.2 使用报表向导创建图表报表

具体操作步骤如下：

（1）在“数据库”窗口中单击“对象”面板上的“报表”，然后单击“新建”按钮。

（2）打开“新建报表”对话框，如图 14-15 所示。在下拉列表中选择报表数据源，同时选择“图表向导”，然后单击“确定”按钮。

（3）确定报表中的字段，在打开的“图表向导”对话框中，依次选取报表中要显示的字段，如图 14-16 所示。然后，单击“下一步”按钮。

（4）确定图表类型，在图表向导提供的 20 种图表类型中选取所需要的类型，如图 14-17 所示。然后，单击“下一步”按钮。

（5）设置图表布局方式，对图表布局的设计主要是对图表的 3 个组成区域：数据（X 轴）、轴（Y 轴）和系列（图例）进行设置，如图 14-18 所示。然后，单击“下一步”按钮。

（6）确定报表标题，在文本框中输入报表标题，并选择报表生成后的处理方式。然后，单击“完成”按钮，如图 14-19 所示。

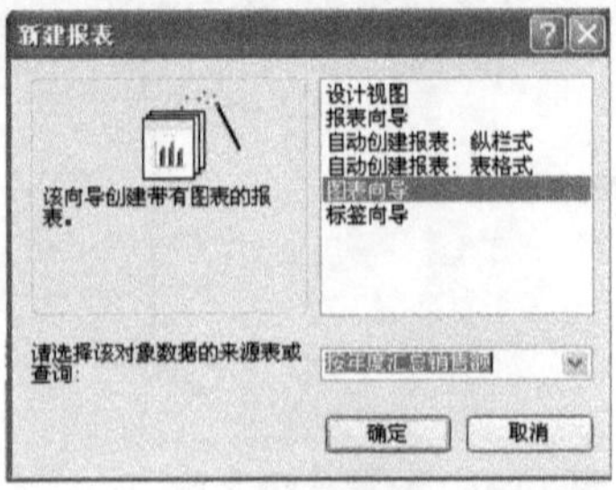

图 14-15 “新建报表”对话框

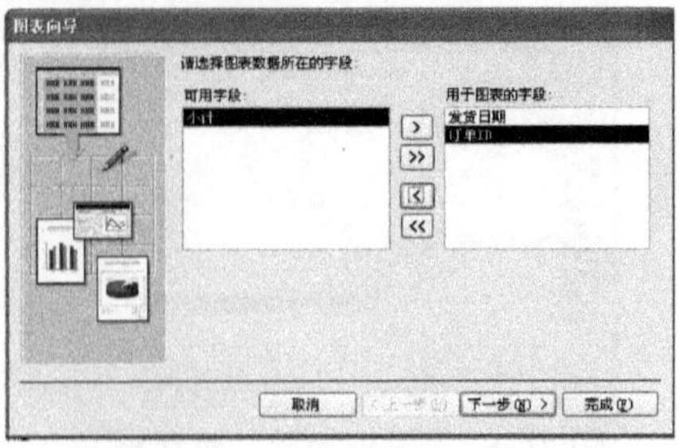

图 14-16 “图表向导”对话框

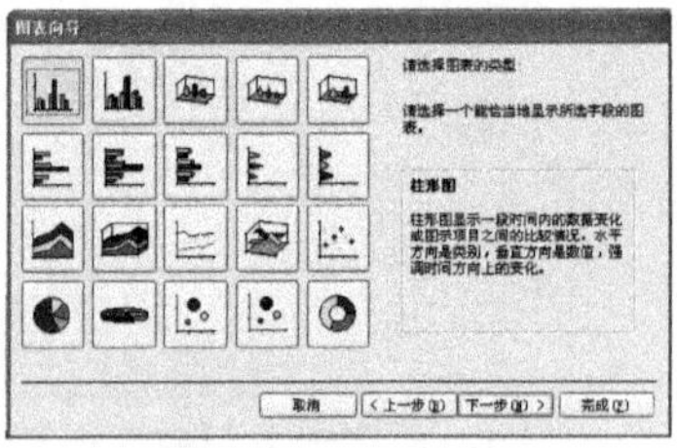

图 14-17 选择图表类型

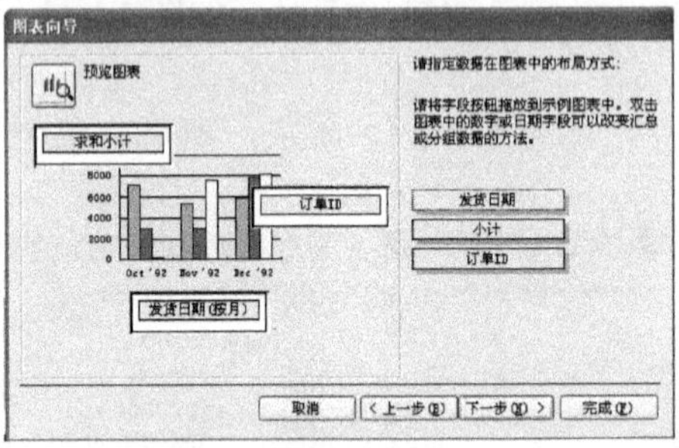

图 14-18 设置图表布局方式

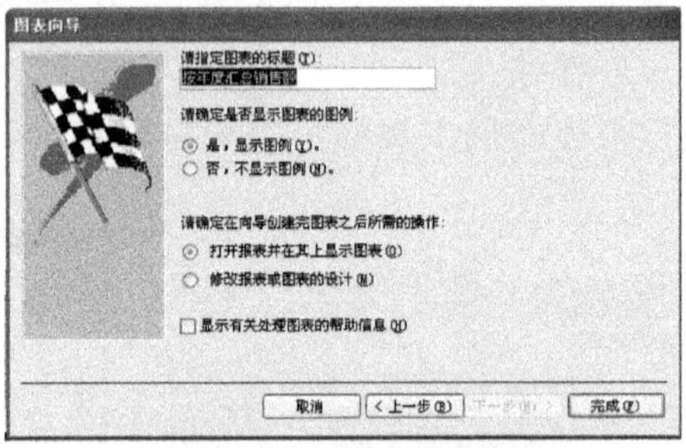

图 14-19 确定报表标题

14.2.3 使用向导创建标签报表

具体操作步骤如下：

（1）在“数据库”窗口中单击“对象”面板上的“报表”，然后单击“新建”按钮。

（2）打开“新建报表”对话框，如图 14-20 所示。在下拉列表中选择报表数据源，同时选择“标签向导”，然后单击“确定”按钮。

（3）确定标签的尺寸，在打开的“标签向导”对话框中选择所需标签尺寸，如图 14-21 所示。如果列表中没有所需的标签尺寸，可以单击“自定义”按钮。

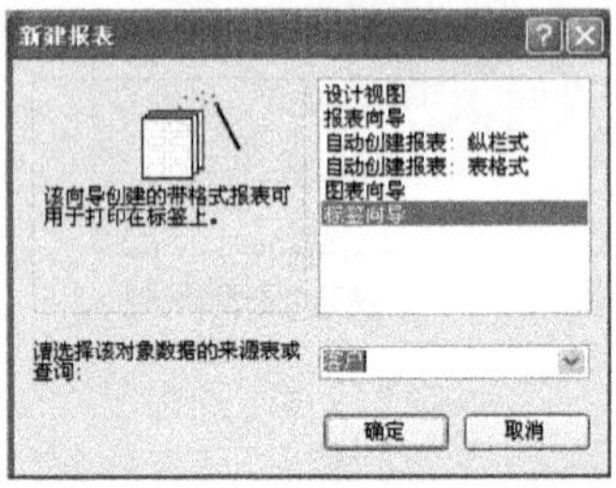

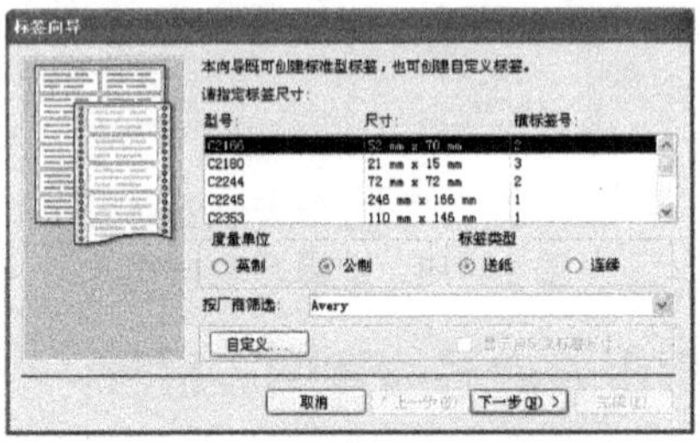

图 14-20 “新建报表”对话框　　图 14-21 “标签向导”对话框

（4）打开“新建标签尺寸”对话框，如图 14-22 所示，再单击“新建”按钮。系统自动打开“新建标签”对话框，如图 14-23 所示，设定理想的标签尺寸之后，单击“确定”按钮。

（5）回到“新建标签尺寸”对话框，单击“关闭”按钮。回到“标签向导”对话框。然后，单击“下一步”按钮。

（6）设置标签输出的外观，即对标签中的文本字体进行设置，设置的同时在对话框中有演示窗口，可随时查看设置后文本的输出效果，如图 14-24 所示。然后，单击“下一步”按钮。

（7）确定标签中的字段和格式，用户可向标签中添加字段，同时设定标签中各字段的显示格式，如图 14-25 所示。然后，单击“下一步”按钮。

（8）设置记录的排序依据，按优先级高低，依次选择标签中记录的排序字段，如图 14-26 所示。

（9）确定标签标题，在文本框中输入标签标题，并选择标签生成后的处理方式。然后，单击“完成”按钮。运行结果如图 14-27 所示。

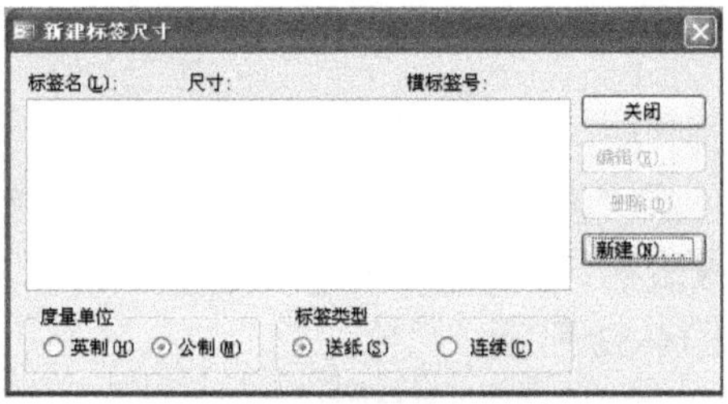

图 14-22　“新建标签尺寸”对话框

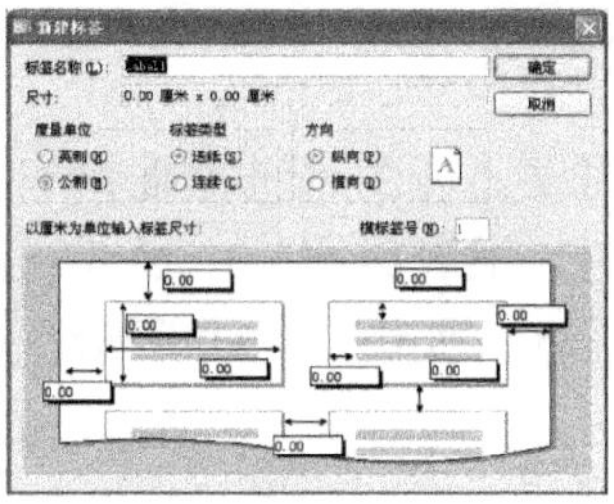

图 14-23　“新建标签”对话框

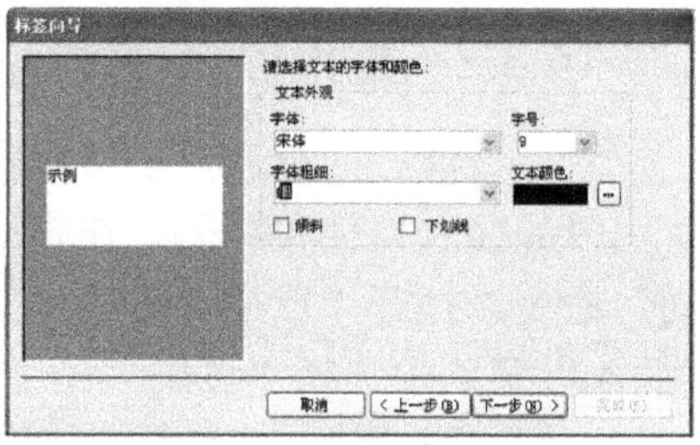

图 14-24　设置标签外观

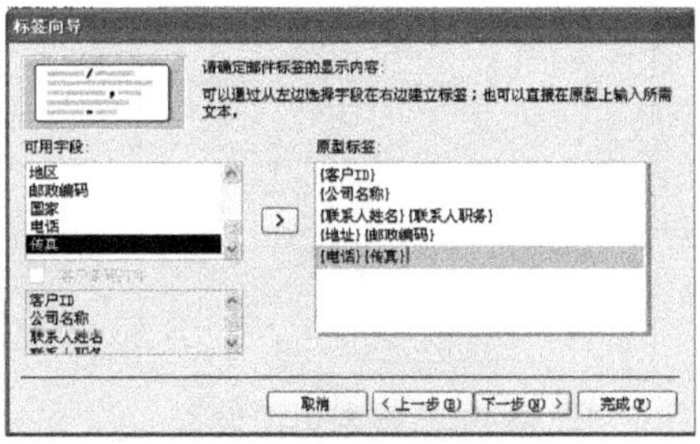

图 14-25　选择显示标签字段

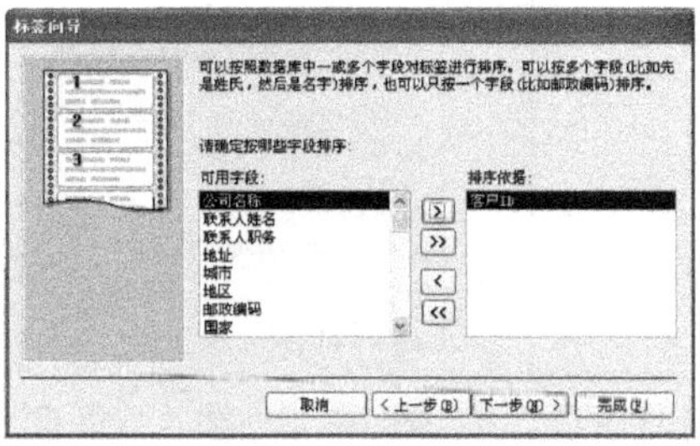

图 14-26　设置排序依据

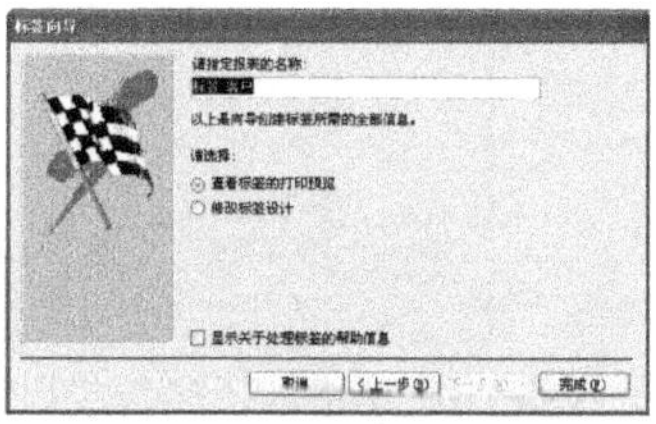

图 14-27　确定标签标题

14.3　使用设计视图创建和编辑报表

14.3.1　使用报表设计视图创建报表

具体操作步骤如下：

（1）在罗斯文示例数据库窗口中，选择“对象”面板上的“报表”，然后单击“新建”按钮。

（2）在“新建报表”对话框中选择“设计视图”，单击“确定”按钮。出现空白的“报表设计视图”，如图 14-28 所示。其中有三个区域：“页面页眉”、“主体”和“页面页脚”。

注意：若需要“报表页眉”和“报表页脚”，可从“视图”菜单中选择“报表页眉/页脚”命令。

（3）添加数据源，单击报表设计视图左上角的■按钮，打开“报表”属性对话框，如图 14-29 所示。在其中的“数据”选项卡的“记录源”下拉列表中选择数据源表。

（4）添加数据。一旦创建了报表，就可以直接从“字段列表”中添加一个或多个“绑定控件”——来自表或查询的数据字段，也可以从“工具箱”中添加其他类型的“未绑定控件”——文本框、标签、图片、按钮等。在“设计”视图中，可以看到每个控件的两部分——控件自身及其相应的标签。移动某一控件时，其相应的标签也一起移动。

注意：显示或隐藏标尺和网格。标尺和网格提供了辅助线，可以帮助组织控件。从“视图”菜单中选择“标尺”或“网格”命令即可。

按照需要添加所有必要的数据控件，如图 14-30 所示。

图 14-28　空白报表

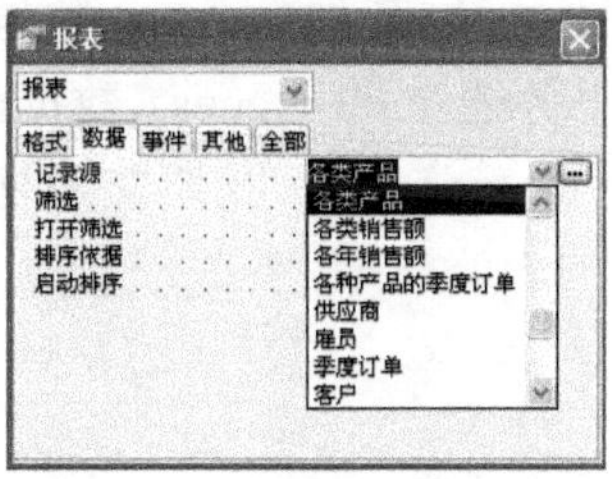

图 14-29　“报表”属性对话框

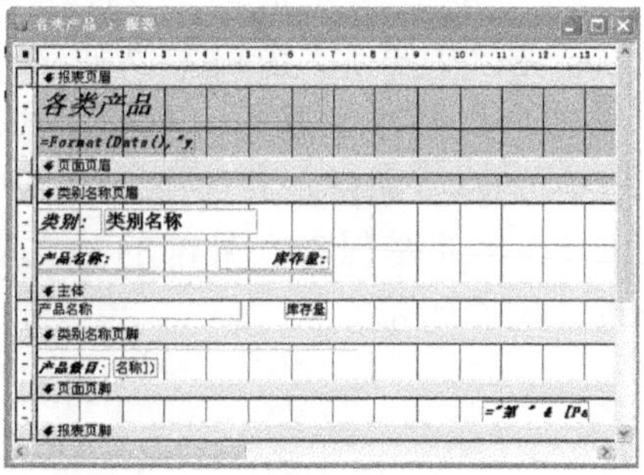

图 14-30　设计的“各类产品”报表

14.3.2 使用设计视图编辑报表

对已设计好的报表，还可以利用设计视图来进行编辑和修改。

（1）插入日期和页码，在报表的“报表页眉”中插入日期，从“插入”菜单中选择“日期和时间”命令，打开“日期和时间”对话框，如图 14-31 所示。在报表的“页面页脚”中插入页码，从“插入”菜单中选择“页码”命令，打开“页码”对话框，如图 14-32 所示。

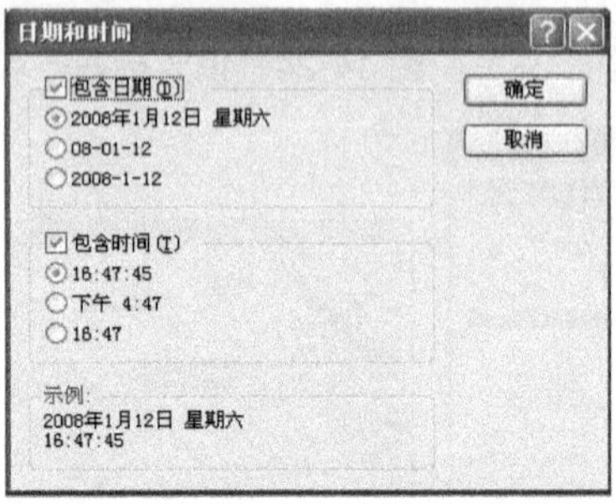

图 14-31 插入“日期和时间”

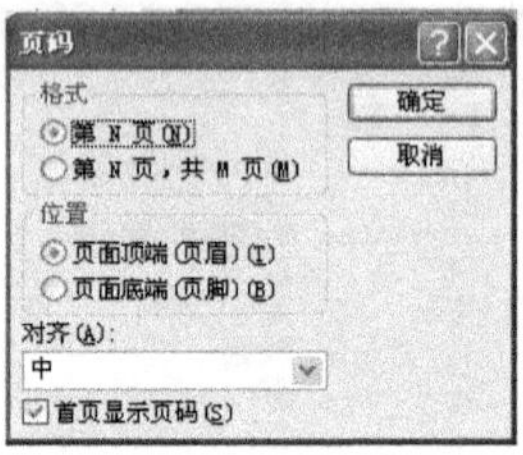

图 14-32 插入“页码”

图 14-33 报表页面设置

（2）设置报表页面。在打印报表之前，可以设置报表页面。从“文件”菜单中选择“页面设置”命令，打开“页面设置”对话框，在“列”选项卡中，设置“列数”为 3，如图 14-33 所示，则打印出来的报表不是 1 栏而是 3 栏，如图 14-34 所示。

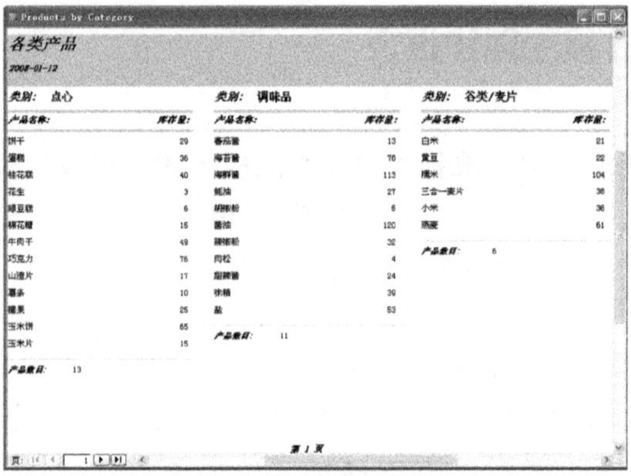

图 14-34 打印报表结果

14.4 数据访问页的概念

“数据访问页”是一种独立于 Access 数据库之外的 HTML 文件，即一个网页。在这个网页上，用户能够显示、添加、删除和修改数据库中的数据记录，同时也能分析数据。与“活动服务器页”（ASP）文件不同，它还允许在不需要 Web 服务器的情况下创建动态 Web 页。

Access 在“数据库”窗口中以独立的对象组来组织数据访问页，可以使用多种与创建 Access 窗体相同的工具编排数据访问页的格式。然而，与其他 Access 数据库对象不同的是，数据访问页不保存在文件系统中，也不包括在 Web 服务器上的 Access 数据库（.mdb）或 Access 工程文件（.adp）内，而是保存在外部的独立文件（.htm）中。罗斯文示例数据库中的“雇员”数据访问页如图 14-35 所示。

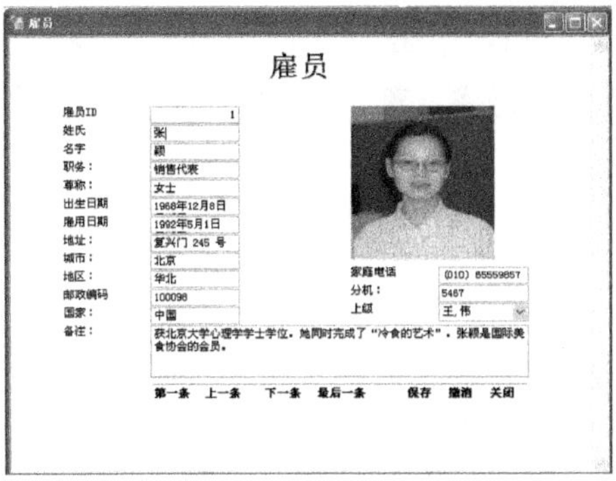

图 14-35 “雇员”数据访问页

创建数据访问页后，Access 会自动在默认文件夹产生与数据访问页同名的 HTML 文件，并在数据库窗口中为数据访问页添加一个快捷方式。将鼠标指针放在数据库窗口相应的快捷方式上，将显示 HTML 文件的路径。

1. 数据访问页的类型

根据数据访问页用途的不同，可将其分为：

（1）交互式报表。经常用于合并和分组保存在数据库中的信息，然后发布数据。例如，可用一个数据访问页来发布开展业务的每个地区的销售业绩。交互式也提供用于排序和筛选数据的工具条按钮，但不能在这种页上编辑数据。

使用展开指示器可以获取一般的信息汇总，如所有地区的列表及其销售总额等，也可以得到每个地区各自销售额的特定细节。

（2）数据输入。用于查看、添加和编辑记录。

（3）数据分析。包含一个数据透视表列表，它与 Access 的数据透视表窗体或 Excel 的数据透视表功能一样，允许重新组织数据，并以不同的方式分析数据。这种页可以包含一个图表，以便分析趋势、发现模式以及比较数据库中的数据；还可以包含一个电子表格，可以在其中输入和编辑数据，并像 Excel 一样使用公式进行计算。

2. 浏览数据访问页

打开数据访问页的方式有两种：使用 Web 页预览和直接打开。

在数据库窗口中，选择已有的一个“数据访问页”，在鼠标右键菜单中，选择“Web 页预览”命令，即可在 IE 环境下显示数据访问页。如果当前正在数据访问页的设计窗口，也可直接执行文件菜单的“Web 页预览”命令，单击工具栏上的“IE 视图”按钮显示其效果。

浏览数据访问页最直观的做法就是：在默认的文件夹下双击产生的 HTML 文件，系统将自动打开 IE 浏览器，显示对应的网页内容。

14.5　创建数据访问页

创建数据访问页的方法很多，可以通过自动创建数据访问页、数据访问页向导、编辑现有的 Web 页和使用设计器创建数据访问页等。

14.5.1　使用自动创建数据页向导

利用自动创建数据页向导，可以快速得到一个简单的数据访问页。具体操作步骤如下：

（1）在罗斯文示例数据库窗口中，选定“对象”面板上的“页”，单击“新建”按钮。

（2）在“新建数据访问页”对话框中选定数据源“雇员”表，同时选择创建方式为“自动创建数据页：纵栏式”，如图 14-36 所示。然后，单击“确定”按钮。所建数据访问页如图 14-37 所示。

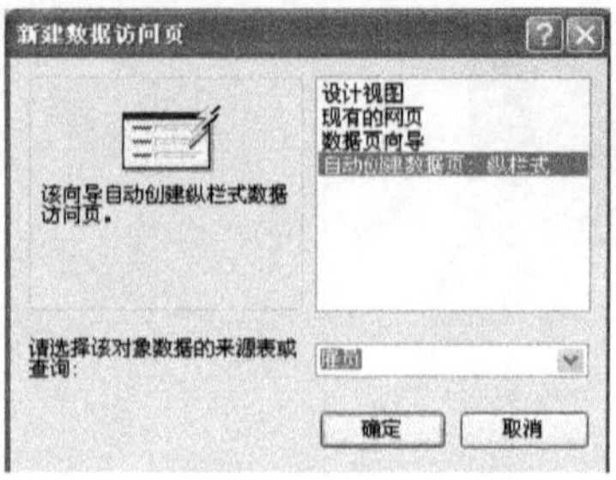

图 14-36 “新建数据访问页”对话框

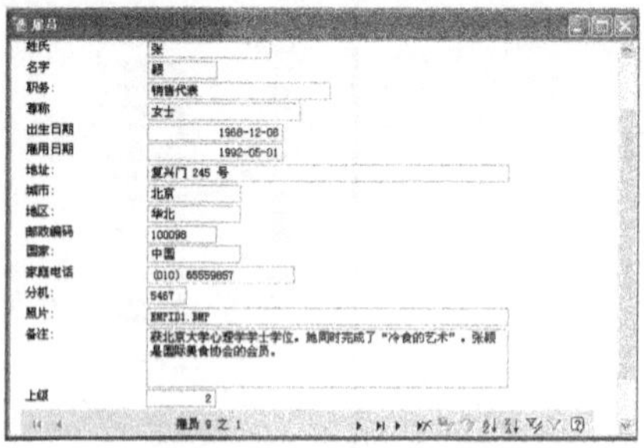

图 14-37 所建数据访问页

14.5.2 使用向导创建数据访问页

使用向导创建数据访问页的方法与使用向导创建窗体、报表相似，具体操作步骤如下：

（1）在罗斯文示例数据库窗口中，选定“对象”面板上的“页”，单击“新建”按钮。

（2）指定数据源，打开“新建数据访问页”对话框，如图 14-38 所示。在下拉列表中选择数据源“运货商”表，再选定“数据页向导”。然后，单击“确定”按钮。

（3）确定字段，从列表中依次选取要在数据访问页中显示的表和字段，如图 14-39 所示。然后，单击“下一步”按钮。

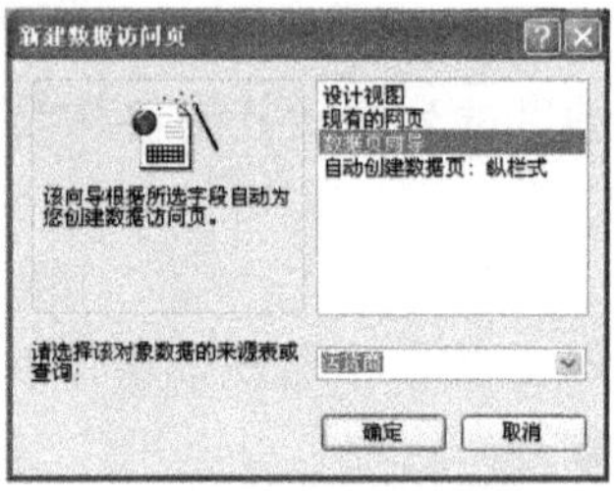

图 14-38 打开“新建数据访问页”

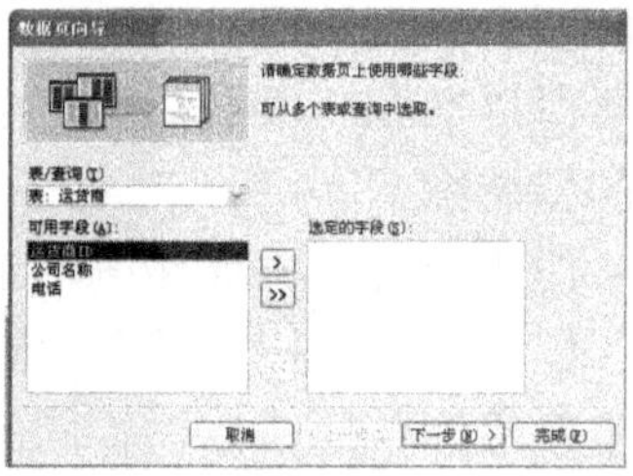

图 14-39 “数据页向导”对话框

（4）设置分组级别，如图 14-40 所示，此时可以选择要在 Web 页中作为分组级的字段。例如，以“运货商 ID”分组。然后，单击“下一步”按钮。

（5）确定排序次序，如图 14-41 所示，选择数据页中记录排序的依据字段。然后，单击“下一步”按钮。

图 14-40 设置分组级别

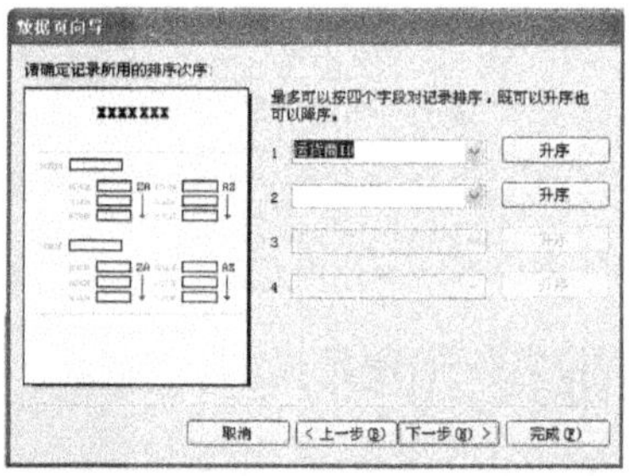

图 14-41 确定排序次序

（6）如图 14-42 所示，输入数据访问页的标题，并设置完成后数据页的处理方式是在 Access 中打开该页，还是在设计视图中修改该页。然后，单击“完成”按钮。

由于选择“修改数据页的设计”，所以如图 14-43 所示，在设计视图中打开该页，并且在窗口的右侧自动出现“字段列表”面板，如图 14-44 所示。在修改设计时，可以直接从“字段列表”面板中拖曳字段。

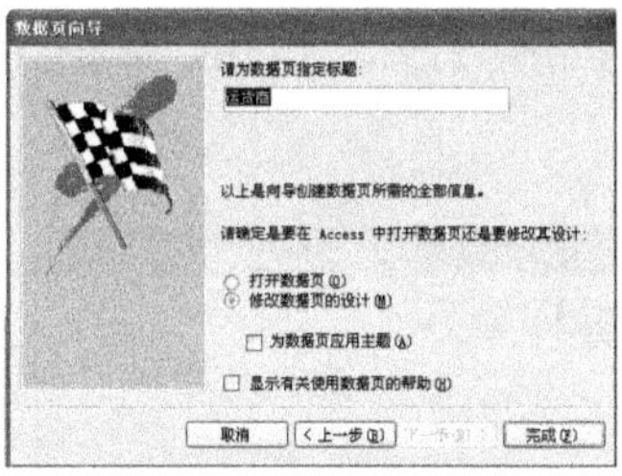

图 14-42　指定标题

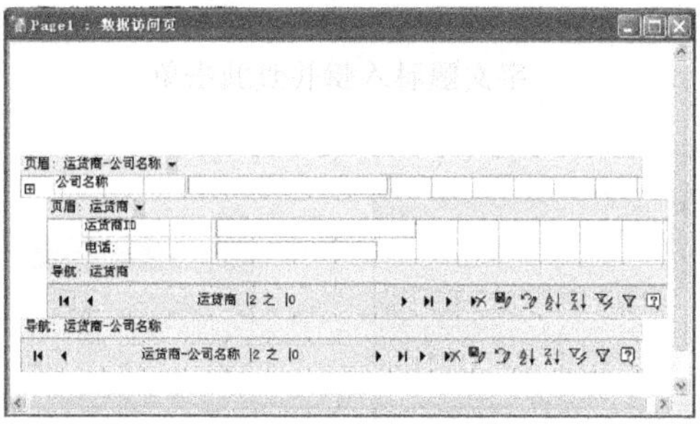

图 14-43　在设计视图中打开建立的数据页

图 14-44　字段列表

14.5.3　在设计视图中创建数据访问页

利用数据访问页设计视图创建数据访问页的具体操作步骤如下：

（1）在罗斯文示例数据库窗口，选定对象“页”，然后双击“在设计视图中创建数据访问页”，如图 14-45 所示。

（2）系统自动打开数据访问页视图，其中有一个空白页，并且出现“字段列表”面板，如图 14-46 所示。在“字段列表”面板中以树形结构显示当前数据库中的所有表和查询，它们均可作为数据来源，通过拖曳可以方便地将其中的字段添加到数据访问页中。

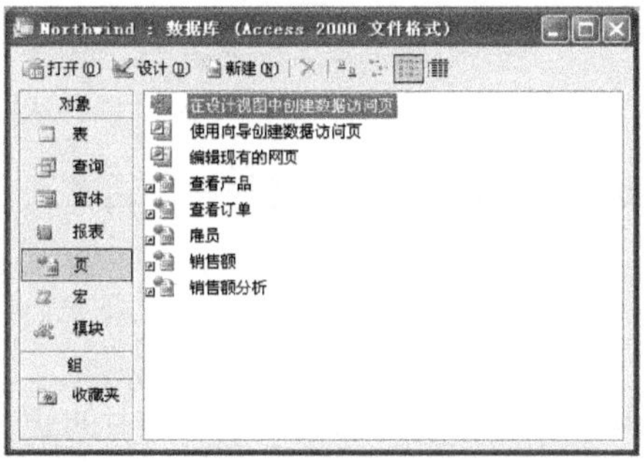

图 14-45　利用设计视图创建数据访问页

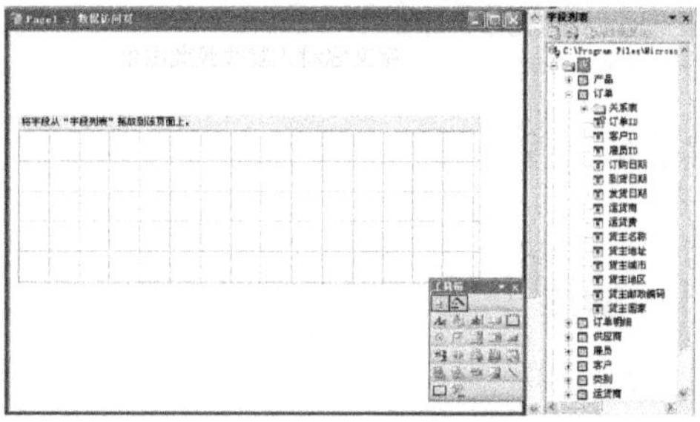

图 14-46　数据访问页设计视图

数据访问页设计视图与窗体设计视图很类似，所以设计操作与利用窗体设计视图创建窗体也很相似。但是，由于数据访问页的最终目的是显示在网页上，因此工具箱中的控件与窗体工具箱有些不同，具体见表 14-1。

表 14-1　数据访问页工具箱中的新按钮

图　　标	按 钮 名 称	功 能 说 明
	绑定范围	在数据访问页中结合 HTML 标记语言
	滚动文字	网页上常见的应用，加入一段不断滚动的文字
	展开	在网页上设置排序与分组字段时，用此工具来展开与关闭列表
	记录浏览	加入类似表/窗体上方的导航按钮
	Office 数据透视表	在页中加入一个数据透视表对象
	Office 图表	在页中加入一个图表
	Office 电子表格	在页中加入一个电子表格
	超链接	插入超链接
	图像超链接	插入一个指向图像的超链接
	影片	加入一段可在浏览器中播放的影片

（3）依次添加控件，如图 14-47 所示，设计“查看订单”数据访问页，之后保存文件。

注意：由于数据访问页标题名不同于数据访问页的文件名，系统还会要求在“另存为数据访问页”对话框中，确认所存储的 HTML 文件名。

（4）打开该数据访问页，在数据库窗口中选定该数据访问页名，单击“打开”按钮，如图 14-48 所示。

图 14-47 “查看订单”数据访问页的设计视图

图 14-48 “查看订单”数据访问页

14.6 数据访问页的设计

在创建数据访问页之后，有时需要对数据访问页进行编辑和修改，这些操作通常要在设计视图中进行。

14.6.1 应用主题

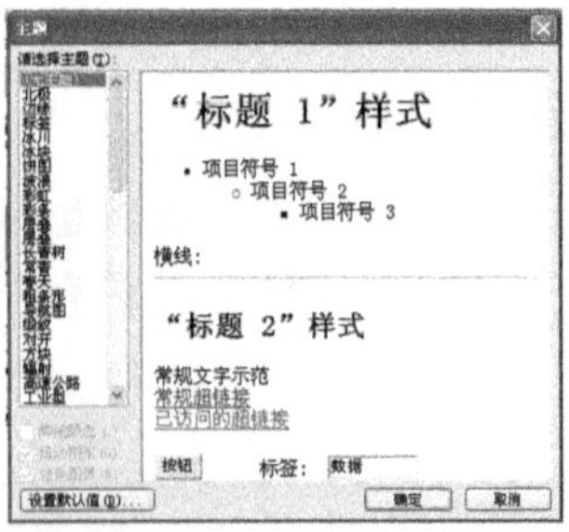

图 14-49 “主题”对话框

将主题应用于数据访问页时，会定义数据访问页中的正文和标题样式、背景色或图形、表边框颜色、水平线、项目符号、超链接颜色以及控件等。具体操作步骤如下：

（1）在设计窗口中打开数据访问页。

（2）从“格式”菜单中选择“主题”命令，打开“主题”对话框，如图 14-49 所示。

（3）在主题列表中选择主题，然后在主题示范框中查看样本数据访问页元素的显示情况，可以在应用主题之前进行预览。

在应用主题对话框中还可设置一些选项，如给文本和图形应用较亮的颜色，使特定的主题图形变为活动的图形，修改数据访问页的背景，等等。

14.6.2 添加 Office 组件

在数据访问页中添加 Office 组件可以简化数据分析的操作，让数据间的互动关系以可视的方式显示出来。Office 组件包括 Office 电子表格、Office 图表、Office 数据透视表。具体操作步骤如下：

（1）以设计视图方式打开需要添加 Office 电子表格的数据访问页。

（2）单击工具栏上的“Office 电子表格”按钮，然后在数据访问页中单击要插入电子表格的位置，即可在数据访问页中插入一张空白的电子表格，如图 14-50 所示。

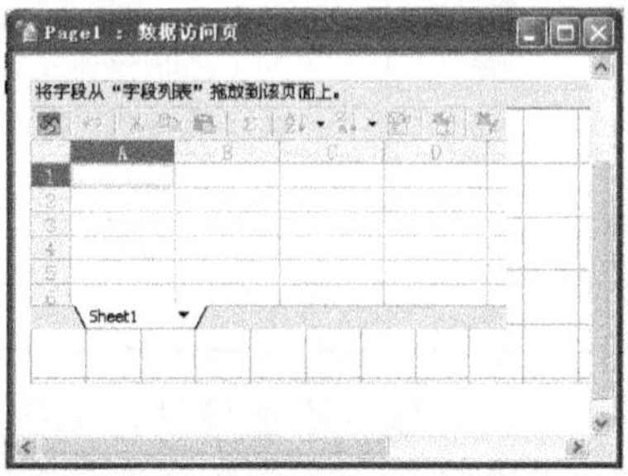

图 14-50 插入“Office 电子表格”

（3）添加后，利用 Office 电子表格提供的工具栏进行相关的数据操作。

14.6.3　添加命令按钮

（1）在数据访问页设计视图中，单击工具箱中的“命令按钮”控件。

（2）将鼠标指针移动到数据访问页上要添加命令按钮的位置，用鼠标拖曳出一个命令按钮。

（3）松开鼠标后，系统自动打开“命令按钮向导”对话框，如图 14-51 所示。在其中，先选择命令的类别，然后选择按钮完成的具体操作。之后，单击“下一步”按钮。

（4）打开如图 14-52 所示的对话框，确定按钮上显示的文字或者选择按钮上显示的图片。之后，单击“下一步”按钮。

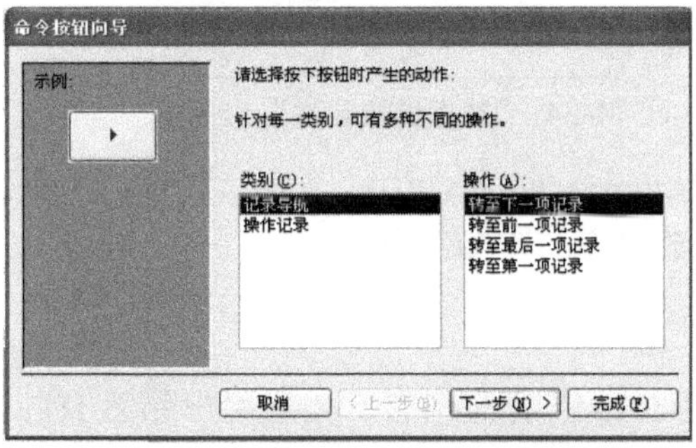

图 14-51　“命令按钮向导”对话框 1

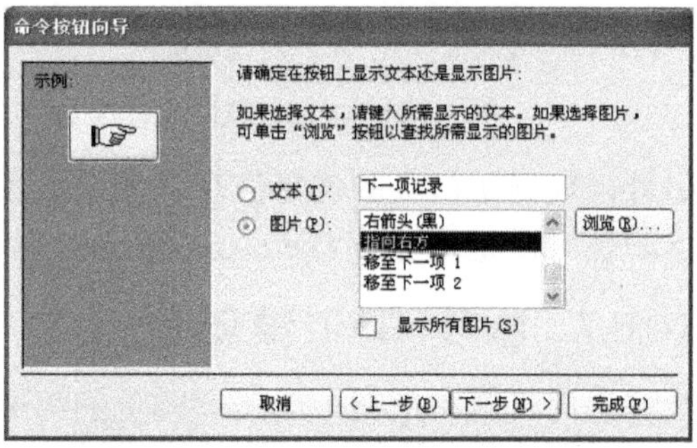

图 14-52　“命令按钮向导”对话框 2

（5）在打开的对话框中，输入按钮的名称，然后单击“完成”按钮。此时，在数据访问页中出现按钮，通过鼠标可以调整其大小和位置。若打开按钮“属性”对话框，还可以修改其属性。

14.6.4　插入超链接

在 Access 中，可以把 office 文档、Web 页、当前数据的数据访问页、新建页、电子邮件地址等，以超级链接的形式插入到数据访问页中。超链接也可以包含在命令按钮、标签、图像等控件中。

例如，在工具箱的“控件向导”处于选中状态下，将“图像超链接”控件拖至设计窗体的适当位置，在打开的“插入图片”对话框中选定所需图片，即可在当前数据访问页中插入图像超链接。

14.6.5　增加滚动文字

在 Access 中，用户可以利用“滚动文字”控件来为数据访问页添加滚动文字。具体操作步骤如下：

（1）在数据访问页设计视图中，单击工具箱中“滚动文字”控件。

（2）将鼠标指针移动到数据访问页上要添加滚动文字的位置，用鼠标拖曳出一个滚动文字控件框。

（3）在滚动文字控件框中输入要滚动显示的文字，例如“春节快乐！”等。

（4）右击选中滚动文字控件框，从快捷菜单中选择“属性”命令，打开该控件的属性窗口，如图 14-53 所示。在其中可以设置滚动文字的相关属性，例如字体类型、字号大小、滚动方向等。

14.6.6　将 Web 页连接到数据库

在创建数据访问页或打开非 Access 2003 创建的 Web 页时，如果没打开数据库，系统会提示用户输入连接信息。如果在提示时未指定连接信息，可以在打开页后再指定，否则数据库中的数据将不能绑定到页上。具体操作步骤如下：

（1）打开“字段列表”对话框，单击左上角的“页连接属性”图标。或者，鼠标右键单击字段列表框顶部的数据库图标，从快捷菜单中选择“连接”命令。

（2）此时系统自动打开“数据链接属性”对话框，在“连接”选项卡中指定数据库的位置及登录的用户信息，如图 14-54 所示。

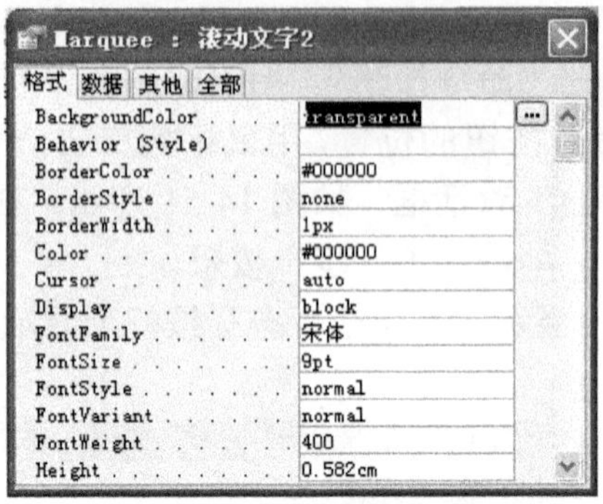

图 14-53　控件属性窗口

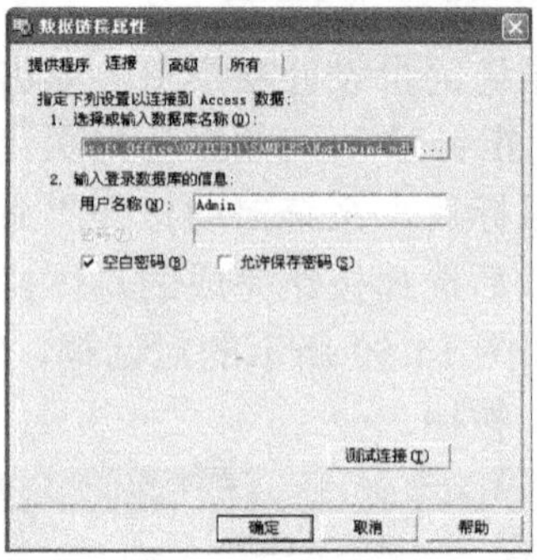

图 14-54　“数据链接属性”对话框

另外，数据访问页的连接信息存储在该页的 ConnectionString 属性中。因此，打开“页面属性”对话框，也可以直接更改 ConnectionString 属性来设置数据库的连接信息。

14.6.7　查看 HTML 源文件

数据访问页就是网页，而所有网页的组成元素就是 HTML 标记语言。如果用户熟悉 HTML 语句的话，可以打开 HTML 代码窗口，从而对其进行直接编辑。

在设计窗口中，执行视图菜单中的“HTML 源文件”命令，或选择鼠标右键菜单中的“Microsoft 脚本编辑器”项，都可以显示 HTML 代码窗口。

14.7　本章小结

报表和数据访问页都主要用于数据库系统的数据输出。本章讲解了 Access 2003 数据库中常用报表的设计和使用，以及数据访问页的设计和创建。

习题

1．什么是报表？报表在数据库应用系统中起到什么作用？
2．报表一般由几部分组成？每一组成部分的作用是什么？
3．简述报表创建有哪几种方法？如何在报表中对记录进行排序、分组和汇总？
4．数据访问页的存储与其他数据库对象有什么区别？
5．如何预览数据访问页？
6．尝试在数据访问页中添加文本、图像的超链接。
7．利用自动创建数据访问页向导，创建“雇员”数据访问页。

第 15 章　宏和模块

15.1　宏的基本概念

宏的作用就是将一些不断重复、烦琐的工作步骤自动化。在 Access 数据库中，通过直接执行宏或者使用包含宏的用户界面，可以完成复杂的人工操作。因为每个宏操作的参数都显示在设计窗口中，所以在编写宏时不需要记住各种语法，操作比较简单。

15.1.1　宏

宏是由宏操作命令组成的，也就是说它能自动执行某种操作或操作的集合，其中每个操作执行特定的功能。在宏中，可以只包含一个操作，也可以包含多个宏命令，以便进行一些复杂的操作，如图 15-1 所示。如果将一系列操作设计成一个宏，则在执行这个宏时，其中定义的所有操作就会按照规定的顺序依次执行。

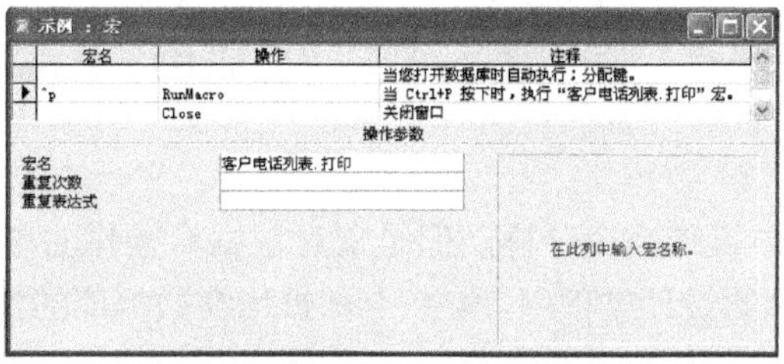

图 15-1　宏

Access 中提供了 53 种基本的宏操作，其中常用的宏操作见表 15-1。

表 15-1　常用的宏操作

操　作	说　明
Beep	通过计算机的扬声器发出嘟嘟声
Close	关闭指定的 Access 窗口，如果没有指定窗口，则关闭当前活动窗口
GoToControl	把焦点移到打开的窗体、窗体数据表、查询数据表中当前记录的特定字段或控件上
Maximize	放大活动窗口，使其充满 Access 窗口，该操作可使用户尽可能多地看到活动窗口中的对象
Minimize	将活动窗口缩小到 Access 窗口底部的标题栏中
MsgBox	显示包含警告信息或其他信息的消息框
OpenForm	打开一个窗体，并通过选择窗体的数据输入和窗口方式来限制窗体所显示的记录
OpenReport	在设计视图或打印预览中打开报表或立即打印报表，也可以限制需要在报表中打印的记录
OpenQuery	打开一个查询
PrintOut	打印已打开数据库中的活动对象，也可以打印数据表、报表、窗体和模块
Quit	退出 Access，本操作还可以指定在退出 Access 之前是否保存数据库对象
RepaintObject	完成指定数据库对象的屏幕更新，如果没有指定数据库对象，则对活动数据库对象进行更新，更新包括对象的所有控件的重新计算
Restore	将处于最大化或最小化的窗口恢复为原来的大小
RunMacro	运行宏，该宏可在宏组中
SetValue	设置 Access 窗口、窗体数据表或报表上的字段、控件或属性的值
StopMacro	停止当前正在运行的宏

宏的优点在于无须编程即可完成对数据库对象的各种操作。在宏中使用的操作与操作系统中的批处理命令非常相似。用户在使用宏时，只需给出操作的名称、条件和参数，就可以自动完成特定的操作。

15.1.2 宏组

在 Access 中，可以将 53 种基本宏操作组成“宏组”完成更复杂的操作。通常情况下，为了完成一项功能而需要使用多个宏时，则可将完成同一功能的多个宏组成一个宏组，以便于数据库的管理，如图 15-2 所示。

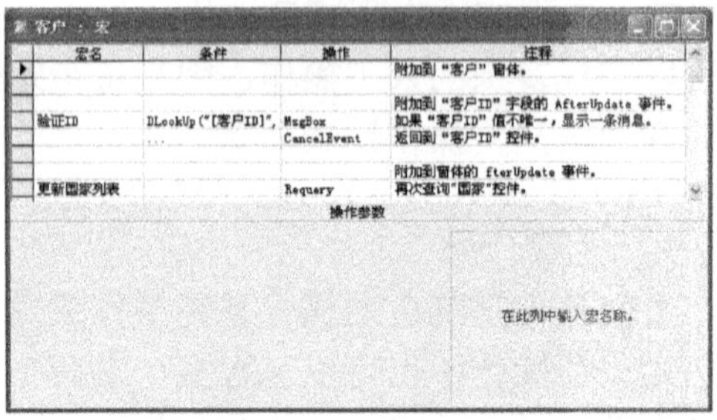

图 15-2　宏组

在宏组中，“宏名”是唯一标识宏的名称。在宏组中执行宏时，如果“宏名”一列为空，则把当前的操作作为当前宏的一个操作。如图 15-2 所示，“验证 ID”就由两个宏操作组成。

15.1.3 宏的应用

宏是一种命令，它如同菜单操作命令一样，但是宏对数据库操作的事件不同，作用时的条件也有所不同。菜单命令一般用在数据库的设计过程中，宏命令却被用在数据库的执行过程中；宏的操作过程隐藏在后台自动执行，而菜单命令必须由使用者来实施，在前台显式操作。宏的主要应用如下：

（1）在数据库的任何视图中，打开和关闭表、查询、窗体和报表。

（2）运行选择查询和动作查询。

（3）为窗体中控件赋值。

（4）运行菜单命令。

（5）控制 Access 窗口。

（6）发出警告信息。

（7）为表等对象制作副本、重命名，还可以将对象导出。

（8）保存和删除数据库对象。

15.1.4 宏窗口

如图 15-3 所示是一个典型的宏窗口，只有进入这个设计环境才能编辑宏。

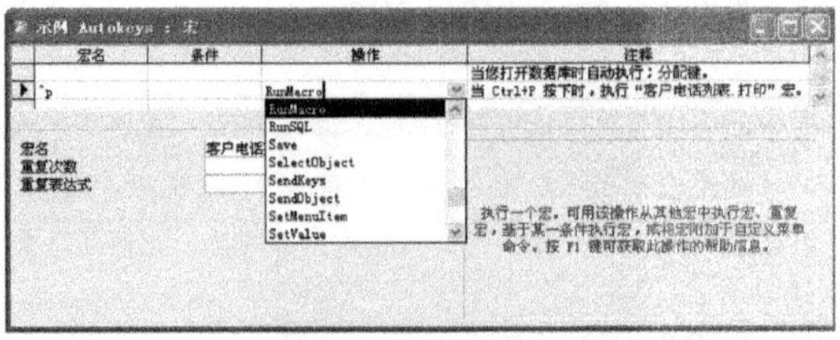

图 15-3　宏窗口

1. 宏名

用户可以为某个宏操作或连续的一组宏操作定义一个宏名。以后在执行这个宏时，只要使用这个名字即可。

2．条件

在执行宏时，先判断条件表达式是否成立。若成立，则执行该行所设置的操作，以及紧接在该行下面，“条件”项目的值为“…”的所有操作，否则不执行宏操作。

注意：无论条件为“真”还是为“假”，都执行条件项目为空的操作。为了避免出现这种情况，可采用 StopMacro、RunMacro 来中止或重定向宏的运行流程。

3．操作序列

在 Access 中，宏就是由一个操作序列组成的，如图 15-3 所示，单击“操作”项目下拉箭头，在列表中选择需要的宏操作名。

4．注释

可以在其中输入对宏、操作等的文字解释。

5．常用按钮

如同窗体的设计视图一样，宏设计窗口也有其特定的工具栏，表 15-2 列出了宏设计工具栏中的一些常用按钮。

表 15-2　宏设计常用按钮

图　标	名　称	功　能
	宏名	显示/隐藏宏设计窗口中的“宏名”栏
	条件	显示/隐藏宏设计窗口中的“统计”栏
	插入行	在当前光标位置插入一个新的宏命令
	删除行	删除光标所在位置的宏命令
	运行	运行宏
	单步	一次运行一个宏命令

15.1.5　触发宏的条件

一般通过触发一个事件运行宏，即宏运行的前提是发生了触发宏的事件。Access 常用的能触发宏的事件见表 15-3。

表 15-3　常用的触发宏的事件

类　别	事 件 名	说　明
数据处理事件	AfterDelConfirm	事件发生在确认记录删除并且表记录已经被删除或者取消删除之后
	AfterInsert	事件发生在数据库中插入一条新记录之后
	AfterUpdate	事件发生在控件和记录的数据被更新后
	BeforeDelConfirm	事件发生在删除一条或多条记录后，但在确认删除之前
	BeforeInsert	事件发生在开始向新记录中写第一个字符，但记录还没有添加到数据库时
	BeforeUpdate	事件发生在控件和记录的数据被更新之前
	Change	事件发生在文本框或组合框的文本部分内容更改时
	Current	事件发生在把焦点移动到一个记录，使之成为当前记录时
	Delete	事件发生在删除一条记录时，但在确认之前
	Dirty	事件发生在窗体内容或组合框部分的内容改变时
	NotInList	当输入一个不在组合框列表中的值时
	Updated	在嵌入或链接（OLE）对象被修改时
焦点事件	Activate	事件发生在窗体或报表等成为当前窗口时
	Deactivate	事件发生在其他 Access 窗口变成当前窗口时，但当焦点移动到另一个应用程序窗口、对话框或弹出窗体时除外

续表

类　别	事 件 名	说　　明
焦点事件	Enter	事件发生在控件接收焦点之前，并在 GetFouse 之前发生
	Exit	事件发生在从一个控件移动到另一个控件之前，并在 LostFouse 之前发生
	GetFouse	当窗体或控件接收焦点时
	LostFouse	当窗体或控件失去焦点时
键盘事件	KeyDown	事件发生在控件或窗体具有焦点并在键盘上按任何键时，但对于窗体而言，一定是窗体没有控件或所有控件都失去焦点时才能接收该事件
	KeyPress	事件发生在控件或窗体具有焦点，并当按下并释放一个产生标准 ANSI 字符的键或组合键时，但对于窗体而言，一定是窗体没有控件或所有控件都失去焦点时才能接收该事件
	KeyUp	事件发生在控件或窗体具有焦点，释放一个按下的键时，但对于窗体而言，一定是窗体没有控件或所有控件都失去焦点时才能接收该事件
鼠标事件	Click	事件发生在对控件按下后再释放鼠标左键时，对于窗体而言，一定是单击记录选定器、节或控件之外的区域时才能发生该事件
	DblClick	事件发生在对控件或其他标签按下后再释放鼠标左键两次时，对于窗体而言，一定是双击空白区域或窗体上的记录选定器时才能发生该事件
	MouseDown	事件发生在鼠标指针在窗体或控件上并按下鼠标时
	MouseMove	事件发生在鼠标指针在窗体、窗体选择内容或控件上移动时
	MouseUp	事件发生在鼠标指针在窗体或控件上且释放一个按下的鼠标时

15.2　宏的基本操作

15.2.1　利用宏窗口创建宏

在使用宏之前需要先建立宏。建立宏的过程很简单，不用设计编码，但是需要理解所使用宏的作用。一般在宏设计窗口中可以直接创建所需要的宏，创建一个宏的过程包括：加入命令、设置参数、保存宏等。具体操作步骤如下。

1．打开宏设计窗口

打开宏设计窗口一般有两种方法：

（1）在数据库窗口中，从“插入”菜单中选择“宏”命令。

（2）在数据库窗口中，选定对象“宏”，再单击“新建”按钮。

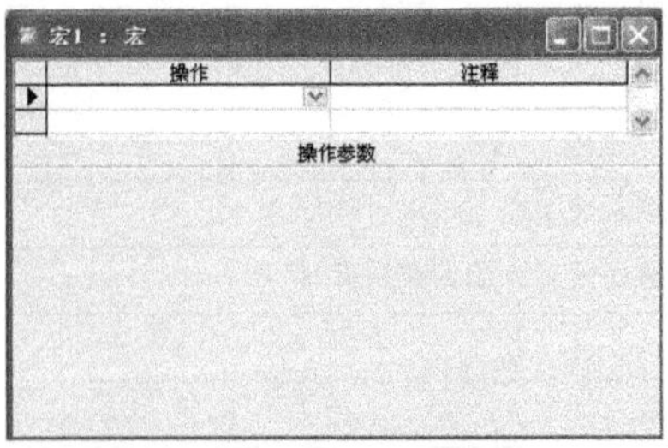

图 15-4　宏设计视图窗口

2．增加“宏名”和“条件”列

一般新打开的宏设计视图窗口中只有“操作”和“注释”两列，如图 15-4 所示。若有需要，可以通过单击工具栏中的“宏名”按钮或“条件”按钮，在宏设计窗口中增减“宏名”列和“条件”列，如图 15-3 所示。

3．设置“宏名”

为了执行时的方便，可以在“宏名”列中为一个或一组宏操作命名。

4．设置“操作”

在“操作”列的下拉列表中选择所需要的操作，如图 15-3 所示。

5．设置“条件”

如果想为宏的某个操作设置一些条件，需要在条件列中输入相应的条件表达式。在执行宏之前先判断是否满足条件。如果满足条件则执行这个宏操作，否则不执行宏操作。

6. 设置“操作参数”

操作参数随着宏命令的设置而产生，选择不同的操作时，将会有不同的参数。例如，打开窗体命令 OpenForm 的参数多达 6 个，即窗体名称、视图、筛选名称、Where 条件、数据模式和窗口模式，如图 15-5 所示。

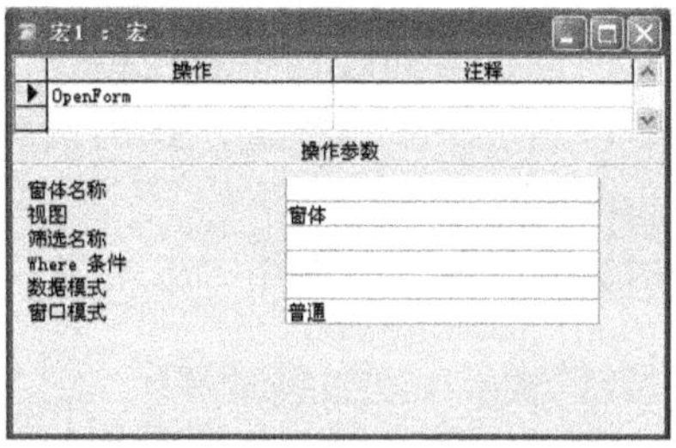

图 15-5 “OpenForm”的属性

7. 设置多行命令

如果要在一个宏中加入多条命令，则移动到另一个操作行，可重复加入命令、设置参数的过程；如果要在两个操作行之间插入一个操作，单击工具栏上的“插入行”按钮，即可在当前行的前面插入一个空白行；使用工具栏上的“删除行”按钮，可删除指定的操作行。

8. 保存宏

设计完成操作及参数后，应保存宏。可以通过工具栏上的“保存”按钮，也可直接关闭宏设计窗口，在打开的“另存为”对话框中输入宏的名称，单击“保存”按钮。

9. 运行宏

单击工具栏中的“运行”按钮，就可验证所做设置的正确性。

注意：在宏设计视图窗口中有一个特殊的宏名，每当 Access 打开一个数据库时，会事先扫描该数据库是否包含 AutoExec 宏。如果有，则自动执行，所以可以创建一个名为 Autoexec 的宏，指定系统启动后自动打开“主切换面板”窗体或其他窗口界面。

15.2.2 创建宏组和向窗体加入宏

宏组可以把基本的宏操作根据需要组合在一起。例如，在一个窗体中添加三个按钮，单击它们可分别实现不同功能，即触发不同的宏操作，如图 15-6 所示。可以把这几个宏操作设计在一个宏组中，具体操作步骤如下：

（1）创建窗体，依次添加三个按钮，如图 15-6 所示。保存窗体，命名为“操作窗体”。

（2）打开宏设计视图窗口，然后单击工具栏上的“宏名”按钮，使得设计视图中出现“宏名”项目。

（3）分别为三个按钮设置不同的宏名及操作，如图 15-7 所示。

（4）关闭宏设计视图窗口，保存宏，命名为“宏组”。

（5）在窗体设计视图窗口中打开“操作窗体”。设置“浏览信息”命令按钮的属性，在其“属性”对话框的“事件”选项卡中，从“单击”事件下拉列表中选择“宏组.浏览产品信息”，如图 15-8 所示。然后，依次设置其他两个按钮。

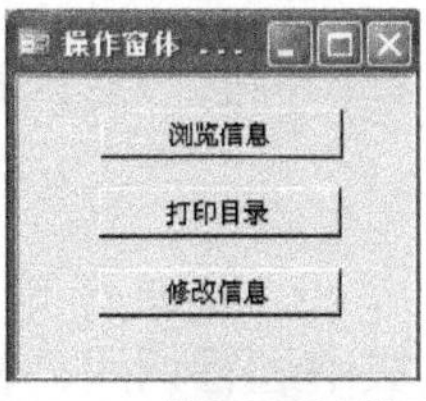

图 15-6 使用宏组的窗体

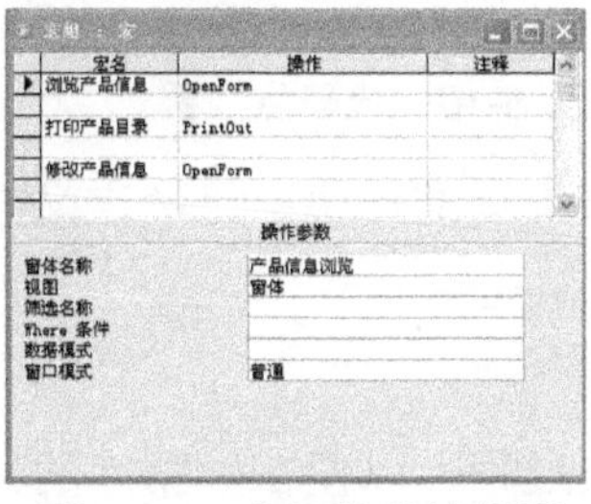

图 15-7 宏组的设计视图

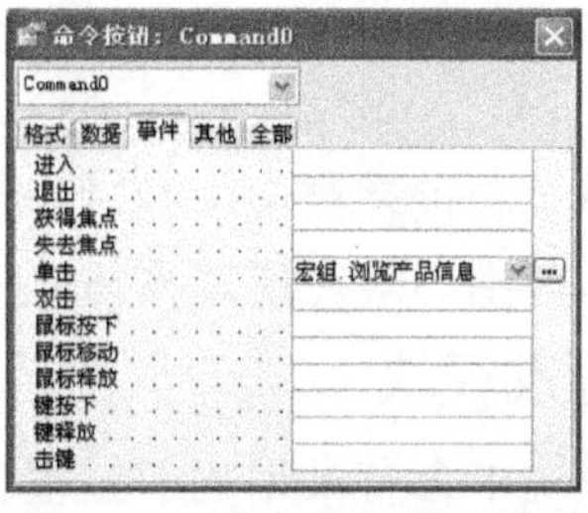

图 15-8 命令按钮属性设置

注意：宏组中宏操作的调用格式为“宏组名.宏名”。

15.2.3 调试宏

若在运行宏的过程中发生错误，或者无法打开相关对象，就应该检查设置的宏命令、参数是否有错误，然后一步步检查，找出问题所在，这就是调试。宏的调试一般采用单步运行的方法，具体操作步骤如下：

（1）在宏设计视图中，单击工具栏上的“单步”按钮或从“执行”菜单中选择“单步”命令。

（2）单击工具栏上的“运行”按钮，系统自动打开“单步执行宏”对话框，如图 15-9 所示。

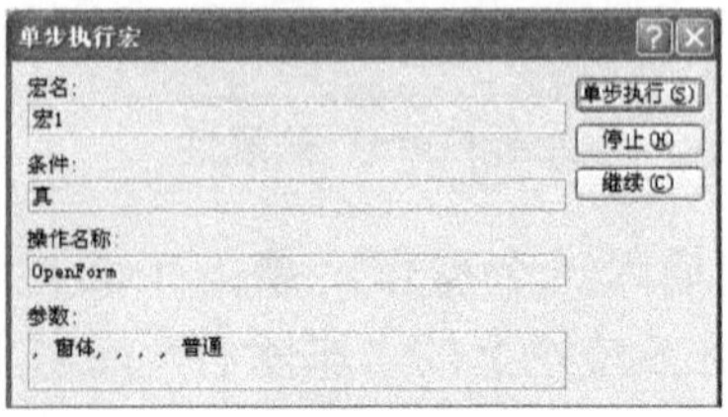

图 15-9 “单步执行宏”对话框

（3）在“单步执行宏”对话框中有三个按钮，通过单击它们可实现不同的控制。

①“单步执行”按钮：用于继续执行下一条宏命令。

②“停止”按钮：用于停止执行宏操作。

③“继续”按钮：用于在暂停执行之后，再继续执行其余宏命令，但此时不再是单步执行。

注意：在宏执行过程中，若暂停之后依然希望单步执行，则需按 Ctrl+Break 组合键来实现。

在运行的宏发生错误时，系统会弹出警告信息框，单击“确定”按钮，会进入“操作失败”对话框，其操作方式与“单步执行宏”对话框相同。

15.3 模块的基本概念

模块是以 VBA（Visual Basic for Application）语言为基础编写的，它是将代码的声明、语句和过程作为一个单元进行保存的集合，是基本语言的一种数据库对象。数据库中的所有对象都可以在模块中引用。使用模块可以代替宏，并完成宏实现不了的功能。

模块是数据库的基本构件，是存储代码的容器。在 Access 中，模块分为类模块和标准模块两类。

1. 类模块

类模块是一种包含对象的模块，当创建一个新的事物时，即在程序中创建了一个新对象。窗体和报表模块都属于类模块，而且它们各自与某一个窗体或报表相关联。窗体和报表模块通常都含有事件过程，用于响应窗体和报表中的事件，同时也可以在窗体和报表模块中创建新的过程。

在窗体或报表的设计视图窗口中，当单击工具栏上的“代码”按钮或者为窗体或报表创建事件过程时，系统都将自动进入相应的代码设计区域，如图 15-10 所示。

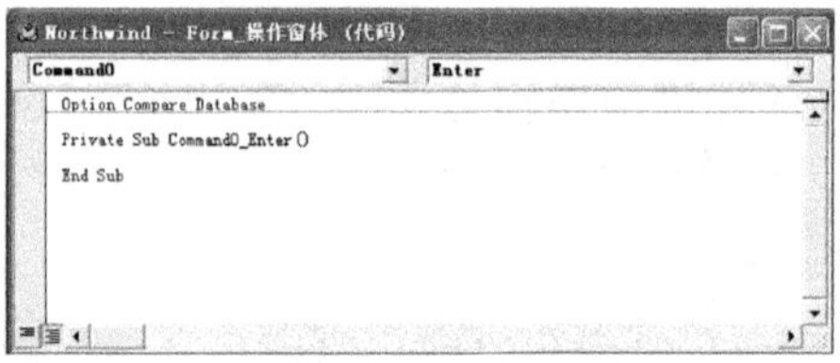

图 15-10 代码生成器

窗体模块和报表模块中的过程可以调用标准模块中已经定义好的过程。同时，它们具有局部特性，其作用范围局限在所属窗体或报表内。

2. 标准模块

标准模块中含有常用的子过程和函数过程，以便在数据库的其他模块中进行调用。标准模块中通常只包含一些通用过程和常用过程，并不与任何对象相关联。

15.4　创建模块

使用 VBA 代码的目的主要有两个：一是在创建窗体、报表和查询中使用自定义函数过程；二是提供所有类模块中都可以使用的公共子过程。通过在数据库中添加 VBA 代码，可以创建自定义菜单、工具栏和具有其他功能的数据库应用系统。由于本书没有详细讲解 VBA 语言，所以只是简单地介绍模块的创建方法。

15.4.1　VBA 窗口

在 Access 中可以创建类模块、标准模块和过程。打开数据库窗口，选定“模块”对象，单击“新建”按钮，系统将自动打开“Microsoft Visual Basic”窗口，如图 15-11 所示。

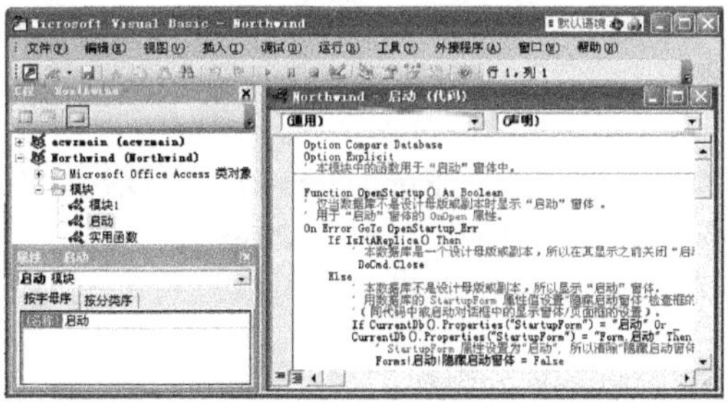

图 15-11　VBA 窗口

15.4.2　过程

过程是 VBA 代码的容器，是包含 VBA 代码的基本单位，它是由一系列操作、语句和方法组成的。过程分为子过程（Sub 过程）、函数过程（Function 过程）和属性过程（Property 过程）。

1. 子过程

子过程是最常用的过程类型，也称为命令宏，可以传递参数和使用参数来调用它，但不返回任何值。使用子过程可以执行动作、计算数值以及更新并修改内置的属性设置。

2. 函数过程

函数过程也称为自定义函数过程，其运行方式与使用程序内置函数一样，即通过调用函数过程获得函数返回值。函数过程与子过程的区别是：其一，函数过程有返回值，而子过程没有；其二，函数过程不能作为事件处理过程，而子过程可以。

3. 属性过程

属性过程也称为事件过程，它是用一系列 VB 语句来处理对象的属性。它允许用户创造并操作自定义的属性，还可以为窗体、标准模块以及类模块创建只读属性。

15.4.3　创建模块

既可以在类模块中创建过程，也可以在标准模块中创建过程。

1. 打开模块设计视图

一般可以通过三种方法进入模块设计视图。

（1）在数据库窗口中，选定对象“模块”，单击“新建”按钮。

（2）在窗体或报表的设计视图中，单击相应工具栏中的“代码”按钮。

（3）在窗体或报表的属性对话框的事件选项卡中，单击相应事件后面的按钮。

2. 在模块中加入过程

（1）子过程。

定义格式：

```
Sub 子过程名
[程序代码]
End Sub
```

可以引用子过程名调用该子过程。VBA 中提供了关键字 Call，可显示调用一个子过程。

（2）函数过程。

定义格式：

```
Function 函数过程名
[程序代码]
End Function
```

函数过程不能使用 Call 来调用执行，需要引用函数过程名，并由接在函数过程名后的括号所识别。

3. 在模块中执行宏

在模块的过程定义中，使用 DoCmd 对象的 RunMarco 方法可以执行设计好的宏，其调用格式如下：

```
Docmd.RunMacro MacroName[,RepeatCount][,RepeatExpression]
```

其中 MacroName 为可选项，是数值表达式，在每次运行宏时计算，其结果为“假”[False(0)]时，则停止运行宏。

15.4.4 保存模块

在 Access 数据库中，程序和数据保存在同一文件（.mdb）中。窗体的程序代码直接保存在窗体中，无论是更改了窗体，还是修改了窗体上各控件的程序代码，都重新保存窗体。但是标准模块代码应该独立保存，保存之后可在数据库窗口的模块对象中显示出来。

15.5 本章小结

稍微复杂的 Access 2003 数据库应用系统都要用到宏和模块，本章详细讲解了宏的定义，在理解了宏的概念之后，有利于合理使用宏。模块实际上就是用户根据数据库系统的需要进行编程，本章简要介绍了程序设计语法和简单案例。

习题

1．宏的主要作用是什么？
2．执行宏的条件是什么？
3．宏组和宏的区别是什么？
4．在 Access 中既然已经提供了宏操作，为什么还要使用 VBA？
5．什么是模块？模块分为哪几类？

第 3 部分　图像处理技术及应用

第 16 章　Photoshop CS3 入门

Photoshop 是 Adobe 公司推出的一个优秀的图像处理软件，也是众多图像软件中的佼佼者，广泛用于各种图像特效、文字特效和网页特效等的制作。无论是设计者、摄影师、印刷专业从业者、多媒体行家还是视频制作者，都能够轻松自如地创作出更高质量的图像作品，同时在多种电脑平台上生成和输出。

本章主要介绍一些基础知识。首先讲解一些图形图像的基本概念，然后了解一下 Photoshop CS3 的界面和基本操作。通过本章的学习，可使读者对 Photoshop 有一些整体的印象，并掌握 Photoshop 的基础知识，为后面的学习奠定基础。

16.1　图形图像基本知识

在后面的学习中将会接触到一些图形与图像的基本概念，本节将对这些概念进行说明。

在用 Photoshop 处理图形时，一般有两种类型的图像：位图和矢量图。弄清图像的属性，才能根据最终的输出要求，选择最合理的图像处理方式。

（1）位图图像

位图图像又称点阵图，它以“点”（即像素）作为图像组成的基本要素。显示器中显示的位图图像是由小方格状的许多像素组成的；而图像中的每个小方格都有自己的位置与色彩数值，在平面处理软件中将它放大到一定程度时，可以看到组成图像的小方格。位图善于重现颜色的细微层次（如照片的颜色层次）它是连续色调图像最常用的电子媒介，能逼真地表现出颜色、阴影的细微层次。位图图像的清晰度与其分辨率有关，它们包含了固定数量的像素，在屏幕上对它进行放大变化或用低于创建时的分辨率来打印，将会丢失其中的细节，出现明显的锯齿状边缘。

（2）矢量图

矢量图是由数学方式定义的线条和曲线，它根据图像的几何特性来描绘图像，如一条曲线起点与终点的相对坐标位置、点与点之间线条的曲率等。移动它的位置、调整它的大小或更改它的颜色都不会降低图形的品质。

（3）分辨率

为了更好地量化位图图像中的像素，图像分辨率就成为重要的度量手段。分辨率是指单位长度上像素的数目，其单位为“像素/英寸”或 “像素/厘米”。因此，在知道图像的尺寸和图像分辨率的情况下，就可以精确地计算出该图像中全部像素的数目。分辨率的设置是决定打印品质的重要因素，高分辨率的图像运用较多的像素，所以呈现出来的图像比低分辨率的图像显现出更细致的色调变化。用于印刷的图像，则需要配合打印分辨率来设置，图像分辨率“dpi”的二倍。例如，需要做一个 150dpi 的印刷品，其使用图像的分辨率大约就应为 300dpi；用于一般的显示设计所制作的图像，参考一般显示器的屏幕分辨率设置，常用 72dpi 的图像分辨率。

（4）图像的色彩模式

Photoshop CS3 能以多种色彩模式显示图像，最常用的模式是 RGB、CMYK、Grayscale、Bitmap 四

种。色彩模式决定了图像显示的颜色数量，也影响图像的通道数和图像的文件大小。

- RGB 模式：RGB（红、绿、蓝）模式是计算机图形设计中最常用的色彩模式，它代表了可视光线的三种基本光元素，称为“光学三原色”。每一种颜色存在 256 个等级的强度变化。当三原色重叠时，由不同的混色比例和强度产生其他的颜色，三原色相加会产生白色。
- CMYK 模式：CMYK 模式是由 C（青色）、M（洋红）、Y（黄色）和 K（黑色）合成的颜色模式，这是印刷业主要使用的颜色模式。由这四种油墨组合，可生成千变万化的颜色，因此被称为四色印刷。在 Photoshop CS3 中，我们通常在 RGB 色彩模式下对图像进行编辑，当需要输出印刷时，才将 RGB 模式转换为 CMYK 模式。
- 灰度（Grayscale）模式：这是图像处理中被广泛运用的模式，采用 256 级不同浓度的灰度来描述图像，每一个像素都有从 0（黑）到 255（白）范围的亮度值。
- 位图（Bitmap）模式：使用黑、白双色来描述图像中的像素，只要先将彩色图像转换为灰度图像，然后执行“图像”→“模式”→“位图”命令，即可把图像转换为位图模式。

16.2 初识 Photoshop CS3

启动 Photoshop CS3 应用程序后，将会显示类似于图 16-1 所示的完整工作界面。可以通过“文件”→“打开”命令来打开一幅图像，再执行“窗口”→“工作区”→“复位调板位置”命令，将所有调板恢复到默认位置。

图 16-1 Photoshop CS3 界面

由此可见，菜单命令、工具选项栏、调板窗、工具箱、调板、图像窗口共同构成了一个完整的 Photoshop CS3 工作界面。

（1）菜单命令：利用 Photoshop CS3 丰富的菜单命令，可以完成基础的诸如复制、粘贴等简单操作，也可以执行改变图像大小、增加图层、删除图层等复杂操作。

（2）工具栏：利用工具栏，可以完成对各个工具的参数调整与设置。

（3）控制面板：控制面板是 Photoshop 中一项很有特色的功能，用户可利用控制面板设置工具参数、选择颜色、编辑图像、显示信息等。Photoshop CS3 为用户提供了 14 个控制面板，默认情况下，它们被组合放置在 5 个面板窗口中。

（4）工具箱：Photoshop CS3 的工具箱中包含了 40 余种工具，包括区域选择工具、绘图工具、颜色设置工具以及显示控制工具等。要使用某种工具，只需单击该工具即可。要查看工具的名称，可将光标移至该工具处，然后稍稍停留，系统将自动显示工具提示，如图 16-2 所示。

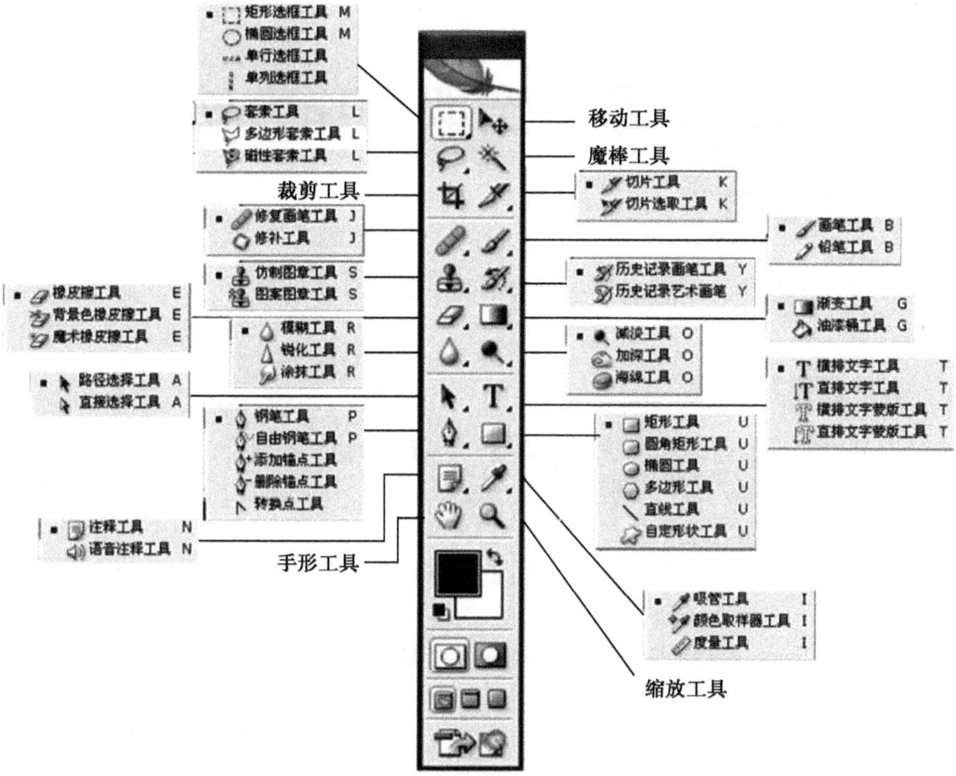

图 16-2 Photoshop 工具箱

（5）状态栏：状态栏位于窗口最底部，它由三部分组成。其中，最左侧区域用于显示图像窗口的显示比例，也可在此窗口中输入数值来显示相应的比例；中间区域用于显示图像文件信息；最右侧区域用于显示 Photoshop 当前工作状态和操作时的工具提示信息。

16.3 本章小结

本章讲解了图形图像的基本知识，包括图像的类型以及图像色彩模式。通过对 Photoshop CS3 的界面和基本操作的初步介绍，可使读者对界面中的各组成部分的功能及使用有一个初步的了解，为后面的学习奠定基础。

习题

1．Photoshop 中，处理的图像类型包括哪些？
2．常用的图像色彩模式包括哪几种？

第 17 章　选取操作方法

17.1　选取工具的使用

在 Photoshop 的工具箱中，可以选择三种类型的选取工具来创建选区：标准框选取工具，魔棒选取工具，套索选取工具。

17.1.1　标准框选取工具

标准框选取工具可实现一些简单形状区域的建立。Photoshop 将四个基本的选取框工具集合在一起，它们分别是：矩形选框工具，椭圆选框工具，单行选框工具，单列选框工具。

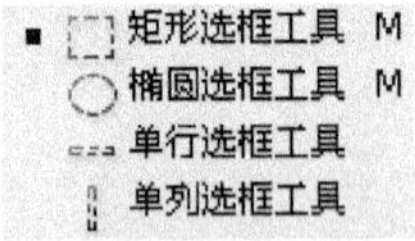

图 17-1　标准框选取工具组

矩形选框工具用于建立矩形或正方形选区；椭圆选框工具用于建立椭圆或圆形选区。

在工具栏中选择选区工具后，工具属性选项栏将显示该选框工具的各项设置参数。

图 17-2　属性栏

图 17.2 中：

- 和（工具选择菜单）：单击旁边的小三角形，可打开工具选择下拉菜单，在其中可选择其他工具，属性选项栏将显示相应的设置选项。
- 是用于设置选区建立方式的按钮组，以设置将要建立的选区与已经建立好的选区之间的关系。
  - ◆ 新选区：建立单独的新选区，是默认的选区建立方式。再次使用选区工具创建选区时，图像中原来的选区将被自动取消。
  - ◆ 添加到选区：在已经建立了选区的图像中添加原有与选区并存的选区。如果新选区与原来的选区有交叉，那么它将与原来的选区合并，构成新的选区。
  - ◆ 从选区中减去：在原有选取基础上减去与新建立选区交叉的部分。如果新绘制的选区没有和原来的选区交叉，那么新选区将不成立。

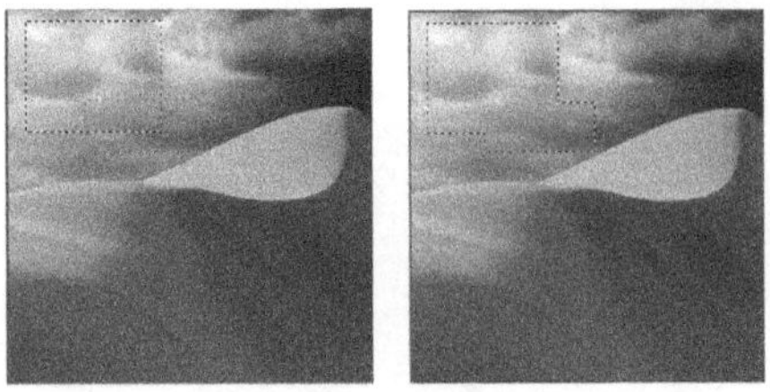

图 17-3　添加选区

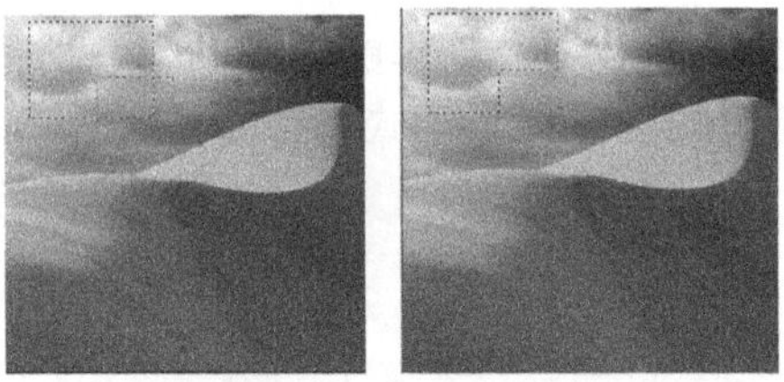

图 17-4　从选区中减去

  - ◆ 与选区交叉：用于将前后两次选区的交叉部分构成新的选区。
- 羽化：如果要柔化选取范围的边缘，可在属性选项栏的羽化选项中输入像素值；如果使用椭圆选框工具，则可勾选“消除锯齿”选项，以避免绘制的椭圆选区边缘出现锯齿现象。
- 样式：在此下拉菜单中可选择不同的选区创建样式。当选择“正常”样式时，选区大小由鼠标按下后拖动的范围来控制；选择“固定长宽比”时，所建立的选区将保持在后面的文字框中设置的长宽比；选择“固定大小”时，在后面的文字框中输入具体的尺寸数值，然后只需要在图像窗口中按下鼠标左键，即可建立设置好长宽大小的选区。

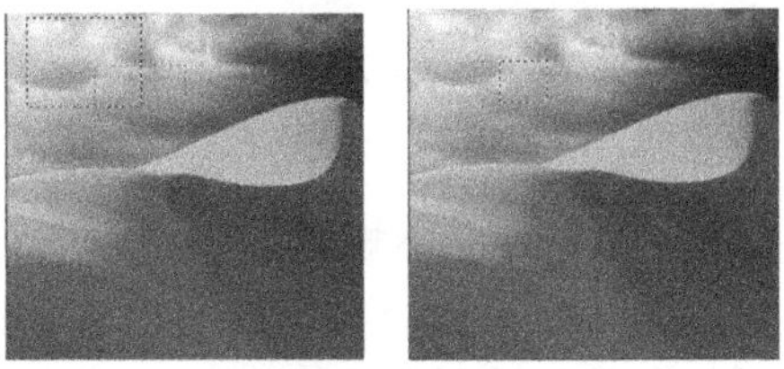

图 17-5 与选区交叉

图 17-6 选区创建的样式

单行选框工具和单列选框工具的使用比较简单，它们分别用来选择高度为 1 像素或宽度为 1 像素的选区。

使用单行选框工具或单列选框工具时，只需在图像中单击鼠标左键就可以选择单行或单列区域。由于使用单行选框工具和单列选框工具选取的区域高度或宽度只有 1 像素，因此在使用工具选取时，可对图像进行适当放大，以便更准确、更方便地进行选取。

17.1.2 魔棒工具

魔棒工具可用来选择图像中颜色相同和相似的不规则区域。在选取魔棒工具后单击图像中的某个点，即可将图像中该点附近颜色相同或相似的区域选择出来。在属性选项栏中，可以对魔棒工具的选取属性进行相应的参数设置。见图 17-7 和图 17-8。

图 17-7 魔棒工具属性栏

图 17-8 利用魔棒工具创建选区

- 容差：用于控制选定颜色的相似范围的大小。数值越大，颜色区域越广。
- 连续的：勾选此项，则只选择与单击点相连的同色区域；未勾选时，将整幅图像中符合要求的色域全部选中。
- 用于所有图层：勾选此项，将对可见图层的颜色进行合并。

17.1.3 套索工具

利用套索工具，可用徒手画的方式描绘出不规则形状的选区。被选定的图像区域边界上会显示出一条流动的虚线，对虚线以内的选定区域可以进行任意操作，虚线以外的区域则不能进行任何操作。套索工具主要包括自由套索工具、多边形套索工具和磁性套索工具。

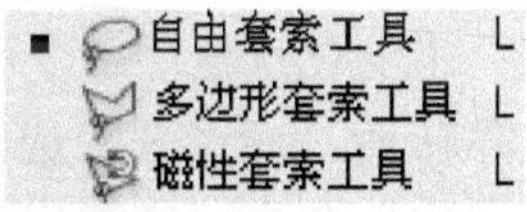

图 17-9 套索选取工具组

（1）自由套索工具。

选择自由套索工具后，属性选项栏将显示与自由套索工具相对应的属性选项，这些功能与前面介绍的选框工具中的选项相同。

在工具箱中选择自由套索工具，在图像中按住并拖动鼠标，即可绘制出任意形状的选区轮廓，在需要的位置松开鼠标，绘制选区的路径将会自动封闭，完成选区的创建。

（2）多边形套索工具。

多边形套索工具用于建立不规则的多边形图形，其在属性选项栏中的选项与自由套索选取工具一样。

选取多边形套索工具时，可通过单击和拖动鼠标在图像中建立不规则的多边形封闭的选取区域；当绘制选区的路径结束点与起点重合时，表示绘制的选区路径已经封闭，此时按下鼠标左键即可完成选区的创建；在选区路径绘制过程中的任意位置双击并释放鼠标，则可以将该点与选区路径的起点用直线连起来并形成选区。

（3）磁性套索选取工具。

磁性套索选取工具用于在图像中图形颜色与背景颜色反差较大的区域建立选区。使用磁性套索工具时，只需在所要建立选区的起始处单击鼠标左键，并沿着图像的轮廓拖动鼠标，此时会有一条线随鼠标移动，同时，线上每隔一段距离会有一个方形的定位点产生，当最后一个定位点与起始定位点相连后，需要的图形选区就被建立好了，见图 17-11。

图 17-11　利用磁性套索选取工具创建选区

磁性套索选取工具的属性选项比前两个套索工具多了三种属性：边对比度、宽度和频率，见图 17-10。

图 17-10　磁性套索选取工具属性选项栏

- 边对比度：用于设定套索工具对边缘的灵敏度，设定的数值越大，则对边缘与周围环境的反差要求越高。
- 频率：用于设置磁性定位点创建的频率，设定范围在 0～100 之间。数值越高，则标记的定位点越多。
- 宽度：用于设置套索工具在选取时检测的边缘的宽度，设定范围在 1～40 之间。数值越小，检测范围越小。

17.2　选区的修改

选区的修改与调整包括：选区范围的增减、移动、选择、扩大、羽化、修改、变换、存储和载入等。

17.2.1　移动选区

当选择的区域位置产生偏差时，可以直接移动选区：将光标移动到选区内，在光标改变形状为时，按住并拖动鼠标，即可将选区移动到需要的位置，见图 17-12。

图 17-12　移动选区

17.2.2　羽化选区

“羽化选区”命令可以根据设置的羽化半径值，使选区与选区周围的像素进行边界转换，通过去除选区边缘的细节来产生扩散模糊效果。在图像中建立选区后，执行“选择”→“羽化”命令，在弹出的“羽化选区”对话框中输入需要的羽化半径像素值，按下“确定”按钮应用羽化处理。羽化半径像素值越大，选区边缘产生的模糊效果越明显（见图 17-13 和图 17-14）。

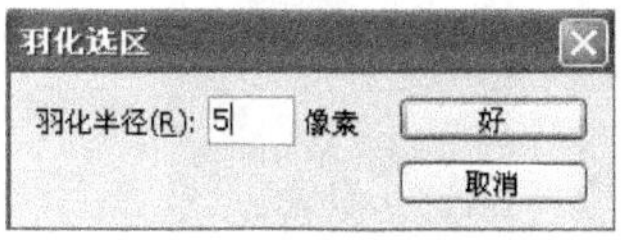

图 17-13　羽化选区命令

羽化 0 像素　　羽化 15 像素　　羽化 50 像素

图 17-14　羽化效果对比

17.2.3　修改选区

对选择的区域不是很满意时，可以对目前已经建立的选区进行修改。执行“选择”→“修改”命令，在弹出的菜单中有“扩边”、“平滑”、“扩展”、“收缩”命令，它们主要针对选区的边缘进行修改。

（1）扩边：执行“选择”→“修改”→“扩边”命令，在弹出的“边界选区”对话框中修改宽度的像素值。可以根据设置的像素宽度对原来的选区进行扩展边缘范围的处理，见图 17-15～图 17-17。

图 17-15　修改命令

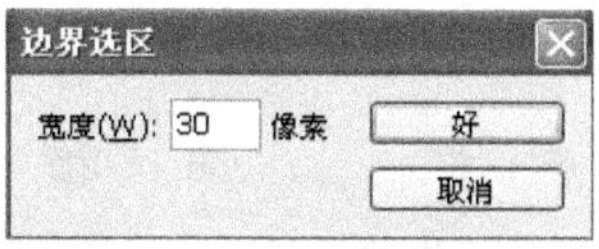

图 17-16　“边界选区”对话框

图 17-17　扩边效果

（2）平滑：执行“选择”→“修改”→“平滑”命令，在弹出的对话框中修改像素值，可对当前选区的粗糙边缘进行平滑处理，见图 17-18 和图 17-19。

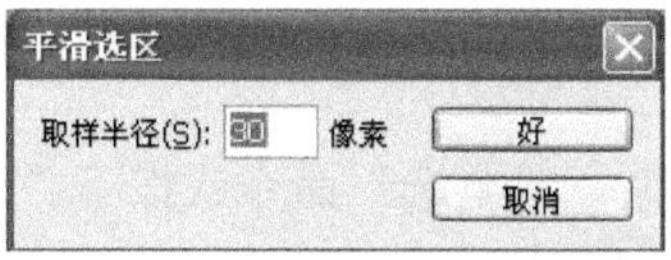

图 17-18　“平滑选区”对话框

图 17-19　平滑效果

（3）扩展：执行“选择”→“修改”→“扩展”命令，在弹出的对话框中输入需要的数值，可将当前选区按设定的像素值向外扩充，见图 17-20 和图 17-21。

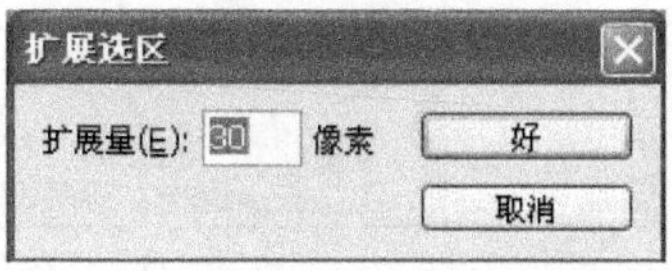

图 17-20　“扩展选区”对话框

图 17-21　扩展选区

（4）收缩：执行“选择”→“修改”→“收缩”命令，在弹出的“边界选区”对话框中修改宽度的像素值。可以依据设置的像素宽度对原来的选区进行收缩边缘范围的处理，见图 17-22 和图 17-23。

图 17-22 “收缩选区”对话框

图 17-23 收缩效果

17.2.4 存储和载入选区

在图像中建立的选区可以被保存起来，在需要的时候再将它载入显示，从而便于在多个步骤中进行相同编辑区域的选区处理。

执行“选择”→“保存选区”命令或在选区范围内按下鼠标右键并选择“保存选区”命令，Photoshop将弹出“存储选区”对话框，在此可为选择保存的选区设置保存位置和名称，见图17-24。

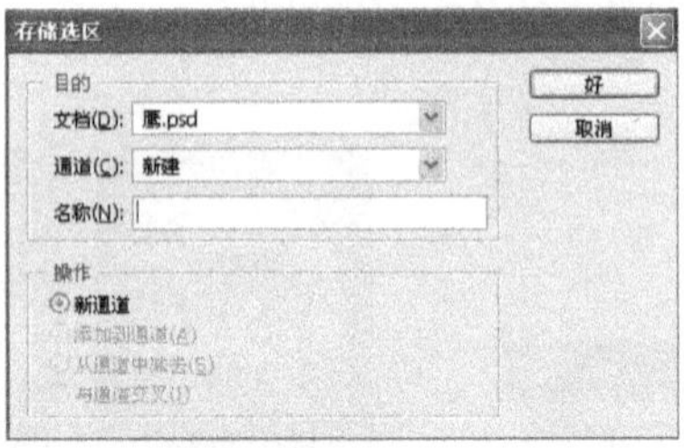

图 17-24 “存储选区”对话框

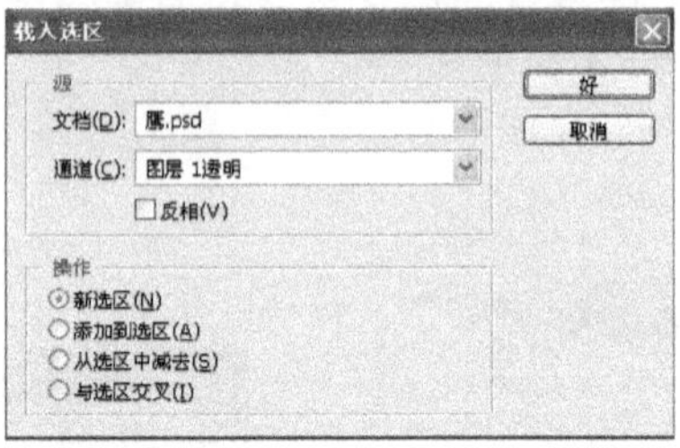

图 17-25 “载入选区”对话框

执行“选择”→“载入选区”命令或在图像窗口的空白区域按下鼠标右键并选择载入选区命令，系统弹出“载入选区”对话框，从而将之前保存的选区调入目前编辑的图像窗口中，见图17-25。

17.2.5 扩大选区

执行“选择”→“扩大选区”命令可使选区在图像上延伸，将连续的、色彩相近的像素一起扩充到选区内，如同增加了魔棒工具的色差范围，见图17-26。

17.2.6 全部选择

要选择当前图像窗口中的全部区域，可以执行“选择”→“全选”命令或按下“Ctrl+A”组合键来完成，见图17-27。

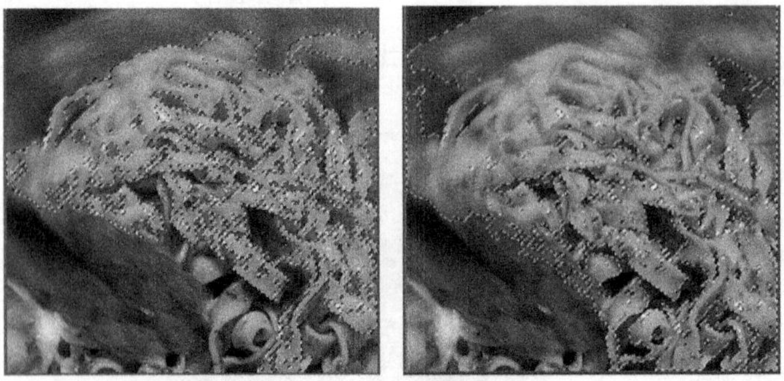

图 17-26 扩大选区

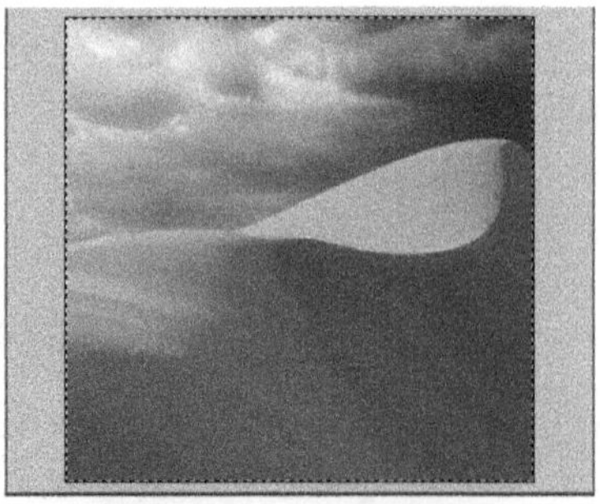

图 17-27 全部选择

17.2.7　选取相似选区

执行“选择”→“选取相似”命令，可以将图像中与目前选区内色彩相同或相近的像素一起扩充到选区内，见图 17-28。

图 17-28　选取相似选区效果

17.2.8　反向选择选区

要将当前图层中的选区和非选区进行互换，可以执行反向选择选区的操作来完成。采用以下几种方法可以完成选区的反选（效果如图 17-29 所示）：

（1）执行“选择”→“反选”命令。

（2）按下“Ctrl+Shift+I”组合键。

（3）单击鼠标右键，在弹出的快捷菜单中选择“选择反选”命令。

图 17-29　选区的反选

17.2.9　变换选区

变换选区命令用于对已有的选区进行如移动、缩放、旋转、斜切、扭曲等的任意形状变换，从而改变选区的形状，方便对图形进行进一步的编辑。执行“选择”→“变换选区”命令后，选区的边框上将出现有八个控制点的矩形变换框，用以对确定的选区范围进行编辑。

（1）移动。

把鼠标移入变换框中，在光标形状改变为▶后按住并拖动鼠标，即可对确定的选区范围进行移动，见图 17-30。

（2）缩放。

移动光标到变换框边线上的控制点上，在光标改变形状为↔、↕或⤢时按住并拖动鼠标，即可对确定的选区进行水平、垂直或斜角方向上的缩放调整，见图 17-31。

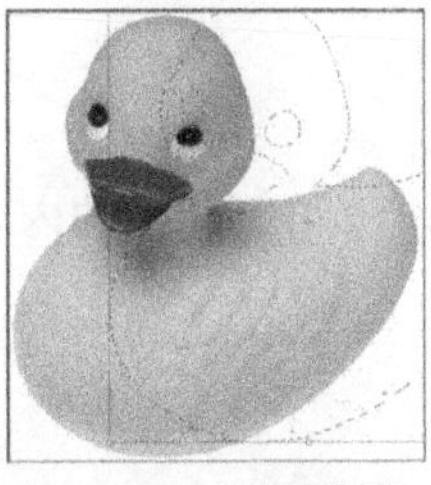

图 17-30　选区的移动

图 17-31　选区的缩放

（3）斜切和扭曲。

按住 Ctrl 键并将光标移动到变换框边线上的控制点上，在光标形状改变为▸时按住并拖动鼠标，即可对确定的选区及选区内的图像进行水平、垂直方向上的斜切和斜角方向上的扭曲编辑，见图 17-32。

（4）旋转。

移动光标到变换框边线上的控制点上，在光标形状改变为↷时按住并拖动鼠标，即可对确定的选区进行旋转变换，见图 17-33。

图 17-32　斜切和扭曲效果

图 17-33　旋转变换效果

17.2.10　取消选区和还原操作

要取消图像中的选区时，如果目前选择的是选区工具，则只需要在图像窗口中单击鼠标左键，即可取消所有的选区。如果目前选择的是其他编辑工具，则可以执行“选择”→“取消选择”命令或按下“Ctrl+D”组合键来取消所有的选区。在取消选区后，如果还需要还原刚才的选区，可以执行“选择”→“重新选择”或按下“Shift+Ctrl+D”组合键，即可重新建立之前的选区。

17.3　图像的剪辑

在 Photoshop 中，可以对选区内的图像进行剪切、复制、粘贴等多种编辑操作。

17.3.1　剪切

建立选区后，执行“编辑”→“剪切”命令或按下“Ctrl+X”组合键，可将选区中目前图层的图像剪切到剪贴板中，剪切后的区域将变为透明，见图 17-34。

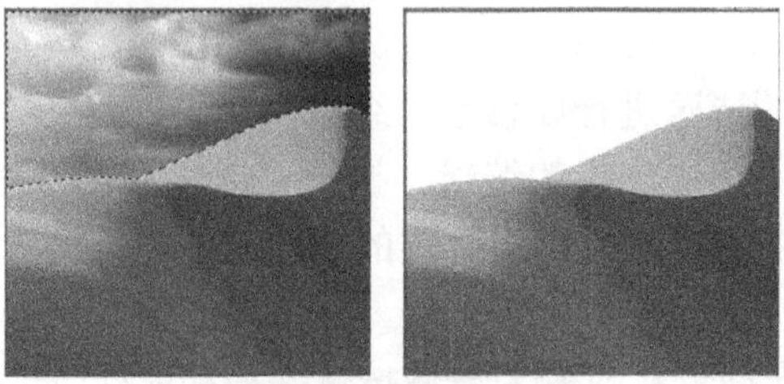

图 17-34　剪切图像

17.3.2　复制

选取需要的图像，执行“编辑”→“复制”命令或按下“Ctrl+C”组合键，可将选区中的图像复制到剪贴板中，而原来的图像不发生任何变化。

17.3.3　粘贴

执行“编辑”→“粘贴”命令或按下“Ctrl+V”组合键，可将剪贴板的内容粘贴到目前文件的新图层中，见图 17-35。

图 17-35 粘贴图像

单击工具箱中的移动工具，在选择的图像中按住鼠标左键并拖动，把选择的图像直接拖到另外一张图片中，即可把复制、粘贴的操作一次完成。

17.3.4 将图像粘贴到选区

执行“编辑”→“粘贴入”命令，可将复制的内容粘贴到图像中目前选区范围所在的图层中。

17.3.5 合并复制

当图像存在多个图层时，执行“编辑”→“合并复制”命令或按下“Ctrl+Shift+C”组合键，可将选区中各图层所有的内容合并成一个图形并存入剪贴板中。

17.3.6 清除选区内的图像

执行“编辑”→“清除”命令或按下 Delete 键，可清除目前图层在选区范围内的图像，清除后的区域将变为透明。

17.4 图像的自由变换

图像的大小可以自由调整，还可以执行旋转、缩放、斜切、扭曲、透视等变形操作。前面讲到的对选区的变换，只是对选区形状的编辑修改，而不会对选区范围内的图形产生作用。

17.4.1 缩放

（1）选取要缩放的图像，执行“编辑”→“变换”→“缩放”命令，图像边缘将出现具有八个控制点的变换框。移动光标到变换框边线上的控制点上，当光标变为↔，↕，↗时，按住并拖动鼠标，即可对选取的图像进行水平、垂直或斜角方向上的缩放调整。

（2）将光标移到变换框中，当变成▶形状时，拖曳鼠标就可以移动变形的图像。

（3）按住 Shift 键并拖曳变换框四个角的控制点，即可对图形进行等比例缩放。按住 Alt 键并拖曳变换框上的控制点，可以以图形的中心点来对图形进行缩放。

（4）调整完毕后，把光标移到变换框中并双击鼠标左键或按下 Enter 键，即可应用对图形进行的变换。按下 Esc 键则可以取消变形操作，恢复原来的选区状态，见图 17-36。

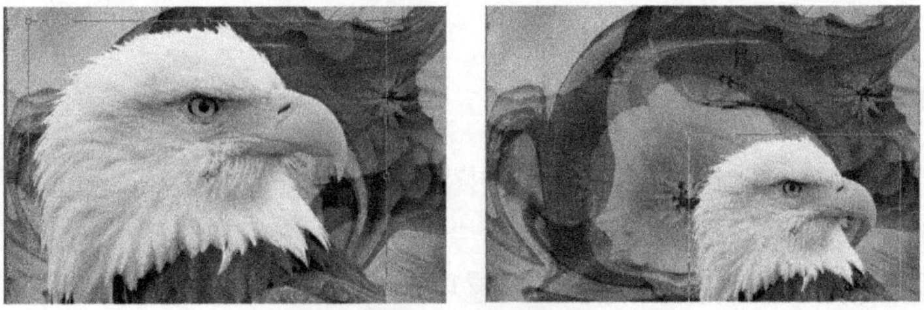

图 17-36 缩放图像

17.4.2 旋转

（1）选择要旋转的图像，执行“编辑”→“变换”→“旋转”命令，图像边缘出现旋转变换框。将光标靠近变换框上的控制点，当光标变成↰的形状时，拖曳控制点就可以旋转所选取的图像了，见图 17-37。

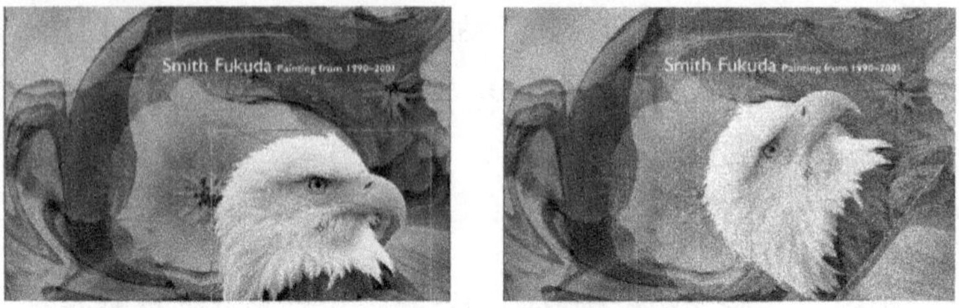

图 17-37　旋转图像

（2）默认状态下，旋转变换以图像中心点为轴心。如果需要改变旋转轴心点的位置，可以将光标移到变换框中，当光标变成▶时，通过拖曳鼠标即可移动旋转中心点。

17.4.3 斜切

选择要斜切的图像，执行“编辑”→“变换”→“斜切”命令，图像边缘出现斜切变换框。将光标靠近变换框四个角的控制点，当光标变成▶时，按住并拖曳控制点，可以单方向地选取图形斜切。将光标靠近变换框的框线中间的控制点，在光标变成▶↔形状时按住并拖曳控制点，可以在水平或垂直方向上斜切图像，见图 17-38。

图 17-38　单方向斜切图像和左右两边斜切图像

17.4.4 扭曲和透视

我们还可以对选取的图像进行扭曲和透视的变形操作，其操作步骤同上面介绍的一样。

17.4.5 自由变换

执行自由变换命令，可以将旋转、缩放、斜切、扭曲和透视变形功能融为一体，这样做不仅方便，而且还有一个很大的优点，就是可以降低图像因多次变形造成的失真。选取图像后，执行“编辑”→“自由变换”命令或按下“Ctrl+T”组合键，调出变换框，对它进行各种变形。具体操作和上面介绍的相同。

17.4.6 数值变形

数值变形可以通过精确的数值设置，对选取的图像进行位置、旋转、缩放、斜切等的细致变形。

（1）选取需要进行数值精确变形的图形，执行“编辑”→“自由变换”命令。此时在图形边缘出现变换框，而属性选项栏中会出现各种变形的数值设置项，在设置框中输入有效范围内的数值，见图 17-39。

图 17-39　数值精确变形的选项控制板

图 17-39 中，为参考点位置；X: 232.0 为参考点水平坐标；Y: 201.5 为参考点垂直坐标；W: 100.0%

为设置水平缩放；H: 100.0% 为垂直缩放比例；⊿ 0.0 度为设置旋转；H: -28.7 度为水平倾斜；V: 0.0 度为垂直缩放比例；⊘ 为取消变换；✓为进行变换。

（2）按下 Enter 键或按下属性选项栏上的“进行变换”按钮✓，图像将根据所输入的变形数值进行变形。按下 Esc 键或按下属性选项栏上的“取消变形”按钮⊘，可以取消对变形的应用。

17.4.7　翻转变形

执行“编辑”→“变换”→“水平翻转”命令或执行“编辑”→“变换”→“垂直翻转”命令，可以对图像进行水平或垂直的翻转变形，见图 17-40。

原图　　水平翻转　　垂直翻转

图 17-40　图像翻转变形

17.4.8　填充

建立选区后，可以对选区进行填充：

（1）在工具箱中设置好填充前景色和背景色。

（2）执行“编辑”→“填充”命令，在开启的填充对话框中进行需要的各项填充设置。

- 内容使用：设置填充的内容，可以选取使用前景色、背景色、图案、历史记录、黑色、50%灰色、白色来填充。
- 混合模式：设置色彩填充时的混合模式。
- 不透明度：设置填充色彩的不透明度。
- 保留透明区域：勾选此项，则色彩将在原来就有颜色的部分进行填充，而透明的部分将继续保持透明。

（3）在内容使用栏选取前景色或背景色填充，按下“确定”按钮，完成对选区或图层的色彩填充操作。

此外，还可以借助组合键来完成填充操作：按“Alt+Backspace”或“Alt+Delete”组合键填入前景色；按“Ctrl+Backspace”或“Ctrl+Delete”组合键填入背景色；按“Shift+Backspace”组合键调出填充设置对话框，见图 17-41 和图 17-42。

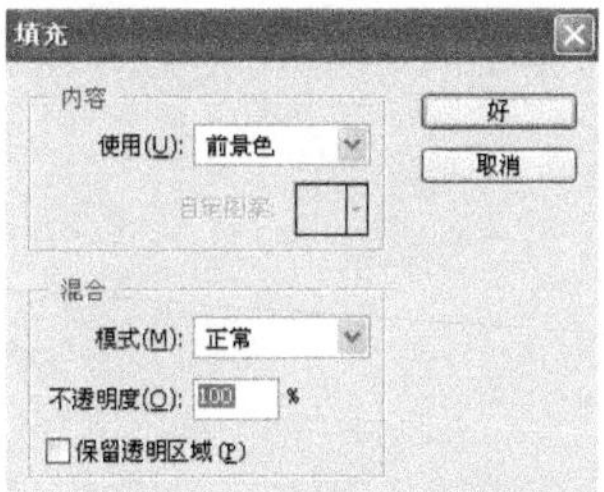

图 17-41　“填充”对话框

建立要填充的选区　　填充后的效果

图 17-42　对选区进行填充

17.4.9 描边

执行描边命令，可以在选定的区域界线上用前景色进行笔划式的描边。建立选区后，执行“编辑”→“描边”命令，弹出“描边”对话框，并在对话框中可以进行各种参数设置。

（1）宽度：设置描边的宽度，以像素为单位。

（2）颜色：设置描边颜色。

（3）位置：设置描边的位置。

- 居内：从选区边缘向内描边；
- 居中：以选区线为中心向两侧描边；
- 居外：从选区边缘向外描边。

（4）模式：设置彩色描边时的混合模式。

（5）不透明度：设置描边色彩的不透明度。

17.5 本章小结

本章主要介绍了 Photoshop 中选取的主要方法，其中包括选取工具的使用、选取的修改、图像剪辑及图像自由变换。使用选取工具需掌握选取工具的三种类型，即标准框选取、魔棒选取和套索选取；对于选区的修改，读者应掌握移动选区、羽化选区、修改选区等操作；此外，对于图像剪辑的操作，读者除了掌握基本剪辑操作外，还应熟练使用合并复制等操作；最后，读者还应能够通过旋转、缩放、斜切、扭曲、透视等变形操作对图像的大小进行自由调整。

习题

1. Photoshop 中提供的选取工具主要有哪几种？
2. 选区的修改都可以进行什么样的操作？
3. 图像剪辑都可以进行哪些操作？
4. Photoshop 中可以通过哪些操作对图像大小进行调整？

第 18 章　图像编辑工具

对大多数 Photoshop 使用者而言，能够绘制出绚丽多彩的图画是他们的梦想。而 Photoshop 的工具箱给大家带来了神奇的绘画工具，可以帮助你实现梦想。

18.1　画笔工具组

画笔工具组由画笔工具和铅笔工具组成。画笔工具用于绘制较柔软的线条，铅笔工具可绘制硬边的直线或曲线，其效果类似于平常用的铅笔。

18.1.1　画笔工具

画笔工具可用于绘制如同水彩笔或毛笔效果的线条笔触。

（1）在工具箱中选取画笔工具，通过属性选项栏可以设置画笔的各种属性，见图 18-1。

图 18-1　画笔工具属性选项栏

- 工具预设：选择前面已经存储好的画笔工具设置样式。
- 画笔：选取画笔笔触样式的同时设置画笔的大小，见图 18-2。

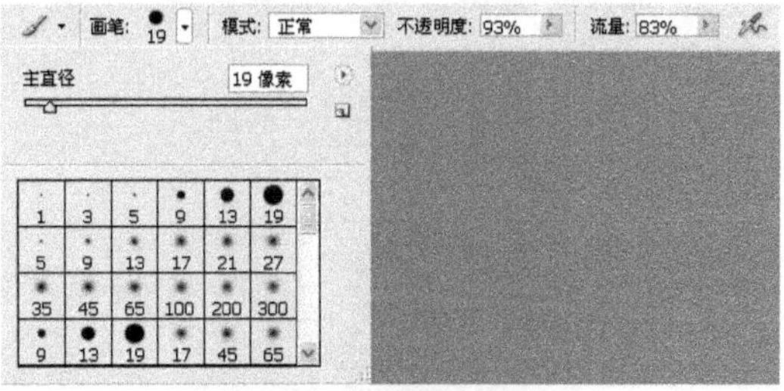

图 18-2　画笔选取面板

- 绘画模式：设置画笔颜色与下方图层颜色的混合模式。
- 不透明度：设置画笔工具颜色的不透明度。
- 流量：颜色的喷出浓度，这里的设置与不透明度有些类似。不同之处在于不透明度是指整体颜色的浓度，而喷出量是指画笔颜色的浓度。
- 喷枪效果：单击喷枪按钮，按住鼠标左键，此时喷枪工具喷出的色彩浓度将会随着流量所设置的数值增大而自动加深。
- “画笔控制板”按钮：单击该按钮，可以快速调出画笔控制板，进行动态画笔的详细设置。

（2）在颜色/色板面板中设置前景色与背景色，见图 18-3。

（3）各项设置完成以后，就可以用画笔工具进行创作了。

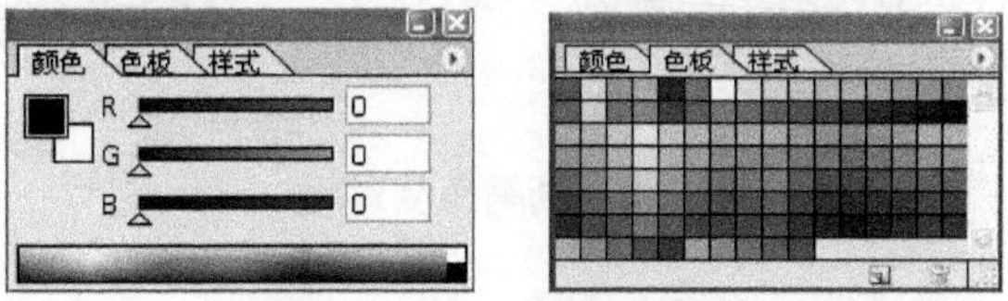

图 18-3　颜色/色板控制栏

18.1.2 铅笔工具

铅笔工具可用于建立如铅笔效果般的线条笔触，铅笔工具的使用和画笔工具类似。

（1）选取工具箱上的铅笔工具，在属性选项栏中设置铅笔工具的各项属性，见图 18-4。

图 18-4 铅笔工具属性选项栏

- 工具预设：同画笔工具的工具预设一样，在这里可以选择存储好的铅笔工具设置样式。
- 画笔：快速选取画笔笔触样式，并设置画笔的大小。
- 绘画模式：设置铅笔画出颜色与下方图层颜色的混合模式，其下拉菜单与画笔工具一样。
- 不透明度：设置颜色的不透明度。
- 自动抹掉：勾选此项后，铅笔工具将模拟橡皮擦的效果。
- “画笔控制板”按钮：按下这个按钮可以快速调出画笔控制板，在其中进行动态画笔的详细设置。

（2）调出颜色控制面板，设置好画笔颜色。

（3）各项设置完成后，就可以用铅笔工具进行创作了。

18.1.3 编辑画笔——画笔控制板

在画笔和铅笔的控制上都有画笔控制板按钮，单击该按钮后，会打开画笔控制板。通过它，我们就可以对画笔效果进行多样化的设置了。

1. 画笔的笔尖形状编辑

画笔的笔尖形状编辑是画笔最基本的编辑，包括画笔直径、角度、圆度、硬度、间距五大属性，见图 18-5。

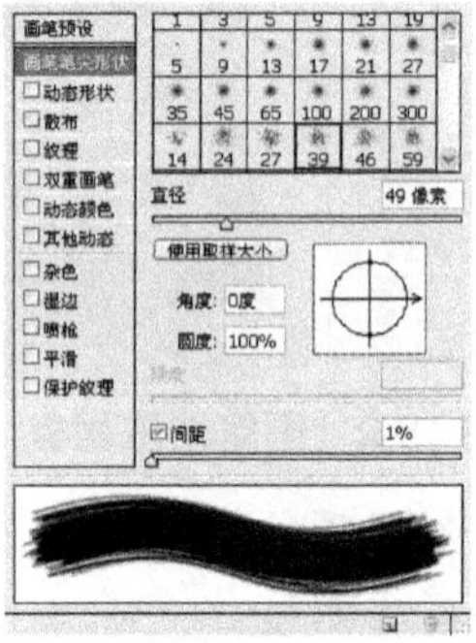

图 18-5 画笔的笔尖形状编辑

（1）画笔直径。

用于设置画笔的直径大小，数值越大则画出的笔触越粗。针对编辑过的画笔，当要恢复到原来画笔大小时，按下“使用样本大小”即可。

（2）角度。

用于设置画笔在绘图时的笔触角度，见图 18-6。

角度为 180 度　　角度为 0 度

图 18-6 画笔角度对比

（3）圆度。

用于设置画笔笔触长轴与短轴的比例，当圆度值为 100 时，画笔保持原来的模样，数值越低画笔越扁，见图 18-7。

（4）硬度。

设置画笔笔触的柔化程度，柔化的数值为 0%～100%。数值越小代表笔触越柔软。这个选项只适用在具有软化效果的圆形画笔上，见图 18-8。

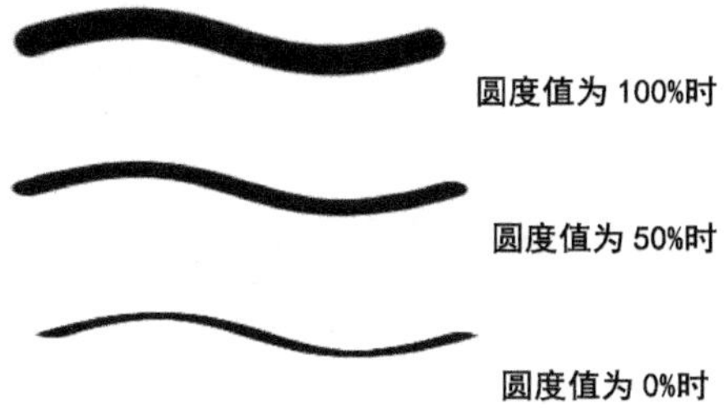

图 18-7　画笔圆度对比

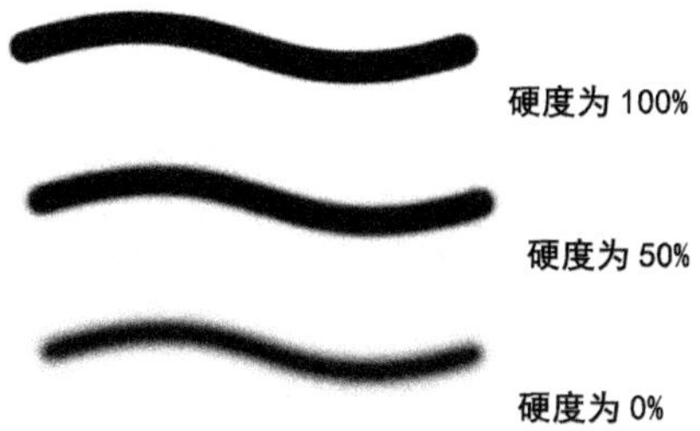

图 18-8　画笔硬度对比

（5）间距。

控制画笔笔触间的距离，取值范围为 1%～1000%。数值越大代表间距越大。要改变间距可以直接输入数字或移动滑动钮，见图 18-9。

图 18-9　画笔间距对比

2. 动态画笔编辑

在画笔控制板左侧，单击“动态画笔”选项，打开动态画笔控制面板，在这个面板中，我们可以编辑画笔的动态效果。

（1）大小抖动。

设置画笔的抖动大小比例，数值越大则画笔抖动效果越明显，这样能模拟手绘画的真实感，见图 18-10。

图 18-10　大小抖动对比

在大小抖动滑块钮下方有一个控制菜单，其中有五个选项，见图 18-11。

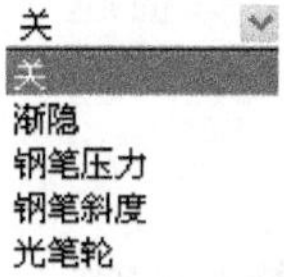

图 18-11　大小抖动的控制菜单

① 关：关闭画笔抖动淡化效果，画笔将一直维持同样的直径大小，见图 18-12。

② 渐隐：在数值设置框中输入数值，画笔大小依据所输入的数值范围，产生阶段性的渐变效果。

③ 钢笔压力、钢笔斜度、光笔轮：这三项都是配合外接的绘图板、喷枪笔等绘图工具使用的，由绘图工具所受压力或是移动速度来设置画笔的淡化距离。如果没有使用这些外接绘图工具，在旁边会出现一个⚠图标，表示这些设置目前不可用。

图 18-12　控制下拉菜单编辑

（2）角度抖动。

在原有的画笔角度上设置画笔角度抖动的大小比例。数值越大，画笔旋转的角度越大；数值为 0 则画笔不会产生旋转的效果，见图 18-13。

图 18-13　角度抖动的对比

角度抖动也有一个下拉菜单，可以设置动态画笔的笔触角度的变动方式，共有 7 个设置选项，见图 18-14。

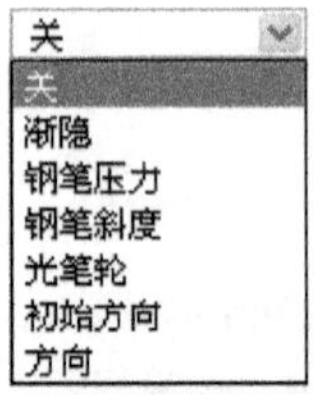

图 18-14　角度抖动的控制菜单

① 关：关闭画笔角度变动淡化效果。画笔的变动数值仍依照角度抖动的设置而变动。

② 渐隐：在数值设置框中输入数值，画笔角度依据所输入的数值范围产生阶段性的渐变效果。

③ 钢笔压力、钢笔斜度、光笔轮：效果同前面讲解大小抖动的控制栏一样。

④ 初始方向：以画笔起笔处的角度作为画笔的角度，并一直维持这个角度。

⑤ 方向：以画笔起笔处的角度作为画笔的角度，不过这个角度将随着笔画的移动方向而变动。参见图 18-15。

图 18-15　角度抖动的控制菜单的各种效果

（3）圆度抖动。

在原有的画笔圆度上设置长短轴的比例。数值越大，则画笔产生的效果变化越大，见图 18-16。

图 18-16　圆形抖动的对比

圆度抖动也有一个控制下拉菜单，可以设置画笔长宽的淡化变动方式，共有 5 种选择：

① 关：关闭画笔长宽变动效果，画笔维持相同的画笔长宽比例。

② 渐隐：在数值设置框中输入数值，画笔圆度依据所输入的数值范围产生阶段性的渐变效果。

③ 钢笔压力、钢笔斜度、光笔轮：使用方法同大小抖动、角度抖动中的控制栏一样。

（4）最小圆度。

设置画笔长宽变动时的最小比例，当圆度抖动设为“关”和“渐隐”时，最小圆度的调整会影响圆度抖动的效果。

3. 散布

散布画笔会产生散布笔触的效果，其操作面板的各种编辑设置如下，见图 18-17。

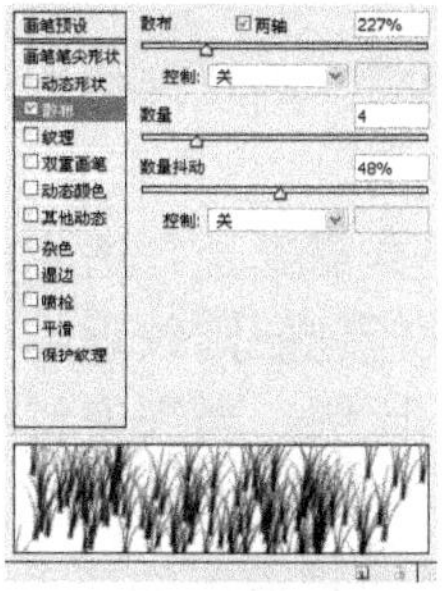

图 18-17　散布画笔编辑面板

（1）散布。

散布的效果也就是笔触之间的距离变化效果。数值越大，散布的距离越大。勾选“两轴”，画笔将以圆形方式向外散布，见图 18-18。

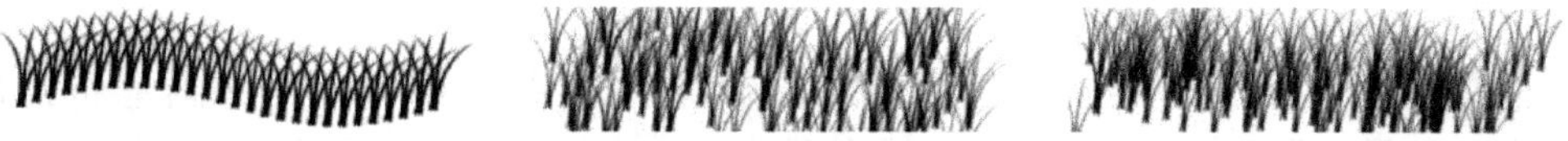

散布值为 0%　　散布值为 150%　　散布值为 150%，并勾选两轴

图 18-18　散布范围对比

在散布设置下方的控制下拉菜单中，共有 5 个选项：

① 关：关闭画笔散布变动效果。

② 渐隐：在数值设置框中输入数值，产生阶段性的散布渐变效果，见图 18-19。

图 18-19　渐隐效果

③ 钢笔压力、钢笔斜度、光笔轮：配合外接绘画工具使用。

（2）数量。

设置散布画笔每个间隔的散布数量，数值越小则散布数量越小。

（3）数量抖动。

在原有的散布数量上设置数量抖动的比例，这个设置配合控制下拉菜单中的“关”和“渐隐”使用。

4. 纹理

如果想为画笔加上纹理效果，可勾选列表框中的“纹理”项，画笔控制板上将显示与纹理相关的各项设置，见图 18-20。

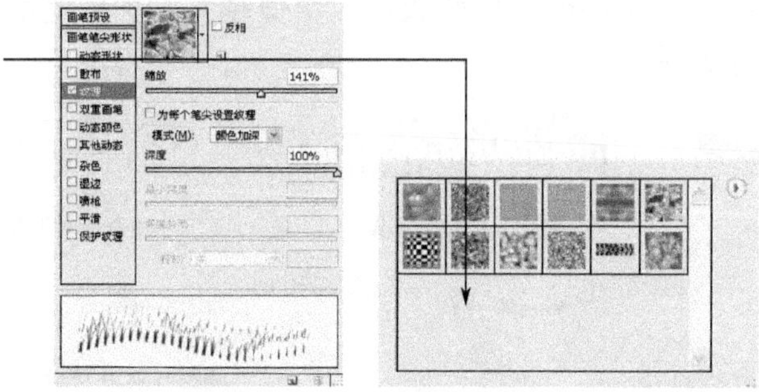

图 18-20　纹理设置面板

（1）图案色板：单击图案色板右侧的下三角按钮，在弹出的图案列表框中，选取需要的图案作为画笔的纹理。

（2）反相：勾选此项，将画笔的纹理效果进行明暗的反相。

（3）缩放：缩放画笔纹理的比例。

（4）为每一个笔尖设置纹理：勾选此项，则纹理将套用到画笔的所有属性上。如果没有勾选此项，则最小深度和深度抖动设置都不能使用。

（5）模式：设置图案的模式，可以根据需要选择适合的图案模式。

（6）深度：设置画笔的纹理深度，数值越低则纹理越明显。

（7）最小深度：设置画笔深度的最小比例，当深度抖动的控制选项设置为渐隐时，画笔的最小深度会受影响。

（8）深度抖动以及它的控制选项：设置纹理深度的变动量，这个设置应配合下方的控制选项使用。

① 关：关闭深度变动效果。

② 渐隐：可设置画笔纹理变动效果。

③ 钢笔压力、钢笔斜度、光笔轮：仍然是配合外接绘图工具使用的。

5．双重画笔

所谓双重画笔就是将两个画笔的形状特性综合起来，产生一种具有两种画笔特点的新画笔。勾选双重画笔选项，则画笔控制板右侧就会显示第二画笔的设置面板，如图 18-21 所示，其设置如下：

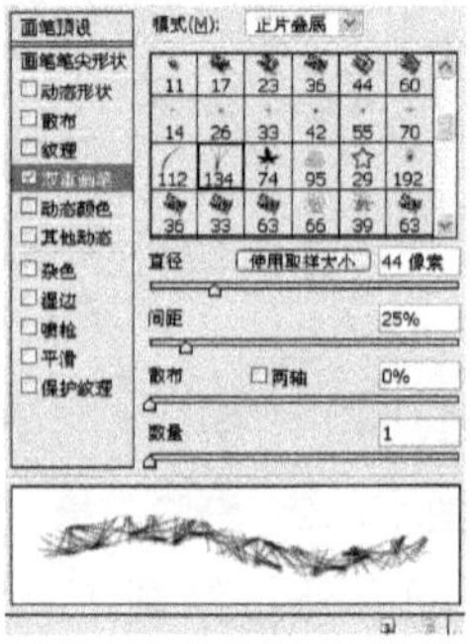

图 18-21　双重画笔设置面板

（1）模式：选择主要画笔的图案模式。

（2）直径：用来设置第二画笔的画笔直径，数值越大则第二画笔的效果越明显。当要恢复第二画笔原来的大小时，单击“使用样本大小”即可。

（3）间距：设置第二画笔的间距，数值越大表示间距越大。

（4）散布：设置散布的第二画笔与实际画笔之间的距离。数值越大，则画笔的散布距离越大。勾选两轴，画笔将以散射方式向外扩散。

（5）数量：设置第二画笔每个间隔的扩散数量，数值越大则扩散笔触的数量就越多。

图 18-22 为各项设置对比图。

图 18-22　各项设置对比图

6. 动态颜色

动态颜色可以使原本单一的画笔产生丰富的色彩变化，勾选“动态颜色”项，打开动态颜色设置面板，见图 18-23。

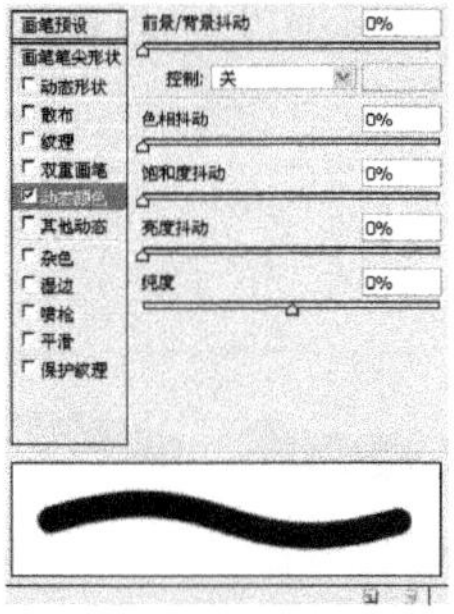

图 18-23　动态颜色设置面板

（1）前景/背景抖动：设置画笔的动态颜色为由前景色变化到背景色，设置数值越大则颜色的变化越丰富，见图 18-24。

设置 0%　　设置 50%　　设置 100%

图 18-24　对比效果

在滑动钮下面的控制列表中同样有五种变动控制。

① 关：关闭颜色自动淡化效果，画笔颜色依旧按“前景/背景抖动”栏的设置而变动。

② 渐隐：设置渐隐数值，画笔的动态颜色将在这个画笔范围内变动。

③ 钢笔压力、钢笔斜度、光笔轮：仍然需要与外接绘画工具配合使用。

（2）色相抖动：使画笔颜色随色相设置栏中输入的百分比数值而变动。数值越大，颜色越丰富。

（3）饱和度抖动：使画笔颜色随饱和度设置栏中输入的百分比数值而变动。

（4）亮度抖动：使笔画颜色随亮度设置栏中输入的百分比数值而变动。

（5）纯度：调整色彩纯度的百分比数值，从而产生色彩纯度的偏移，使笔画颜色变动。

7. 其他动态

勾选“其他动态”选项，在弹出的设置面板中可以对不透明度和喷出度进行设置，见图 18-25。

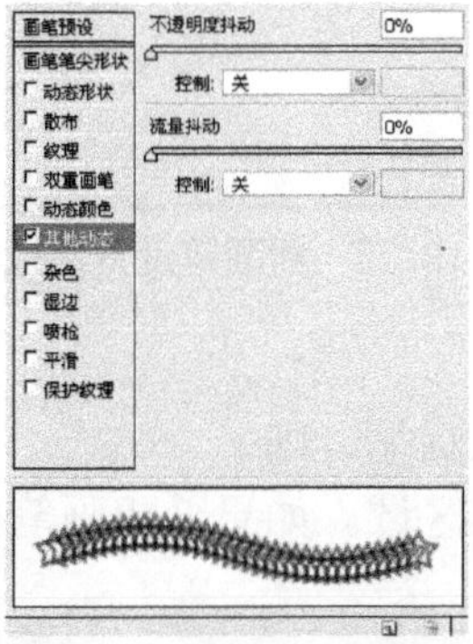

图 18-25　其他动态设置面板

（1）不透明度抖动：设置画笔的不透明度，设置的数值越大，则不透明度的变动越大。控制菜单中各选项的意义如下：

① 关：关闭不透明度变动效果，画笔的不透明度依照滑动钮的设置而变动。

② 渐隐：设置一个渐隐效果数值，画笔的不透明度将在这个范围变动。

③ 钢笔压力、钢笔斜度、光笔轮：配合外接绘画工具使用。

（2）流量抖动：可设置画笔的喷出变动方式，当在喷出设置栏中输入一个百分比数值后，画笔的不透明度将以喷出变动的数值为基准，并以喷出变动的百分比数值作为画笔不透明度的变动范围。

8．杂色

在画笔控制板左侧勾选“杂色”项，则画笔就会加上杂色的效果。这项设置比较适合具有柔化效果的画笔。见图 18-26。

图 18-26　杂色对比

9．湿边

在画笔控制板左侧勾选“湿边”项，画笔就会被加上湿边效果，此选项也适合于有柔边效果的画笔。

10．喷枪

在画笔控制板右侧勾选“喷枪”项，其用法和效果与前面介绍的喷枪工具一样。

11．平滑

在画笔控制板左侧勾选“平滑”项，在绘图时可以产生比较平滑的画笔效果。通常这个选项配合外接绘图工具使用会有比较明显的效果。

12．保护纹理

在画笔控制板左侧勾选“保护纹理”项，在使用纹理图案时勾选此项，可以使纹理效果更加明显。

13．新画笔

完成了画笔的各项编辑后，可以将所设置的画笔效果存储起来，方便下一次调用。单击画笔控制板右上角的▶按钮，在弹出的菜单中选择“新画笔”命令，打开“画笔名称”对话框，在名称栏中输入新画笔名称，按下“好”按钮，完成新画笔的存储，见图 18-27。

图 18-27　新画笔设置面板

14．新增自定画笔

如果需要用自定的图像形状来建立画笔，则：

（1）打开并选取要作为画笔的图像区域。如果希望画笔的边缘柔和一点，可以在选取工具属性栏的“羽化”设置项中输入羽化值。

（2）执行“编辑”→“定义画笔”命令，此时弹出“画笔名称”对话框（见图 18-28），在名称栏中输入画笔的名称后，按下“好”按钮即可。如果把整个图像文件作为画笔，则名称中会自动出现与原图像文件名相同的名称，你可以使用原有名称，也可以重命名。

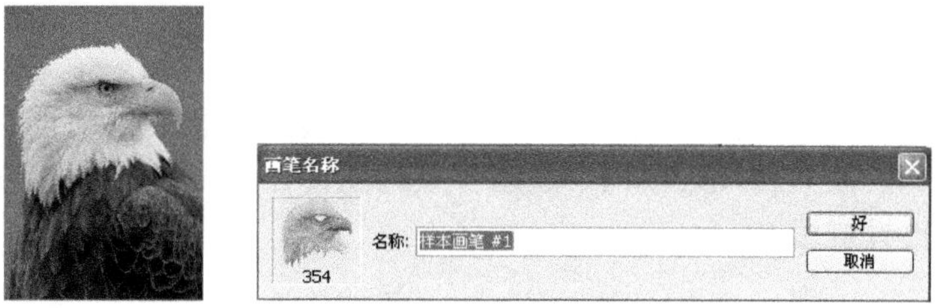

图 18-28　自定义画笔

15. 管理画笔

为了有效地使用画笔，可以对画笔进行管理。单击画笔控制板右上角的按钮，在弹出的菜单中列出了多个针对画笔的管理命令。

18.2　图章工具组

图章工具主要用于对图像进行修补，它包括仿制图章工具和图案图章工具，见图 18-29。

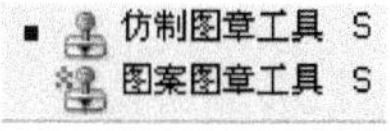

图 18-29　图章工具组

18.2.1　仿制图章工具

仿制图章工具可以将局部图像复制到图像的其他位置。选取仿制图章工具，其属性选项栏中将显示相应的属性设置项，见图 18-30。

图 18-30　仿制图章工具的属性选项栏

- 工具预设：选择仿制图章工具预设样式，快速地使用仿制图章工具。
- 画笔：快速选取画笔大小。
- 模式：设置复制出的图像与下方图像的混合模式。
- 不透明度：设置复制出的图像不透明度。
- 流量：复制图像的喷出浓度。
- 喷枪工具：使仿制图章工具产生喷枪效果。
- 对齐的：勾选此项，将以复制与被复制的相对位置来复制图像。
- 用于所有图层：勾选此项，则可以跨越图层来复制图形。
- “调出画笔控制板”按钮：按下这个按钮可以快速调出画笔控制板，进行动态画笔的详细设置。

仿制图章工具的使用步骤是：选取仿制图章工具，按住 Alt 键，当光标变成⊕时，单击要复制的图像区域，松开 Alt 键，将光标移动到目标位置后单击，就可以进行图像的复制了，见图 18-31。

图 18-31　仿制图章工具效果

18.2.2 图案图章工具

图案图章工具可以将图案样式复制到图像的局部，这项功能需要配合图案样式使用。

选取图案图章工具，在其属性选项栏中显示各项属性设置，见图 18-32。在这里就不重复和仿制图章工具一样的属性设置了。

图 18-32 图案图章工具属性选项栏

- 图案：在这里选择要复制的图案。
- 印象派效果：勾选这个选项，则复制出的图案图像具有印象派的画笔效果。

18.3 修复画笔工具组

修复画笔工具组包括：修复画笔工具和修补工具。它的功能是辅助画笔工具，对绘制的图像进行相应的修补，从而获得更好的画面效果。

18.3.1 修复画笔工具

修复画笔工具可以将图像的缺失部分加以修整，这个工具和仿制图章工具有点类似，同样都是通过复制局部图像来进行修补。但是，修复画笔工具的效果明显强于仿制图章工具。修复画笔工具是通过匹配样本图像和原图像的形状、光照、纹理，使样本像素和周围像素相融合，从而达到无缝、自然的修复效果。

选取修复画笔工具，在属性选项栏中显示其属性设置项，见图 18-33。

图 18-33 修复画笔属性栏

- 模式：选择复制图像的混合模式，共有八种不同的混合模式可以选择。
- 源：选取复制图像的来源，这里有两种选择。
  - ◆ 样式：以图像作为复制来源。按住 Alt 键，当光标变成⊕时，移动至要复制的图像区域并单击鼠标左键。
  - ◆ 图案：以图案作为复制来源，在图案色板中选取要复制的图案。
- 对齐：在相对的位置复制图案和图像。

完成图像的复制后，在需要修补的地方单击鼠标，即可将复制的图像与现有的图像融合，并保持原有图像的材质以及明暗对比度。

将修复画笔工具与仿制图章工具进行对比，会发现修复画笔工具在修图方面效果更好；而在图像合成时，仿制图章工具的效果更理想。图 18-34 和图 18-35 是在相同主直径下用仿制图章工具和修复画笔工具对同一目标制作的效果对比。其中图 18-34 是用仿制图章工具制作的效果，图 18-35 是用修复画笔工具制作的效果。

图 18-34 采用仿制图章工具

图 18-35 采用修复工具

18.3.2　修补工具

通过修补工具可以非常方便地对图像进行修补。其操作步骤如下：

（1）选取修补工具，在图像中把要修补的区域框选出来。

（2）在属性选项栏的“修补”项中，选择“源”，使选取的范围被设置为修补对象。用鼠标将选取的区域拖动至目标区域，完成修补框选区域的操作，见图 18-36。

图 18-36　选择源修补图像

图 18-37　选择目的修补图像

（3）在属性选项栏的“修补”项中，选择“目的”，使选取范围被设置为复制对象，如图 18-37 所示。将光标移到框选范围内，按住鼠标左键并拖动该框选区域到希望进行修补的图像区域上，松开鼠标左键，即可完成修补。

另外，我们还可以使用图案来修补图像。操作步骤是：选取修补工具，在图像上框选出你想要修补的区域，然后在属性选项栏中选择一种图案，按下“使用图案”按钮即可。

同时，按住 Shift 键可以增加选取范围，按住 Alt 键则可以减少选取范围。而为了得到理想的修补效果，建议选取范围不宜过大，针对一个范围可以进行多次修补。

18.4　历史画笔工具组

通过将历史画笔和历史控制面板相结合，可以轻松地恢复某个图像处理状态的某一部分内容。历史画笔类工具包括历史记录画笔工具和历史记录艺术画笔。

18.4.1　历史记录画笔工具

历史记录画笔工具用来记录图像中的每一步操作。单击历史记录画笔工具，在其属性选项栏中将显示各种属性，见图 18-38。

图 18-38　历史记录画笔工具控制栏

在历史记录控制栏，单击要作绘图来源的记录或快照。

使用历史记录画笔工具，按住鼠标左键，在编辑后的图像窗口中进行拖动，可将图像恢复到设置快照时的状态，见图 18-39。

图 18-39　历史记录控制栏

具体操作步骤如下：

（1）打开一幅图像，并对其进行滤镜处理，见图 18-40。

（2）打开历史控制面板，在工具箱中选中历史画笔，在历史控制面板中，单击“打开”操作前的 ，设置恢复点。

（3）在图像中涂抹想要恢复的部分，见图 18-41。

图 18-40　对图像进行滤镜

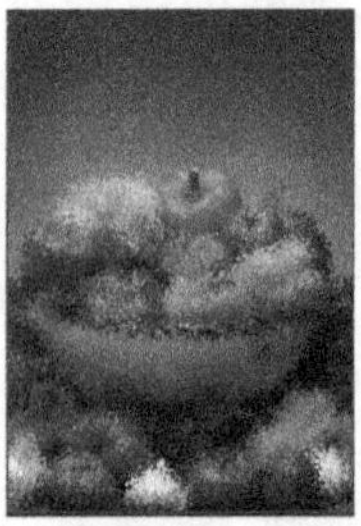

图 18-41　使用历史画笔工具

18.4.2　历史记录艺术画笔工具

历史记录艺术画笔工具 同样可以让你根据目前图像中的某个记录或快照来绘制图像，不同的是它可以设置画笔的笔触，以产生特殊的图像效果，见图 18-42。

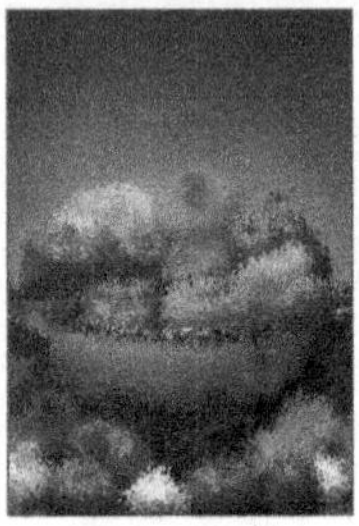

图 18-42　使用历史记录艺术画笔工具

18.5　橡皮擦工具组

橡皮擦工具是用来擦除颜色的，也就是在擦除的位置上填入背景颜色。橡皮擦工具组包括橡皮擦工具、背景橡皮擦工具和魔术橡皮擦工具。

18.5.1　橡皮擦工具

橡皮擦工具 可以擦掉图像中不需要的像素，并自动以背景色填充擦除区域。如果对图层使用，则擦除区域将变为透明。

选取工具箱上的橡皮擦工具，在属性选项栏（见图 18-43）可以对相关属性进行设置，效果如图 18-44 所示。

图 18-43　橡皮擦属性选项栏

图 18-44　使用橡皮擦工具

18.5.2　背景色橡皮擦

背景色橡皮擦可以擦除图像中相同或相似的像素并使之透明。

选取工具箱上的背景橡皮擦工具，其属性选项栏中将显示各种属性，见图 18-45。

图 18-45　背景橡皮擦属性选项栏

- 限制：选取“不连续”可以擦掉图像中所有颜色相同或相似的像素；选取“临近”时，则唯有连续部分的像素才会被擦掉；选取“查找边缘”时，擦除像素的同时会保留图像边缘的锐度。
- 保护前景色：勾选这个选项则可以将前景色保护起来，而不会被擦掉。
- 取样：设置要擦除颜色的取样方式，其中有三种取样方法：
  - ◆ 连续：将随着光标的移动而不断选取图像中的颜色，因此光标经过的地方就是擦除的范围。
  - ◆ 一次：以在图像中第一次按下鼠标左键处的颜色作为取样颜色，并且以这个颜色为基准，擦去在容差范围内具有这种颜色的所有像素。
  - ◆ 背景色板：以背景色为取样颜色，擦除与背景色接近或相同的像素。

如果有不希望被擦去的区域，则按住 Alt 键，单击不想擦去的颜色，该颜色被设为前景色，此时勾选“保护前景色”选项，就可以将这种颜色保护起来了。

18.5.3　魔术橡皮擦工具

魔术橡皮擦工具是个很好用的工具，可以快速擦除图像中所有与取样颜色相同或相近的像素。它与魔棒工具有些类似，也具有自动分析的功能。

选取魔术橡皮擦工具，其属性选项栏中将显示各种属性，见图 18-46。

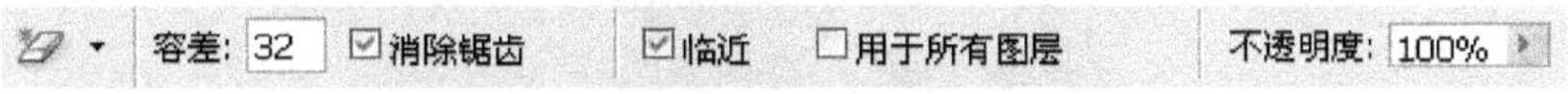

图 18-46　魔术橡皮擦工具属性选项栏

- 容差：输入颜色的取样范围。输入数值越大，可擦去的色彩范围就越大。
- 消除锯齿：勾选此项，避免图像边缘出现锯齿。
- 用于所有图层：勾选此项后，擦除操作会对每一图层都产生作用。
- 不透明度：使用魔术橡皮擦工具后，图像显示的透明度。

效果如图 18-47 所示。

图 18-47　使用魔术橡皮擦工具的效果

18.6　渐变工具组

渐变工具组包括渐变工具和油漆桶工具，这两种工具主要用于填色。

18.6.1　渐变工具

渐变工具可以用来建立多种色彩渐变的效果。所谓渐变效果，实质上就是在图像的某一区域填入具有多种过渡颜色的混合色。这个混合色可以是前景色到背景色的过渡，背景色到前景色的过渡，或其他颜色间的相互过渡。

单击渐变工具，在其属性选项栏中显示各项属性（见图 18-48），设置属性参数，在图像选区中拖动鼠标，设置起点和终点，即可完成渐变，见图 18-49。

图 18-48　渐变工具属性选项栏

图 18-49　对选区进行渐变

在控制栏上可以看见有五种不同类型的渐变。

- 线性渐变：从渐变的起点到终点做直线形状的渐变。
- 径向渐变：从渐变的中心开始做放射状圆形渐变。
- 角度渐变：从渐变的中心开始到终点做逆时针方向的渐变。
- 对称渐变：从渐变的中心开始做对称式直线形状的渐变。
- 菱形渐变：从渐变的中心开始做菱形的渐变。

在渐变属性选项栏的渐变拾色器菜单中，我们看到许多已经设置好的渐变色板，在渐变色板的快捷菜单中可以选取不同的渐变色板查看模式，见图 18-50。

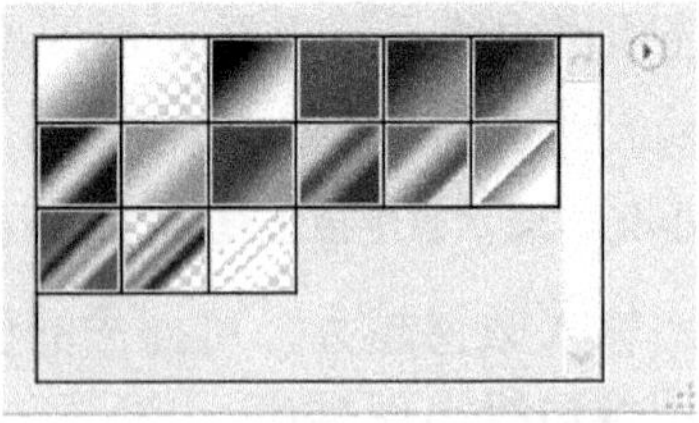

图 18-50　渐变色相显示模式

新增渐变样式的操作如下：

（1）在渐变工具选项栏上单击渐变色板，调出“渐变编辑器”对话框。

（2）在预设的渐变样式中选取一种作为编辑的基础，见图 18-51。

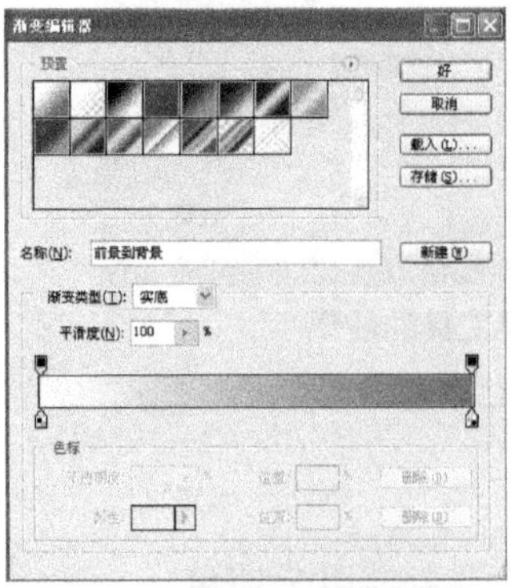

图 18-51　“渐变编辑器”对话框

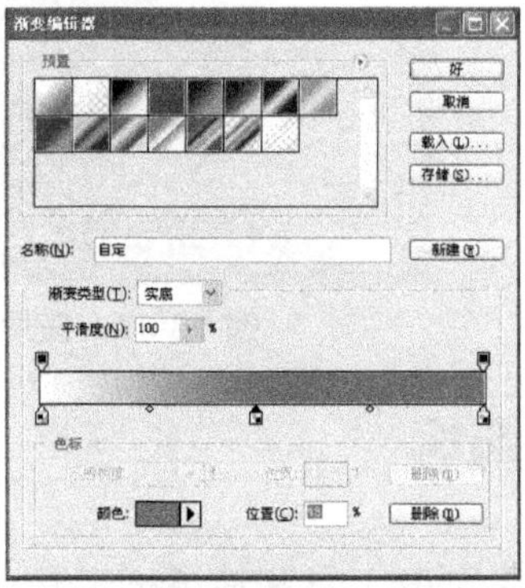

图 18-52　新增渐变样式

（3）对颜色和透明度进行设置，完成后按下“新建”按钮，将新的渐变设置存入渐变样式中，按下“好”按钮关闭“渐变编辑器”对话框，见图 18-52。

1．编辑渐变颜色

（1）在渐变编辑器对话框中，单击要编辑的色标颜色，见图 18-53。

（2）在颜色栏中，选取颜色方块可以调出拾色器，重新编辑渐变的颜色，见图 18-54。

（3）如果要移动渐变颜色的位置，可以直接拖拉色标提示，或是在“位置”栏中输入渐变颜色的位置。

（4）如果要调整渐变颜色的比例，可以拖拉位于色彩渐变轴的中心点，或者在“位置”栏中输入渐变中心点的位置，见图 18-55。

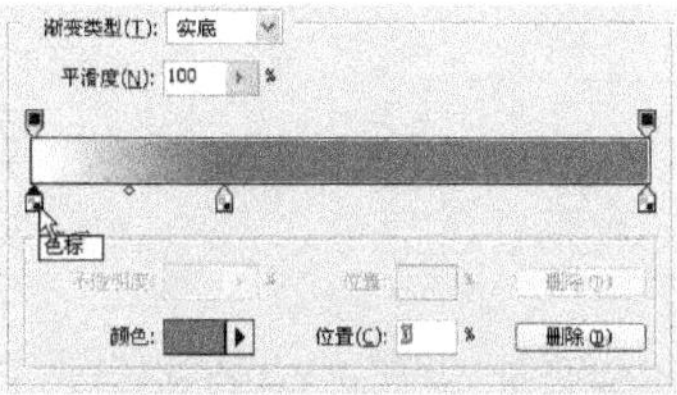

图 18-53　选取要编辑的渐变颜色

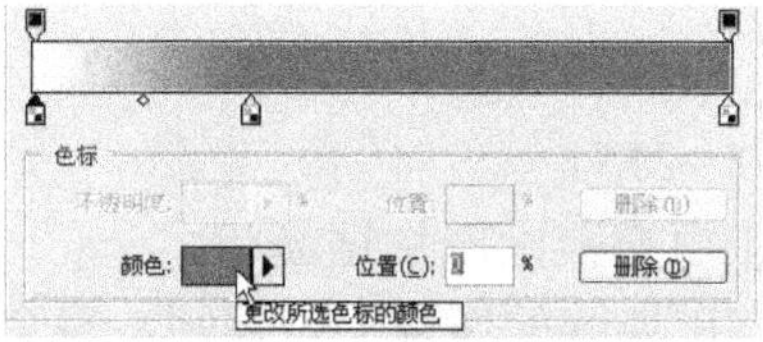

图 18-54　编辑渐变的颜色

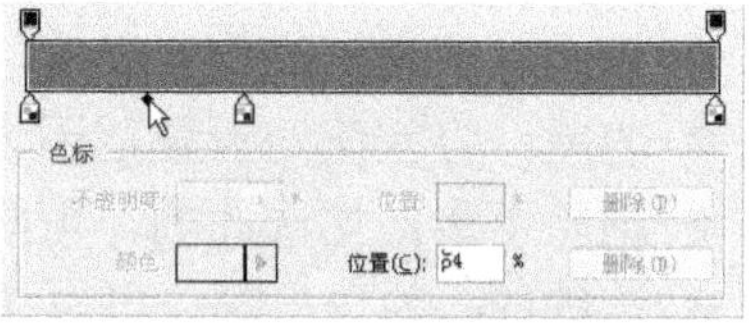

图 18-55　调整颜色比例

2．编辑渐变颜色的不透明度

（1）在“渐变编辑器”对话框中，单击要编辑的渐变颜色不透明色标。

（2）在“不透明度”栏中输入你希望的不透明度值，100%表示完全不透明，0%表示完全透明。

（3）如果要移动渐变颜色不透明度色标的位置，则可以直接拖拉不透明度色标提示，或者在“位置”栏中输入新的数值。

3．增加或删除颜色色块

如果希望渐变颜色能够再丰富一些，则可以在渐变色彩轴上加入中间色。在渐变色彩轴的下方单击，这时可增加一个颜色方格，可调整它的颜色。如果要删除不满意的颜色，则按下“删除”按钮即可，见图 18-56。

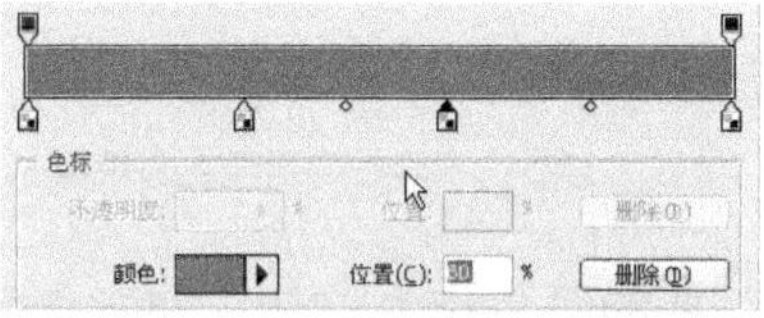

图 18-56　增加或删除颜色色块

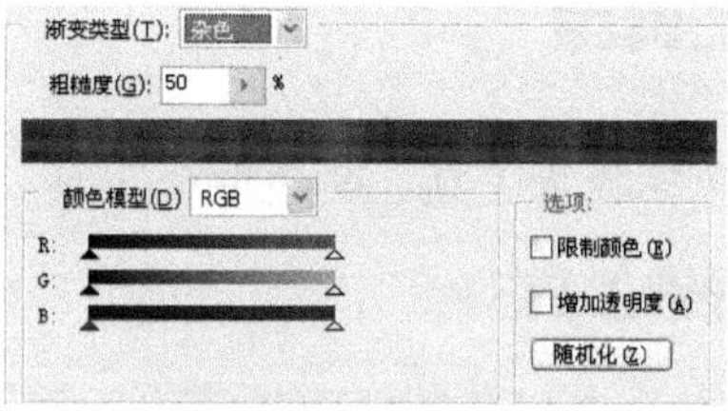

图 18-57　杂色渐变

4．杂色渐变

杂色渐变与前面介绍的渐变相比，会产生更加绚丽的图像效果。在“渐变编辑器”对话框的“渐变类型”中选择“杂色”，就可以将渐变转换为杂色类型的渐变，见图 18-57。

（1）粗糙度：设置杂色渐变颜色的平滑度，输入数值由 0% 到 100% ，数值越高则平滑度越低。

（2）颜色模型：选择以 RGB、HSB 或是 LAB 色彩模式作为随机产生的色彩基础。

（3）色彩调整滑动钮：选取不同的色彩模式时，这里会出现不同的色彩调整滑动钮。在滑动钮下方可以分别调整颜色的数值来限制颜色范围。

（4）限制颜色：勾选此项，杂色渐变颜色产生时会产生更多的颜色，使渐变颜色比较平滑。

（5）增加透明度：勾选此项，当杂色渐变颜色产生时，将会以彩色的灰度成分作为透明色标。

（6）随机化：重新取样产生的杂色渐变颜色。

18.6.2 油漆桶工具

油漆桶工具是使用前景色或图案填充的另一个工具。选取油漆桶工具，在它的属性选项栏上可以进行各项设置，见图 18-58。

图 18-58　油漆桶工具选项栏

- 填充：选取情景或图案来填充。
- 图案：选取一个图案来填充。
- 模式：填充时的混合模式。
- 容差：容差值的设置范围为 0～255。
- 消除锯齿：勾选此项，可防止填充范围产生锯齿状。
- 连续的：勾选此项，可以填充在连续的像素上。否则，整个图案即使是不连续的像素，只要在容差范围内都会被填充。
- 所有图层：勾选此项，填充范围将跨越所有可见的图层。如果不选，填充只能在当前图层中起作用。

图 18-59 所示为油漆桶填充效果。

图 18-59　油漆桶填充效果

18.7 吸管工具组

吸管工具组包括吸管工具、颜色取样工具、度量工具。

18.7.1 吸管工具

利用吸管工具可以在图像或调色板中拾取所需要的颜色作为前景色和背景色。单击工具箱中的吸管工具，将光标移到图像窗口中，单击需要的颜色，就可以直接选出新的前景色。按住 Alt 键，单击图像窗口中所要的颜色，就可以选出新的背景色。

单击吸管工具，在属性选项栏上可以设置它的取样大小。其中“取样大小”选项在默认时仅拾取光标下 1 个像素的颜色；选取“3×3 平均”或“5×5 平均”便可以拾取 3×3 像素区域内或 5×5 像素区域内所有颜色的平均值。

18.7.2 颜色取样工具

颜色取样工具的作用是在图像中同时抽取 4 个位置的颜色，以便在信息调色板中获得颜色信息。

单击颜色取样器工具，在选项栏上显示其属性，将鼠标移到图像中需要取样的位置并单击，在信息面板上显示出所选颜色的信息。如果要“删除”取样颜色，单击“属性选项”上的“清除”即可，见图 18-60。

18.7.3 度量工具

度量工具用来度量图像中任何两点间的距离、位置和角度，其具体数值显示在信息面板上。

单击度量工具，在信息面板上显示各项数值。如果要测量图像两点间的角度，需按下 Alt 键，再单击图像中的两点即可，见图 18-61。

图 18-60　颜色取样工具

图 18-61　度量工具

18.8　文字工具组

文字在 Photoshop CS3 中是一种很特殊的图像构成，它具有点阵图像、图层与矢量文字的多种属性。本节将结合实例讲解，你会发现在 Photoshop CS3 中，可以把枯燥的文字变得多姿多彩。

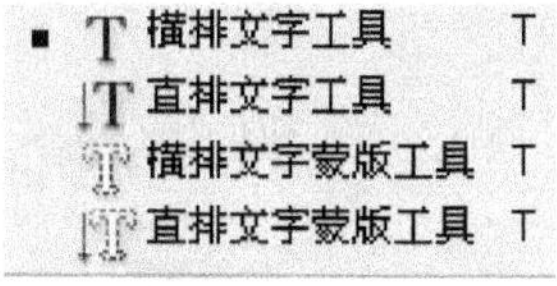

图 18-62　文字工具组

文字工具组包括横排文字工具、直排文字工具、横排文字蒙版工具和直排文字蒙版工具，见图 18-62。

选择横排文字工具，在工具属性栏中设置相应的字体、字型、尺寸等，单击指定插入文本的位置，输入内容，单击工具属性栏中的✓按钮，结束文本输入。在输入和编辑文本的过程中，如果希望移动文本的位置，可按住 Ctrl 键单击并拖动。如果希望在输入文本后移动文本的位置，可首先将文本层设置为当前层，然后选中工具箱中的移动工具，单击并拖动即可。

- 横排文字工具 T：在图像中添加横向文字，并建立文字图层。
- 直排文字工具 IT：在图像中添加垂直文字，并建立文字图层。
- 横排文字蒙版工具：在图像中添加水平的蒙版文字，该文字是浮动的。
- 直排文字蒙版工具：在图像中添加垂直的蒙版文字，该文字是浮动的。

单击横排文字工具 T，在属性选项栏中显示文字工具的各项属性，见图 18-63。

图 18-63　文字工具属性选项栏

单击属性选项栏中的按钮可以切换文字的走向。

- Bodoni MT　Regular：左边选项框中可设置字体的类型，右边选项框中显示所选取文字的字体名称。
- 设置字体大小 12 点：在数值输入栏中输入数值或在弹出式列表中选择数值来设置字体的大小。
- 设置消除锯齿的方法：设置文字的强、明晰、平滑等效果，从而避免锯齿情况的产生。
- 文字对齐方式：代表左对齐文本，代表中对齐文本，代表右对齐文本。
- 设置文本颜色：单击颜色方格，在弹出的拾色器对话框中设置文字的颜色。
- 设置变形文本：设置变形文字样式。单击，会弹出“变形文字”对话框，在该对话框中进行文字的变形设置，见图 18-64。

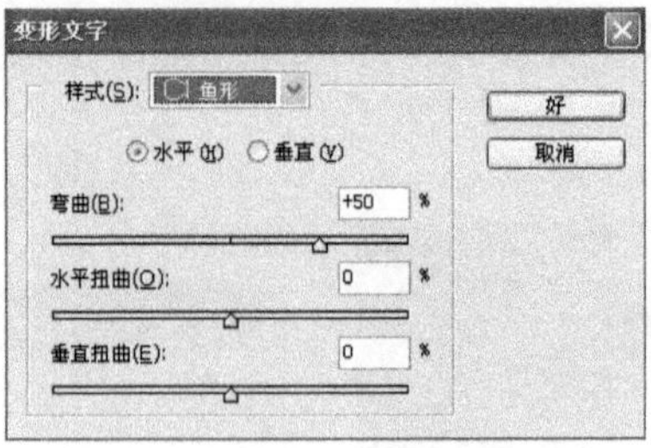

图 18-64 “变形文字”对话框

在该对话框的“样式”下拉菜单中提供了多种文字变形样式。选择变形样式后，还可以通过弯曲、水平扭曲、垂直扭曲三个设置项，对文字做进一步的变形处理，见图 18-65。

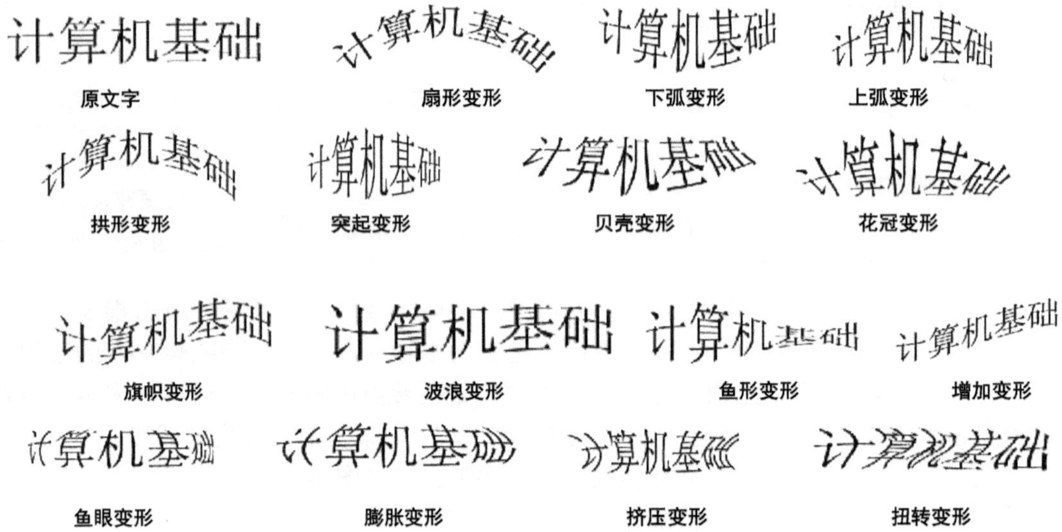

图 18-65 各种变形文字的效果对比

- 显示字符和段落面板：设置字符和段落的样式。单击按钮，弹出“字符/段落”对话框，该对话框中列出了多个有关字符及段落的属性设置项，见图 18-66。

图 18-66 字符/段落面板

◆ 设置文字字体：选择需要的字体。通过 宋体 弹出菜单进行选取。
◆ 设置字体大小：设置需要的字体大小。从 T 60 点 弹出菜单中选取需要的字号，或是自行输入数值。
◆ 设置行距：“行距”是文字间的基本线距离，预设的自动行距以字号的 120%为基准。如果想调整文字的行距，可以在 (自动) 栏内输入数值，或在弹出菜单中直接选取行距的数值，见图 18-67。

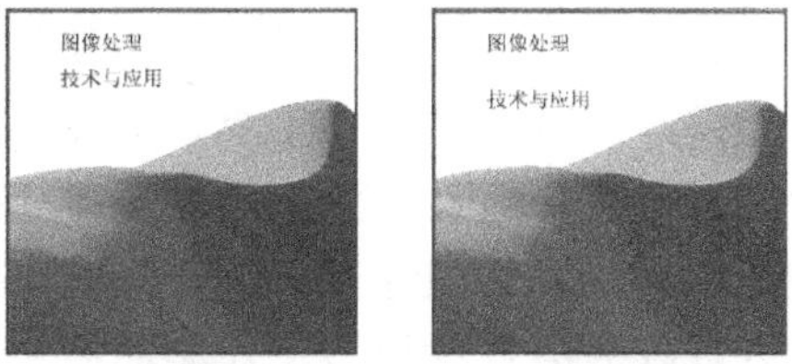

行距=自动　　　　行距=100

图 18-67　调整文字行距

- ◆ 字符间距微调：可以调整两个字符间的距离，其微调量是以千分比来计算的。使用文字工具在两个字符间单击，在 度量标准 字距微调栏内输入要调整的数值即可。若输入的数值为正数值，则两个字符的间距会加大；如果输入的数值为负值，字符的间距会缩小，见图 18-68。
- ◆ 字符间距调整：选取文字，在控制框 0 栏内输入字距调整的数值，可调整文字的字距。若输入正数值会使字距增加，若输入负数值则会缩小字距。
- ◆ 文字的缩放：文字的缩放是指改变文字的宽度和长度的比例。选取文字或整个文字图层，在属性选项栏的垂直缩放栏 100% 中输入数值，以达到改变文字垂直缩放比例的目的；若想改变文字的水平缩放比例，只要在水平缩放栏 100% 内输入数值即可，见图 18-69。
- ◆ 设置基线偏移：设置文字基线可以使选取的字符依据设置的数值上下移动位置。在属性选项栏的 0点 栏中设置基线偏移的数值即可。输入正值，可以使文字往基线上方移动；输入负值，文字则会往基线下方移动，见图 18-70。

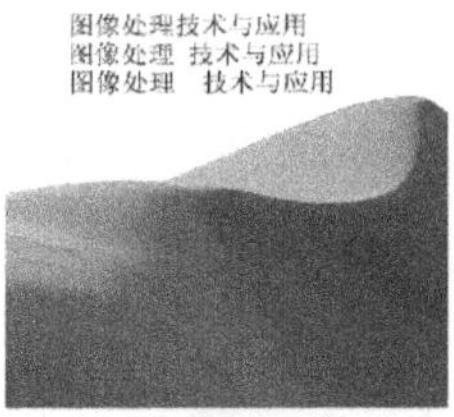

从上到下分别为度量标准、200、400

图 18-68　调整字符间距微调

从第一行向下，分别为原来字体、垂直缩放 50%、水平缩放 50%

图 18-69　设置文字缩放

第一行为原来字体，第二行为设置基线偏移后的效果

图 18-70　设置基线偏移

- ◆ 设置文字颜色：你可以为输入的文字设置颜色。单击属性选项栏中的 颜色： 栏，在弹出的拾色器中选取颜色后，就可以改变选取文字的颜色了。
- ◆ 文字字符样式：在属性选项栏中有一排设置文字字符样式的功能按钮，见图 18-71。

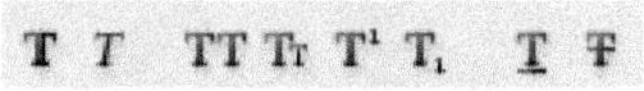

图 18-71　文字字符样式

图 18-71 中，T 为文字加粗；T 为文字斜体；TT 为全部大写；Tr 为大写小写；T¹ 为文字上标；T₁ 为下标；T 为文字加底线；T 为删除线。

在“字符/段落”面板中单击“段落”标签，打开段落面板。在该面板中，可以对段落进行各项设置，例如段落缩进、英文字间距以及连字功能等。文字段落的排列方式共有七种：左对齐文本、居中文本、右对齐文本、最后一行左边对齐、最后一行居中对齐、最后一行右边对齐、全部对齐。

18.9　钢笔工具组

钢笔工具组是描绘路径的常用工具，特别是其中的钢笔工具，它可以通过直接放置锚点来建立直线以及流畅的平滑曲线，让用户能够完全掌握并调整路径。

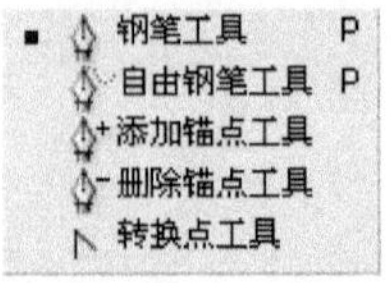

图 18-72 钢笔工具组

钢笔工具组包括五种不同的工具：钢笔工具、自由钢笔工具、添加锚点工具、删除锚点工具和转换点工具，见图 18-72。

在学习钢笔工具组前，我们需要明确“锚点”的概念。锚点是什么呢？锚点就是路径的基本组成元素，锚点与锚点之间会由直线或曲线连接以构成路径。锚点可以分成直线锚点、对称曲线锚点、平滑曲线锚点、转角锚点和半轴线锚点等。

（1）钢笔工具

在工具箱上选取钢笔工具，在图像文件窗口中单击鼠标左键，可以放置锚点，锚点与锚点间会自动连接起来，直至绘制出你需要的路径。

（2）自由钢笔工具

使用自由钢笔工具可以徒手绘制出任意形状的路径。

（3）添加锚点工具

选取添加锚点工具，在已有的路径上单击鼠标左键，就可以新增一个锚点，以此来调整路径形状。

（4）删除锚点工具

选取删除锚点工具，单击路径上不需要的锚点即可删除该锚点。而被删除锚点两边的锚点将会自动以直线或曲线连接起来。

（5）转换点工具

转换点工具可以帮助我们实现曲线锚点与转角锚点间的转换，通过它可以调整连接锚点的曲线形状。

18.10 模糊工具组

模糊工具组包括模糊、锐化和涂抹三个工具。顾名思义，利用模糊工具可以产生清晰或模糊的效果。模糊的原理是降低图像相邻像素之间的反差，使图像的边界和区域变得柔和。锐化的原理正好相反，它通过增大图像相邻像素之间的反差，从而使图像的边界和区域变得清晰。

这三个工具的用法基本相同，在选中工具后，移动光标到图像窗口来回拖动即可。当然，如果已经设置了选区的话，它仅影响选区内的图像。

18.10.1 模糊工具

模糊工具可以使局部的图像变得模糊，其属性选项栏上显示了各项属性，见图 18-73。

图 18-73 模糊工具属性栏

- 工具预设：选取以前存储的模糊工具设置样式。
- 画笔：快速选取画笔，并同时设置画笔的大小。
- 模式：选择模糊图案的混合模式。
- 强度：设置模糊工具的作用强度。数值越大，图像的模糊程度越高。
- 用于所有图层：勾选此项，对所有图层都产生模糊效果。

图 18-74 所示为模糊图像效果。

图 18-74　模糊图像效果

18.10.2　锐化工具

锐化工具可以增加图像的锐度，其操作方法与模糊工具相同，见图 18-75。

18.10.3　涂抹工具

涂抹工具可以实现对图像的局部变形处理，制造出哈哈镜的效果。选取涂抹工具，其属性选项栏中显示各项属性。勾选属性选项栏中的“手指绘画”选项，就会变成手指绘图的模式，图 18-76 为使用涂抹工具的效果。

图 18-75　锐化工具效果

图 18-76　涂抹工具效果

18.11　亮化工具组

亮化工具组是非常实用的编辑工具，它实际上是通过对图像文件某些色彩属性的调整，来达到需要的效果。亮化工具包括减淡工具、加深工具和海绵工具。

18.11.1　减淡工具

减淡工具的主要作用是改变图像的曝光度，对图像中局部曝光不足的区域进行加亮。建立图像选区后，选取减淡工具，在属性选项栏中显示其各项属性，见图 18-77。

图 18-77　减淡工具属性栏

在“范围”下拉菜单中选取要调整的色调范围，在“曝光度”设置项中调整图像亮化的强度。设置完后，在选区中不断点击，直到达到满意的效果为止，见图 18-78。

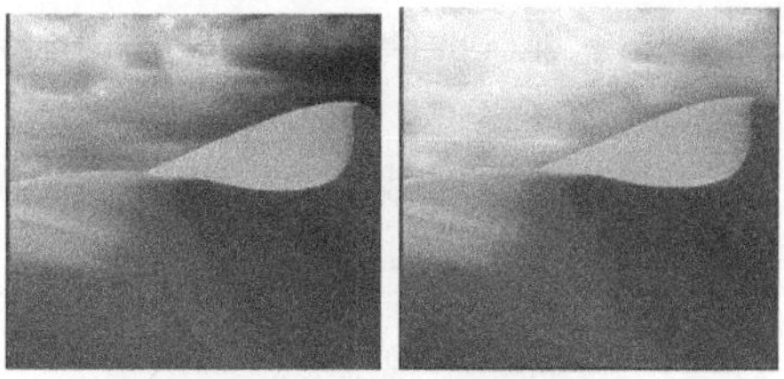

图 18-78　渐淡工具的效果

18.11.2 加深工具

加深工具在 18.2 节的实例中已经接触过了。加深工具的主要作用也是改变图像的曝光度，对图像中局部曝光过度的区域进行加深，效果与减淡工具刚好相反。其使用方法与减淡工具相同，见图 18-79 和图 18-80。

图 18-79 加深工具属性栏

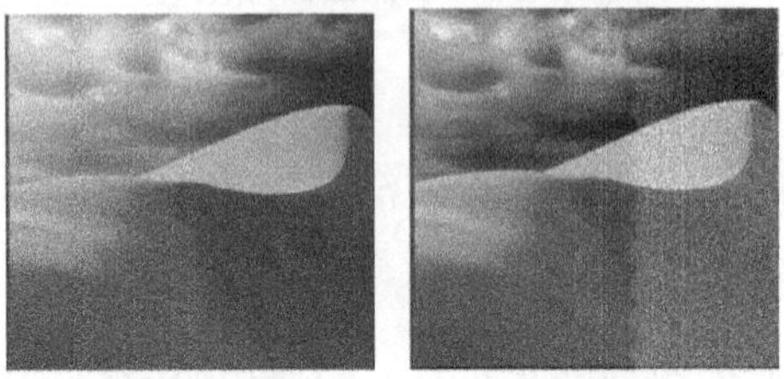

图 18-80 加深工具的效果

18.11.3 海绵工具

海绵工具可以对图像局部的色彩饱和度进行修改。选取海绵工具，其属性选项栏中显示相关的属性设置项，见图 18-81。如果要增加颜色浓度，应在“模式”下拉菜单中选择加色；如果要减少颜色浓度时，应在“模式”下拉菜单中选择去色。其使用方法和加深、减淡工具相同，图 18-82 所示为海绵工具的效果。

图 18-81 海绵工具属性栏

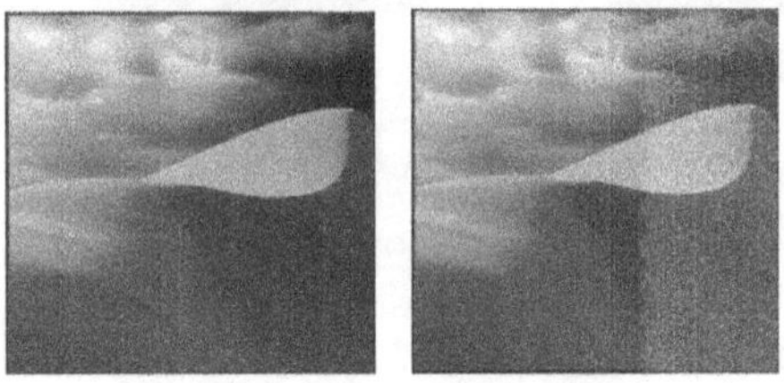

图 18-82 海绵工具的效果

18.12 裁切工具

裁切工具可将图像中不需要的部分裁切掉。选取裁切工具，在工具属性选项栏中显示其属性设置项，见图 18-83。

图 18-83 裁切工具属性选项栏

如果需要特定裁切尺寸的话，可以直接在“输入宽度、高度”项中输入裁切大小。在“分辨率”项中输入裁切后图像的分辨率大小。要了解目前图像的尺寸大小和分辨率，可单击属性选项栏中的“前面的图像”按钮。

选取工具箱中的裁切工具，在图像上拖拉出裁切框，裁切框上共有八个控制点。此时属性选项栏（见图 18-84）中的属性设置项变为：

图 18-84 裁切工具属性选项栏

- 勾选“遮蔽裁切区域”选项，裁切区域将被一层色膜遮住，以方便识别。
- “颜色”项用来设置色膜的不透明度。
- 勾选“透视”选项，允许对图像进行透视变形裁切。

裁切确定后，单击属性选项栏中的✓标记或按下 Enter 键。若想取消裁切，按下 Esc 键或单击属性选项栏中的⊘标记，见图 18-85。

图 18-85　使用裁切工具

18.13　切片工具组

切片工具组包括切片工具和切片选取工具。切片工具用于将整幅图像切割成许多小片，当需要将图像应用在 Web 中时，可以存为数个小图形，便于在网页中快速显示，切片选取工具用于选择这些切片，见图 18-86。

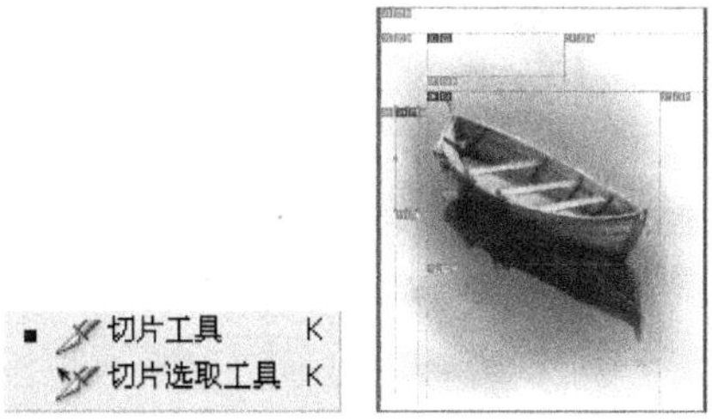

图 18-86　使用切片工具组

18.14　本章小结

本章主要介绍了 Photoshop 的图像编辑工具，也就是我们常说的工具箱，它为我们提供了强大的绘画工具。工具中包括画笔工具组、图章工具组、修复画笔工具组、历史画笔工具组、橡皮擦工具组、渐变工具组、吸管工具组、文字工具组、亮化工具组及裁切工具组等。这些工具组可以帮助用户完成丰富的图片编辑工作。

习题

1. 编辑工具中哪个组件可以用来编辑画笔？
2. 图章工具组中都包括哪几个工具？
3. 修复画笔的功能是什么？
4. 渐变工具的功能是什么？
5. 模糊工具组包括哪几个工具？

第 19 章　图层的处理

图层是在 Photoshop 中进行图像编辑的重要内容，也是 Photoshop 在平面图形编辑软件领域中得以取得优越地位的独特技能。图层类似于一张张重叠的透明画纸，每个图层上面有不同的内容；使用图层功能，可以对一个图层内的图像进行移动、添加和删除等处理，而不影响其他的图像元素。图层中没有画面的部分是完全透明的，有画面的部分也可以调整它的透明度。

19.1　图层的基本操作

图层在 Photoshop 中是最常用、最重要的功能。我们可以在图层上绘图、输入文字、调整图像、使用蒙版、添加图层特效等。

19.1.1　图层控制面板中的基本操作

在利用 Photoshop 进行比较高级的图像操作时，如对图层进行查看、编辑、链接、排列、合并、创建、复制与删除等操作，都可以通过图层控制面板完成。执行“窗口”→“图层”命令，可以打开图层控制面板。在图层控制面板中，每一层都有各自的名称，在图层名称左边的是缩型预览图，它会随着图层的编辑而更新，如图 19-1 所示。

（1）显示与隐藏图层：图层面板中图层最左边的眼睛图示处显示状态为时，表示这个图层是可见的；单击眼睛图示使其不可见，即可在图像窗口中隐藏这个图层；再次点击，可使眼睛图示重新出现。对照图 19-1，图 19-2 为图层 1 隐藏后的效果。

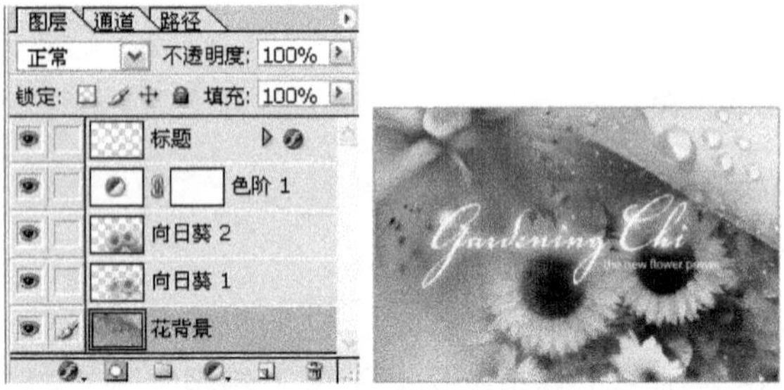

图 19-1　图层控制面板

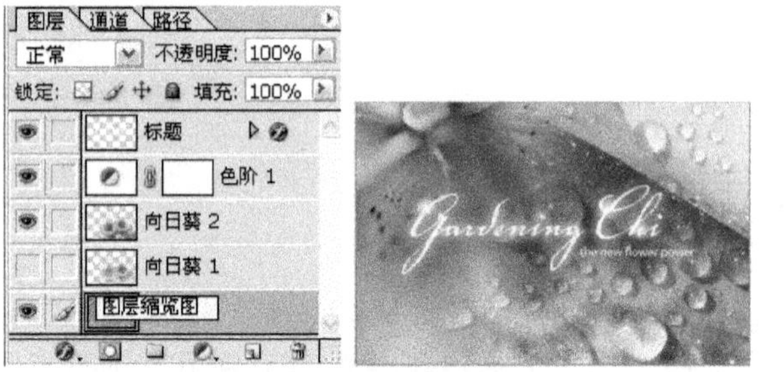

图 19-2　隐藏图层

（2）选取操作图层：选取需要编辑的图层后，图层面板中离图层最近的小方格体现当前层的状态，如果是一个画笔标记，表示当前层为可编辑层。

（3）新建图层：单击图层面板底部的新建图层按钮，增加新的空白图层以符合图像编辑的需求。新的图层将会被加到目前操作图层的上面并依照建立的次序命名。

（4）删除图层：选择需要删除的图层后单击图层面板下面的删除图层按钮，或直接将选择图层拖到删除图层按钮上。也可通过执行“图层”→“删除图层”命令实现。

（5）复制图层：把要复制的图层拖到控制面板底部新建图层的按钮上，可快速对图层进行复制，复制出来的图像会与原来的图像完全重叠，图层名称的后面会加上“副本”字样以示区别；也可以执行“图层”→“复制图层”命令来完成。如果要复制局部图像到新图层，可以先用选区工具选取需要的图像局部，执行“图层”→“新建”→“通过拷贝的图层”或执行“图层”→“新建”→“通过剪切的图层”命令，即可将选取范围内的图像复制到新图层中。

（6）改变图层顺序：图层的前后次序会影响图像的外观，可以在图层面板中直接拖动图层来改变其在图像中的上下层的位置。也可以通过选择要移动的图层后执行“图层”→“排列”命令完成。

（7）链接图层：图层链接是同时将对多个图层的一些编辑操作联系起来，使对目前图层进行的变换、色彩调整、滤镜处理等编辑操作可以同时应用到多个图层上。在图层预览框左边的小方格中单击，小方格中出现链接图示，即表示该图层已经与目前图层链接起来。再次单击可解除其与目前图层的链接状态。

（8）锁定图层：在图像编辑的实际操作中，为了防止不小心的操作失误对图像产生破坏，可以将图层锁定，以便更好地保护图层图像。在图层面板上选取图层，按下相应的锁定按钮，则图层的部分或全部区域将被锁定。锁定透明像素按钮用来锁定图层的透明区域，不允许被填色和编辑；锁定图像像素按钮用来锁住图像的编辑功能，不允许进行填色或进行色彩编辑；锁定位置按钮用来锁定图层的位移或变形编辑，图层中的图像将不允许被移动或者进行各种编辑；锁定全部按钮可将图层上的所有编辑进行锁定，图层上的图像将不允许进行任何编辑。在图层被链接的情况下，通过选取链接图层后执行“图层”→“锁定组中的所有图层”命令，快速地将所有链接图层锁住。

（9）创建图层组：图层组是用于图层管理的重要功能之一，能帮助用户有条理地管理好图层，在复杂的图像编辑处理中非常有用。在图层面板上单击新建图层组按钮，可增加一个空白的图层组，也可执行“图层”→“新建”→“图层组”命令；通过单击眼睛图示所在的方框，也可对图层组的显示与隐藏进行控制；通过控制面板中的删除按钮也可对组进行删除，还可以执行“图层”→“删除图层组”命令实现；拖拉图层组到控制板底部的新建组按钮上，可对图层组进行复制，也可执行“图层”→“复制图层组”命令实现；单击图层组名称右边的三角形图示，可展开整个图层组，看见其中所有的图层。图层组展开后，该三角形图示将变成，此时单击该图示，即可将图层组再次收合起来。如图 19-3 所示。

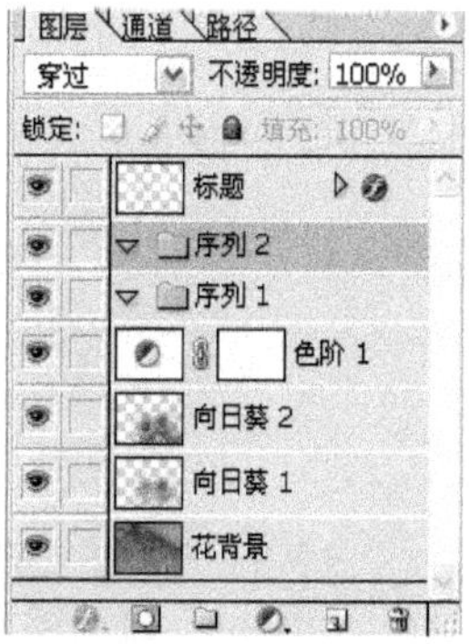

图 19-3　新建图层组

19.1.2　图层菜单中的基本操作

（1）新建填充图层：填充图层，就是在一个图层中填充一些内容。在 Photoshop 中对图层填充的内容可以是一种颜色、一种渐变或一种图案，而这个图层则是一个新建的空白图层。在填充图层上可以设置不同的透明度以及不同的图层混合模式，利用这些特性可以使图像产生多种不同的特殊效果。同新建一般图层一样，填充图层建立在目前图层的上面，所以在新建填充图层前，应选好目前的图层。执行“图层”→“新填充图层”命令，打开新建类型的子菜单，其中包括三种类型，即新建“纯色”的图层、新建“渐变”的图层和新建“图案”图层，如图 19-4 所示。

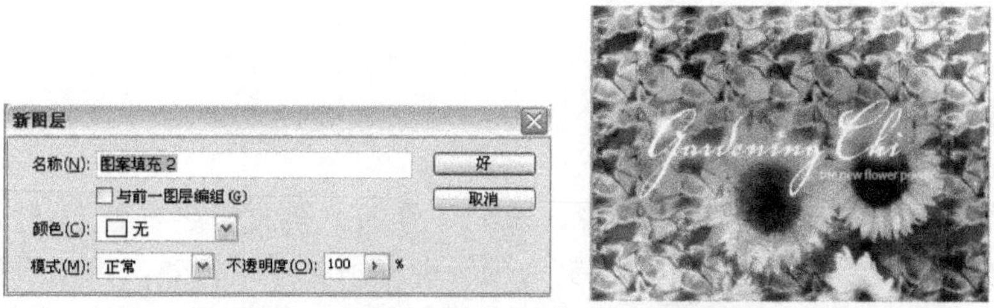

图 19-4　新建图案填充图层对话框及效果

（2）背景图层：每个图像文件都有一个背景图层，该图层永远在图像的最下方，也在图片的最下层，除非将它变为一般图层；删除背景图像时出现的颜色是背景色，即背景图层的底色，而一般图层则是透明图层；要将背景图层转换为一般图层，只需双击背景图层，在弹出的新图层对话框中进行参数的设置；若要将选择的一般图层转换为背景图层，需要执行“图层”→“新建”→“背景图层”命令，该图层即被移动到图层面板的最下方成为背景图层，而图层中原来透明的部分将被填入工具箱中颜色选区所设的背景颜色。

（3）图层的属性：执行“图层”→“图层属性”命令，可打开图层属性对话框，如图 19-5 所示。

（4）图层组的属性：执行“图层”→“图层组属性”命令可打开相应的对话框，如图 19-6 所示。

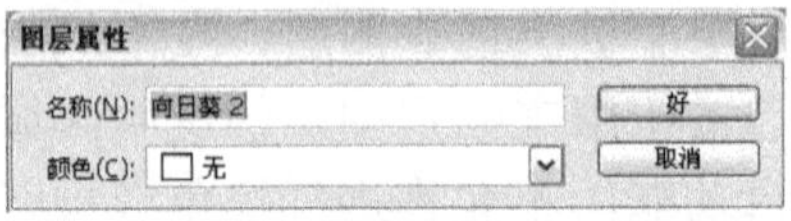

图 19-5　图层属性对话框

图 19-6　图层组属性

（5）转换链接图层为图层组：链接的图层之间有相连的关系，转换成图层组后，管理起来更方便。在图层面板上选取链接图层中的任一图层，执行“图层”→“新建”→“图层组来自链接的图层”命令，可将原来链接的图层转换为图层组。见图 19-7。

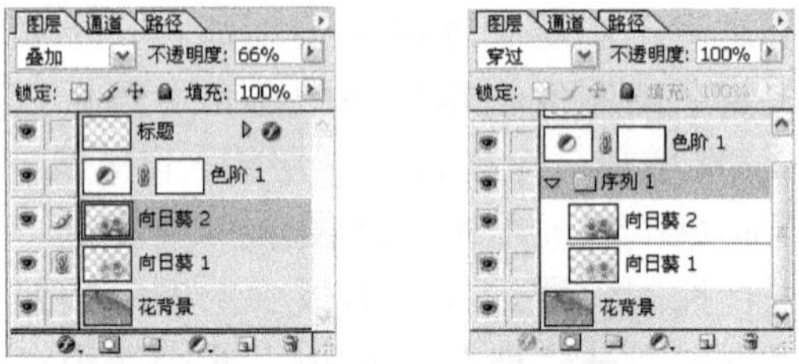

图 19-7　转换链接图层为图层组

（6）锁住图层组：与对图层进行的编辑锁住相同，图层组也可以进行各种锁定。选取需要的图层组，按下“全部锁定”按钮，则所有内容都被锁定。如果只想锁住图层组中对部分图层进行的编辑操作，可以展开图层组再选取需要的图层进行锁定。执行“图层”→“锁定组中的所有图层”命令，在弹出的对话框中，可分别对图层进行部分或全部锁定。

（7）合并图层：在有很多图层的复杂图像编辑中，将已经编辑好的图层合并起来，可以有效地减少图像的文件大小，加快处理的运算速度，有利于图层的管理和归类。打开“图层”菜单，包含三种合并图层命令。“合并链接图层”可以将图层面板中链接起来的所有图层合并成一个图层；“合并可见图层”将图层面板中所有可见的图层合并成同一图层，而隐藏状态的图层将不会被合并；“拼合图层”可将所有图层拼合为单一的背景图层，文件会因此缩小许多；而隐藏状态的图层将在被确认后扔掉，并不拼合到最后完成的图层中。

（8）调整图层：利用“图层”菜单中的图层位置相关命令，可以对图层的位置进行调整，以达到满意的图像效果。先将要对齐的图形链接起来，执行“对齐链接图层”命令并选择需要的对齐方式，即可将所有图层中的图形对齐到目前选取图层；执行“分布链接图层”命令，则图层上的图形将会均匀地设置彼此间的距离。

19.2　设置图层的特殊效果

Photoshop 提供的图层样式能够设置投影、发光、叠加、斜面和浮雕等 11 种特殊效果，使用这些样式可以快速地改变图层中图像的外观。要为图层设置图层样式特效，可以直接双击该图层或单击图层控制面板底部的图层样式按钮，或执行“图层”→“图层样式”命令并选择相应的样式，均可开启“图层样式”对话框。如图 19-8 所示。

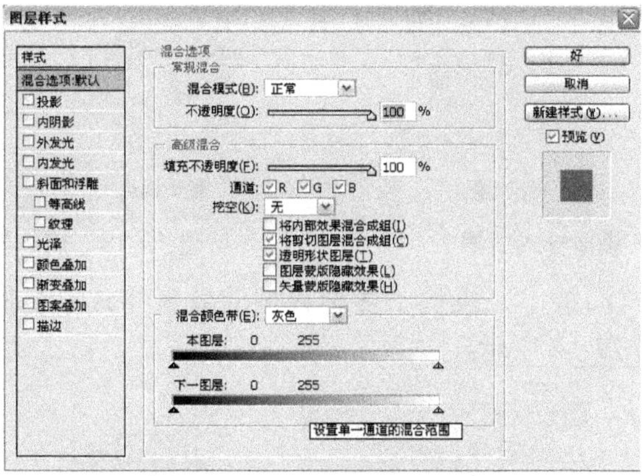

图 19-8　“图层样式”对话框

（1）投影样式：使用投影样式可以在非背景图层的图形背后产生外部阴影，使图层具有立体效果。在图层样式对话框中勾选投影，在投影设置面板中对投影结构和投影品质进行设置。如图 19-9 所示。

（2）内阴影样式：内阴影样式可以使图层内的图形边缘产生阴影，使图像具有凹陷效果。在“图层样式”对话框中勾选内阴影，在内阴影设置面板中进行各种设置。如图 19-9 所示。

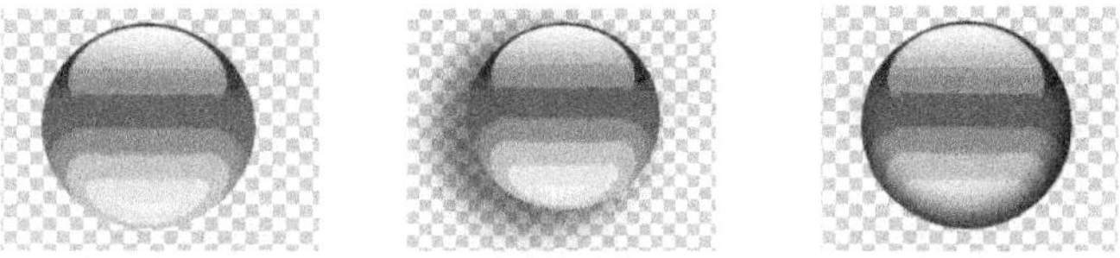

原图　　投影效果　　内阴影效果

图 19-9　投影与内阴影样式效果

（3）外发光样式：使图层图像边缘产生光晕，为图层增添发光效果。在“图层样式”对话框中勾选外发光，调整各种参数，可得到不同发光效果的图像。如图 19-10 所示。

（4）内发光样式：与外发光相反，使光芒放在所选图层中对象的内部。如图 19-10 所示。

（5）斜面和浮雕样式与光泽样式：这三种样式可以将各种高光和阴影添加到图层中，从而创建出具有立体感的效果。在“图层样式”对话框中勾选相应的样式选项，如图 19-11 所示。

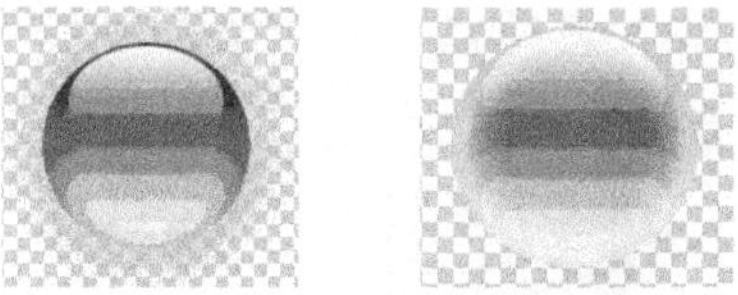

外发光效果　　内发光效果

图 19-10　外发光与内发光样式效果

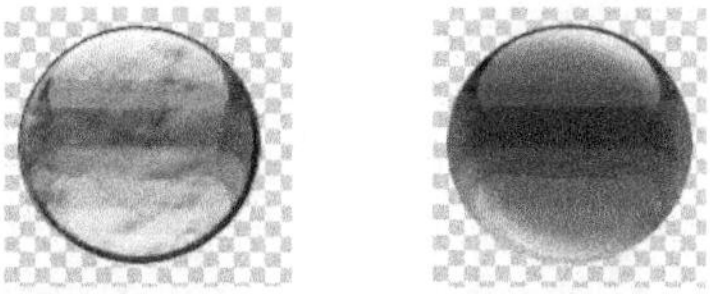

斜面和浮雕　　光泽

图 19-11　斜面和浮雕及光泽效果

（6）颜色叠加、渐变叠加与图案叠加：颜色和渐变叠加可以分别直接在图像上填上纯色和渐变颜色，而图案叠加则可直接在图像上填入图案。如图 19-12 所示。

（7）在“图案”弹出菜单中选取合适的图案，按下“贴紧原点”按钮，可以使图案从原点的位置开始铺展。

（8）描边：用于为图像描边。在图层样式选项中勾选“描边”，可在其控制面板上对描边结构和填充类型进行设置。如图 19-13 所示。

（9）多样式混合使用：图层的样式不但可以单独使用，也可以多重选择使用，而每个样式都可以有独立的设置，效果相互关联。如图 19-13 所示。

渐变叠加　　图案叠加

图 19-12　叠加样式效果

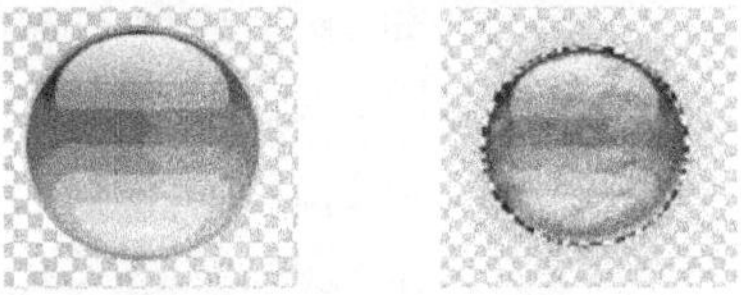
渐变描边　　混合样式

图 19-13　描边与混合样式效果

（10）样式面板：在样式面板中，提供了多种典型的效果样式，它们实际上就是完成了一系列选项设置的图层样式。如图 19-14 所示。

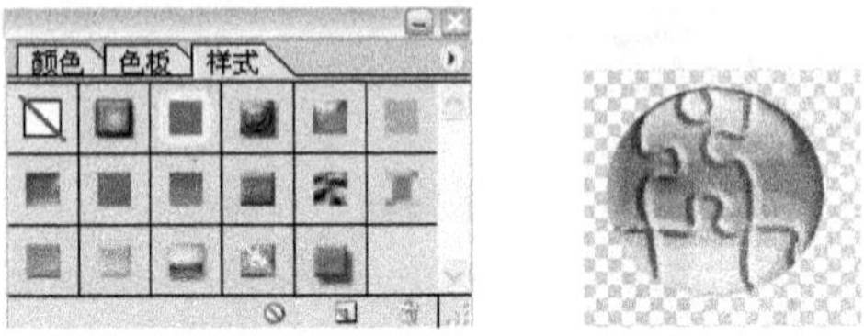

样式面板　　样式结果

图 19-14　使用样式后的结果

在样式面板中为图像添加了样式效果后，双击图层面板中的该图层可以开启图层样式面板，在该面板中可以对添加的效果进行更细致的修改。

19.3　图层的不透明度与混合模式

运用图层的混合模式和不透明度，可以创造出精彩的图像合成效果。

19.3.1　不透明度

使用图层编辑图像的一大特点是可以快速地使图层变成半透明状态，这在图像合成时是不可或缺的重要功能，那么如何设定图层的“不透明度”呢？

先在图层面板中选中图层，然后单击“不透明度”右边的小三角形，在弹出的“控制滑杆”上拖动小三角形滑块便可调节图层的“不透明度”了。图层的“不透明度”为 0%时，表示图层完全透明；100%则表示图层完全不透明。如图 19-15 所示。

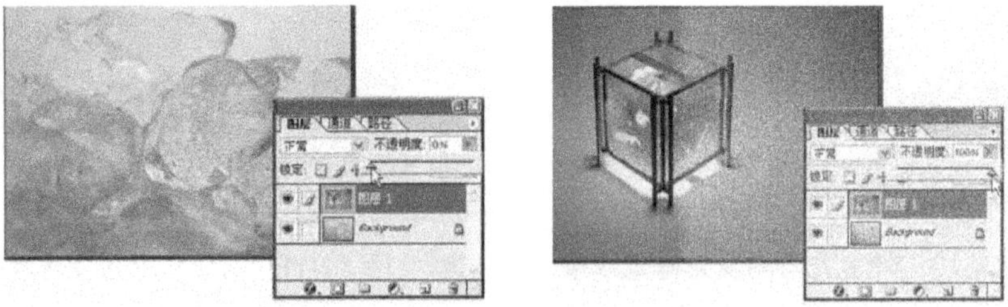

图 19-15　完全透明与完全不透明效果

19.3.2　图层混合模式

当两个图层的图像重叠时，Photoshop 提供了上下图层颜色间多种不同的色彩混合方法，这就是图层的“混合模式”。不同的“混合模式”会带给图像完全不同的合成效果。Photoshop CS3 的图层面板中提供了 22 种“图层混合模式”，单击图层面板左上角的下拉列表框就会弹出“图层混合模式”下拉列表，如图 19-16 所示。接下来，我们通过一个简单的例子来看看不同的混合模式对图像所产生的不同效果。

首先打开如图 19-17 所示两幅规格相同的图像。

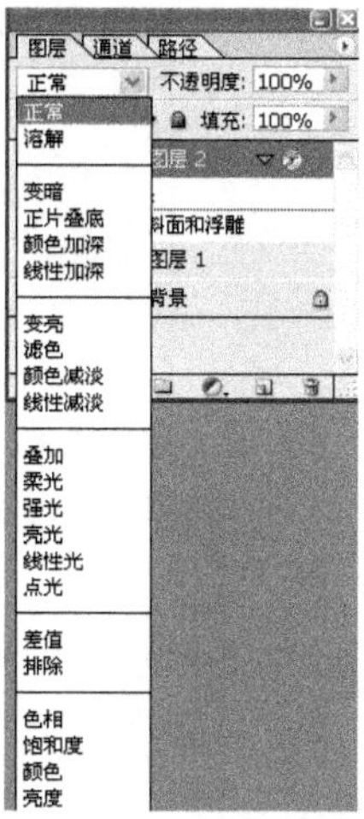

图 19-16　图层混合模式面板选项

图片 1

图片 2

图 19-17　混合图像

选择工具箱中的移动工具，在图 19-17 图片 1 的窗口中按住鼠标左键并将其拖放到图片 2 的图像窗口中，这样就得到了两个互相叠加的图层。如图 19-18 所示。

图 19-18　图像叠加

接下来，我们尝试对上面的图层使用不同的“混合模式”，将会看到以下各种效果：

- 正常模式：在 Photoshop 中进行绘画与图像合成的基本模式。在这种合成模式下，图层的颜色会遮盖住原来的底色。可以通过调整图层的不透明度来控制下一层的显现效果。
- 溶解模式：该模式下，随着图层不透明度的降低，图像将呈颗粒状随机取代原有的背景色，正常模式如图 19-19 所示，溶解后的效果如图 19-20 所示。

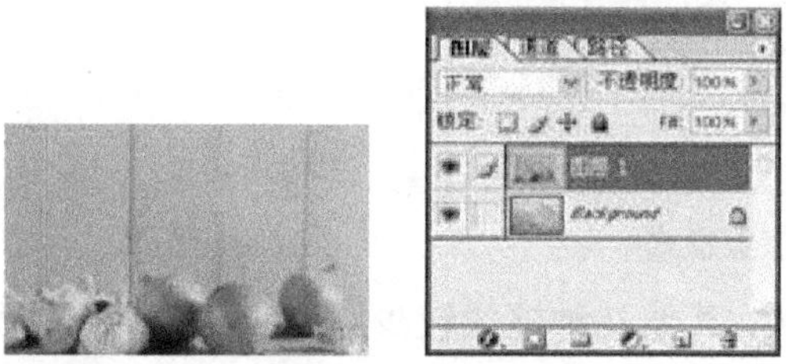

图 19-19　正常模式

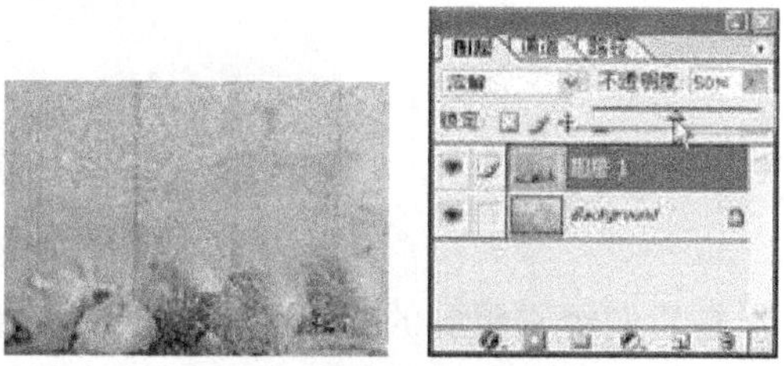

图 19-20　溶解模式

- 正片叠底模式：可降低图像的亮度，突出背景图像中色调较暗的部分，效果如图 19-21 所示。
- 滤色模式：与正片叠底模式刚好相反，具有漂白图像的效果，效果如图 19-22 所示。
- 叠加模式：将当前图层的颜色与背景色叠加，并保持背景色的明暗程度，从而可以产生出自然的融合效果，如图 19-23 所示。
- 柔光模式：此模式的混合效果与发散的聚光灯照在图像上相似。能够在图像中产生明显较暗或较亮的区域，效果如图 19-24 所示。

图 19-21　正片叠底模式

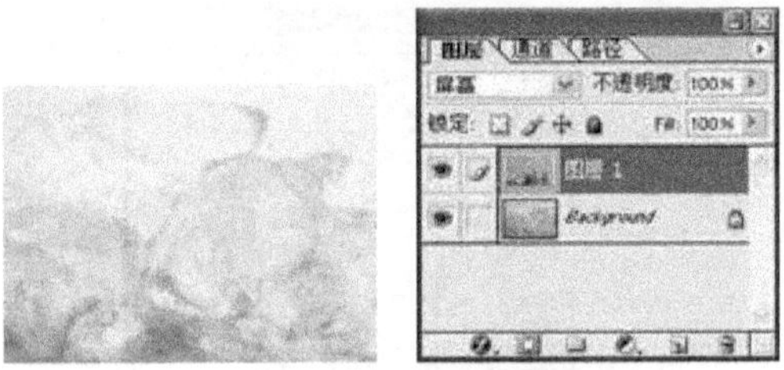

图 19-22　滤色模式

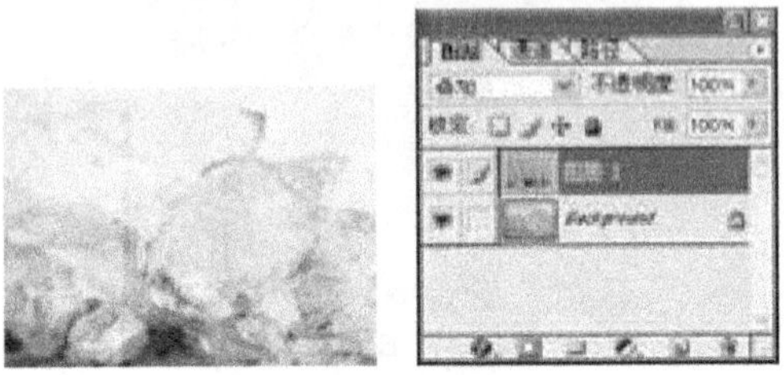

图 19-23　叠加模式

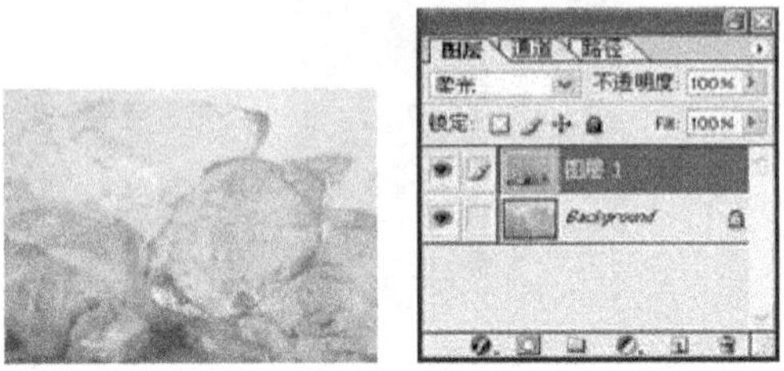

图 19-24　柔光模式

- 强光模式：此模式的混合效果与耀眼的聚光灯照在图像上相似，能够产生增加图像暗部的效果，在需要向图像添加暗调时非常有用，其效果如图 19-25 所示。
- 颜色减淡模式：该模式会将背景图层的亮度提高，从而达到突出局部图像的效果，如图 19-26 所示。

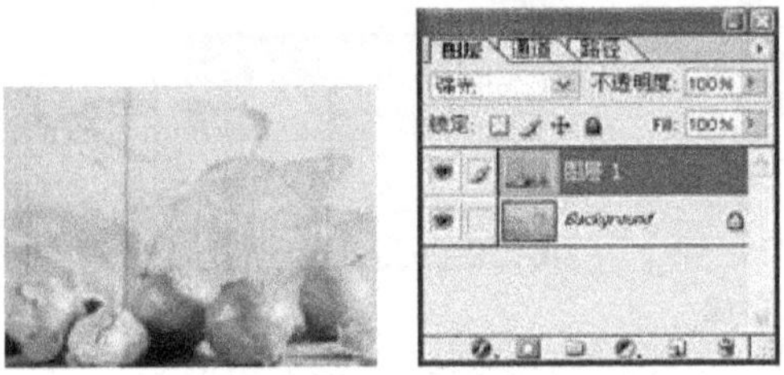

图 19-25　强光模式

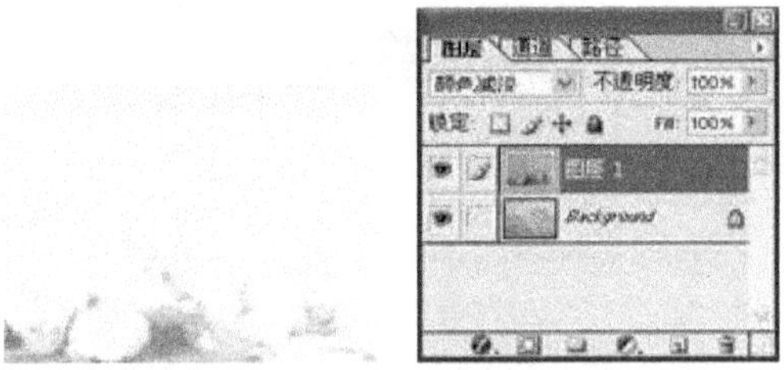

图 19-26　颜色减淡模式

- 颜色加深模式：降低背景像素的亮度，效果与颜色减淡模式相反，如图 19-27 所示。

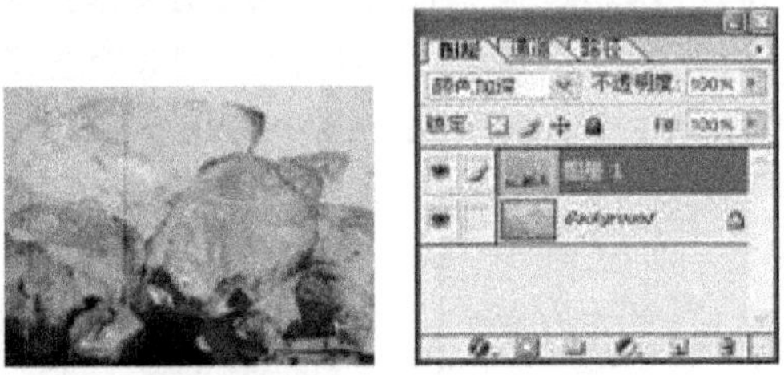

图 19-27　颜色加深模式

以上是我们经常用到的几种混合模式的使用效果，其他几种模式较少用到，这里就不展开说了。读者有兴趣的话可以尝试使用不同的图片进行混合。

19.4　图层的色彩管理

19.4.1　图像

前面讲了位图和矢量图，而像素则是构成位图的基本元素。像素以一个单一颜色的小方格形式存在，每一个位图图像都包含一定数量的像素。

（1）图像大小的设置与修改：要度量图像的大小，可以从像素大小、文档大小和分辨率三方面考虑。事实上图像大小和像素、分辨率及实际打印尺寸之间关系紧密，它们能决定存储一个文件所需要的磁盘空间和速度。图像越大或分辨率越大，所需的磁盘空间就越大，速度也越慢。打开图像文件，执行“图像”→“图像大小”命令，弹出“图像大小”对话框（见图 19-28），在此对话框中可以看见对图像大小进行衡量的三项内容的设置。在图像大小对话框中勾选“重定图像像素”选项后，可以通过改变文档大小或者分辨率来控制文件大小。改变图像的尺寸或分辨率的同时，也会影响图像中的像素大小，使图像的品质发生变化。

（2）复制图像：利用复制图像命令可以在编辑窗口中直接为图像文件复制出副本，包括所有图层和通道。这个功能方便了图像备份，能尝试多种不同的处理方式，而不会影响原文件。执行“图像”→“复制”命令，弹出复制图像的对话框，在此可设置复制的图像名称。若勾选“仅复制合并的图层”，则会将所有图层合并后再进行复制。设置完成后，单击“确定”按钮即可。如图 19-29 所示。

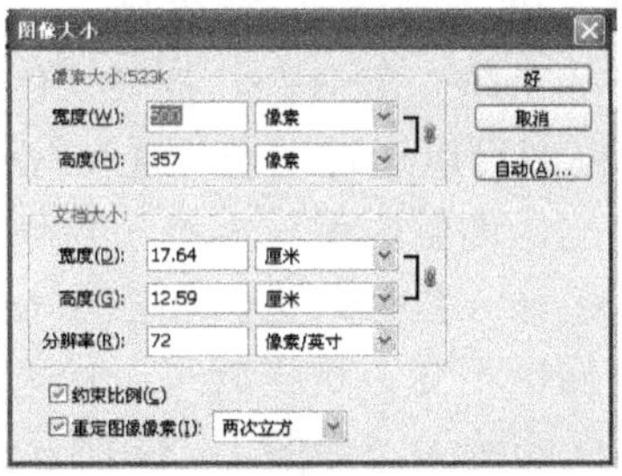

图 19-28　“图像大小”对话框

图 19-29　“复制图像”对话框

（3）画布大小：在图像处理时，如果图像的画布大小影响你的操作，则可用“画布大小”这个功能来改变图像的画布大小。执行“图像”→“画布大小”命令，弹出“画布大小”对话框，在对话框中可做适当的调整。在“定位”选项中表示位置方向的方格则表示进行画布修改时边界的调整方向。默认情况下，中间方格处于按下状态，表示对画布大小的调整将以中心位置为起点，向其他各方向平均地进行调整变化。如果设置的新画布尺寸比原来的大，那么图像窗口边缘多处的部分将以背景色进行填充。如图 19-30 所示。

（4）旋转画布：执行“图像”→“旋转画布”命令，从弹出菜单中选取需要的操作命令，对整个文件进行旋转或翻转。

（5）裁切图像：要裁切掉多余的图像，除了采用裁切工具，还可以执行“图像”→“裁切”命令来完成。首先打开要裁切的图像，使用选区工具将要保留的图像部分框选起来；然后执行“图像”→“裁切”命令，选区范围以外的部分就可以被裁切掉了。

（6）修整图像：修整图像命令可将图像边缘的透明部分或者单色的部分切掉。执行“图像”→“修整”命令，在弹出的“修整”对话框中可根据需要进行修整选项的设置，如图 19-31 所示。

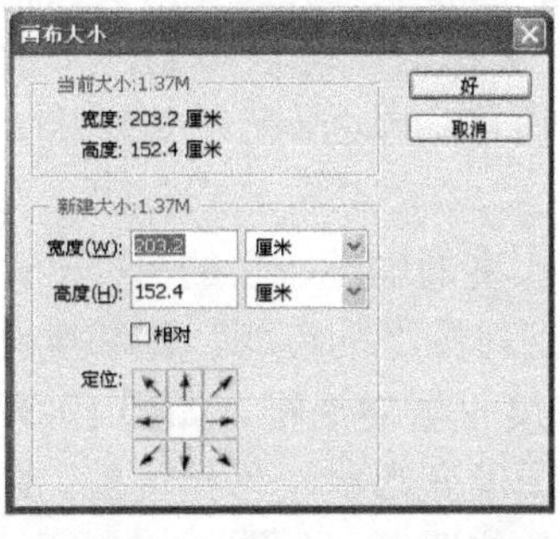

图 19-30　“画布大小”对话框

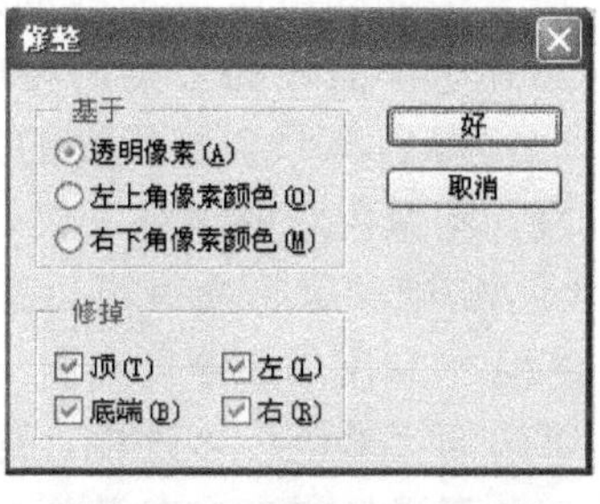

图 19-31　“修整”对话框

（7）显示全部图像：执行“图像”→“显示全部”命令，可以加大视窗的大小，以显示所有原来隐藏在视窗之外的图像部分，其结果刚好和裁切结果相反。

19.4.2 色调

灵活运用 Photoshop 的色彩调节功能，是我们学习图像编辑处理的关键一环。只有有效地对图像的色彩和色调进行控制，才能制作出高品质的图像作品。Photoshop 提供了十分完善和强大的色彩调节功能，这些功能能够帮助我们创造出绚丽多彩的图像世界！

图 19-32　图像色调调整菜单选项

打开要调整的图像，执行“图像”→“调整”命令，通过对不同调整选项的选择设置，完成相应的调整。在 Photoshop 中常用的色彩调节命令包括色阶、曲线以及色相/饱和度等（见图 19-32），下面我们就一起来看看它们的应用。

（1）色阶：色阶命令通常用来补偿图像扫描输入时的偏差，它可以使图像获得丰富的层次感和鲜明的对比。首先打开一幅需要进行调整的图像文件，随后执行“色阶...”命令，打开“色阶”对话框（如图 19-33 所示）。在对话框中可以通过调整“输入色阶”和“输出色阶”来控制图像的明暗对比，调整时用鼠标拖拉对话框下方的三角形滑杆或者在参数栏中直接输入数值即可。如把输入色阶调整为 45、0.45 和 160，输出色阶保持不变，这样就可以加大色彩的明暗对比度，使图像得到曝光过度的效果，如图 19-34 所示。

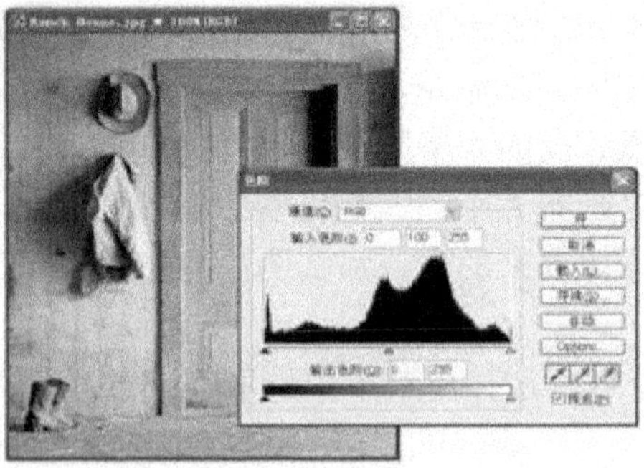

图 19-33　“色阶”对话框

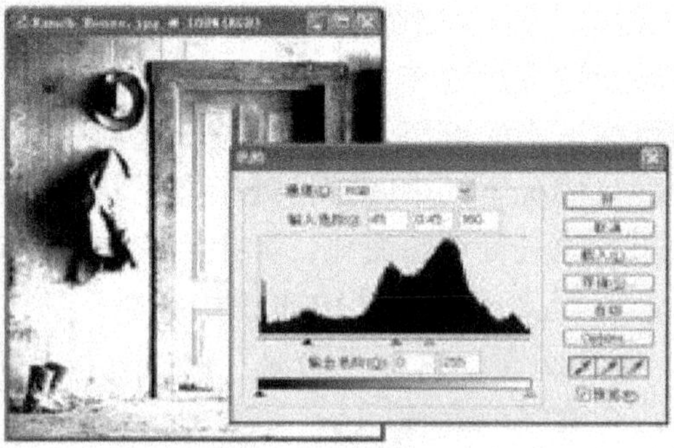

图 19-34　调整参数效果

（2）曲线：色彩对比度的调节除了色阶命令之外，曲线命令的应用也十分常见，它的功能和色阶命令类似，但最大的不同是它可以做更多更精细的设定。执行“曲线...”命令打开“曲线”对话框，如图 19-35 所示。在对话框中，曲线的横坐标和纵坐标分别对应色阶命令中的“输入色阶”和“输出色阶”，可以通过改变曲线的弯曲形状来调整图像的色彩效果。操作时，只需将鼠标移动到曲线上，然后按住左键并拖动即可改变曲线的形状，松开鼠标后就可以得到一个曲线节点，再次执行上述操作可得到另外一个曲线的节点，将曲线调整到如图 19-36 所示的形状，这样可以使图像产生强烈的明暗对比，得到类似金属反光的光泽效果。

（3）色相/饱和度：图像色彩的调整不仅仅是色彩对比度的调整，它的另外一个重要方面是图像颜色属性的调整。“色相/饱和度”命令可以帮助我们分别对图像的色相、饱和度和明度参数进行精确的控制。执行“色相/饱和度”命令即可打开色相/饱和度设置对话框，如图 19-37 所示。调整时通常先勾选对话框右下角的“着色”多选框，这样可以将图像变为单一色相调整。随后分别用鼠标拖拉该参数项下方的三角形滑杆或者在参数栏中直接输入数值即可。如图 19-38 所示是将一幅黑白图片改变为橙色显示的效果。

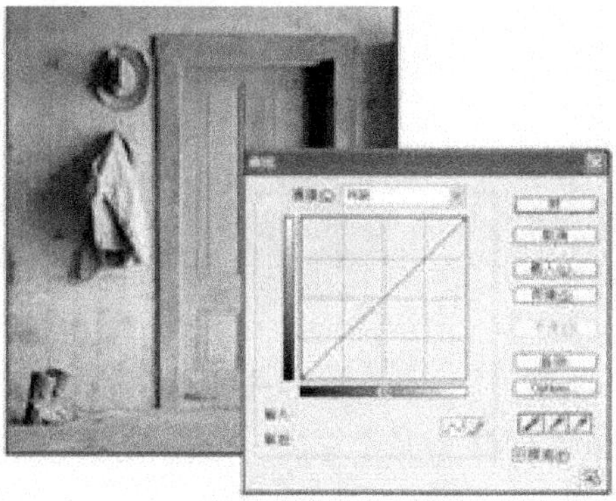

图 19-35 “曲线”对话框

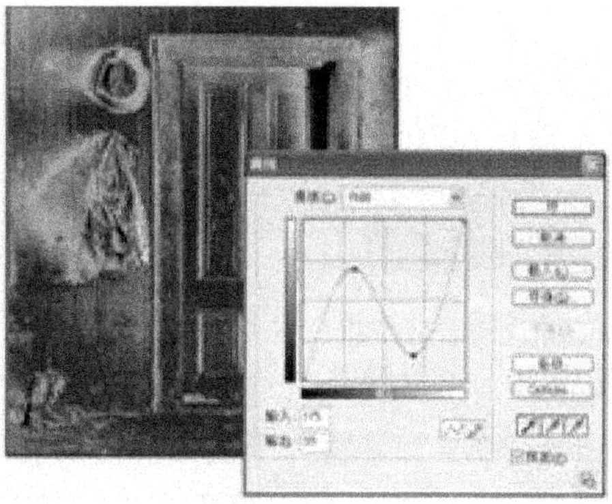

图 19-36 调整参数后的金属反光效果

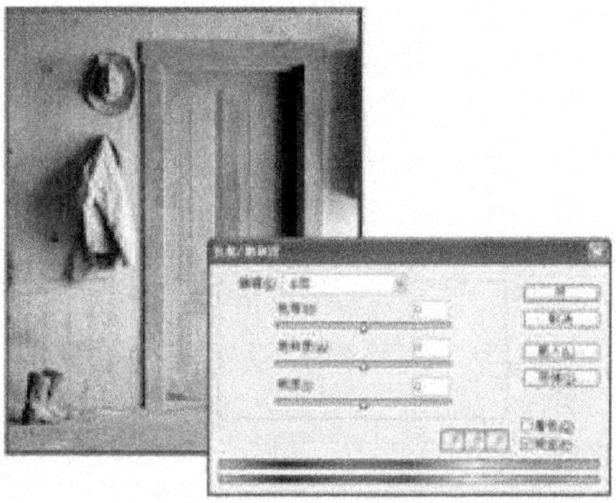

图 19-37 “色相/饱和度”对话框

图 19-38 参数调整后的效果

19.5 通道与蒙版

在 Photoshop 中，通道是用来存放图像颜色信息的，同时通道不可以用来存储蒙版。而蒙版则用来保存图像中需要保护的区域，使之不受其他编辑操作的影响。总之，在 Photoshop 中，通道和蒙版的作用都是十分重要的。

19.5.1 通道

在 Photoshop 中，通道的一个主要功能是保存图像的颜色信息。例如，一个 RGB 模式的图像，它的每一个像素的颜色数据是由红（R）、绿（G）、蓝（B）这三个通道来记录的，而这三个色彩通道组合定义后合成了一个 RGB 主通道，如图 19-39 所示。因此改变 R、G、B 各通道之一的颜色数据，都会马上反映到 RGB 主通道中。而在 CMYK 模式的图像中，颜色数据则分别由青色（C）、洋红色（M）、黄色（Y）、黑色（K）四个单独的通道组合成一个 CMYK 的主通道，如图 19-40 所示，而这四个通道也就相当于四色印刷中的四色胶片，即 CMYK 图像在彩色输出时可进行分色打印，将 CMYK 四原色的数据分别输出为青色、洋红色、黄色和黑色四张胶片，在印刷时这四张胶片叠合即可印刷出色彩缤纷的彩色图像。除了以上两种颜色模式，还有另外一种灰度图像模式，该模式只有一种灰度通道。

除此之外，通道的另外一个十分重要且常用的功能就是用来存放和编辑选区，也就是所谓的 Alpha 通道功能。在 Photoshop 中，当选取范围被保存后，就会自动成为一个蒙版并保存在一个新增的通道中，该通道会自动命名为 Alpha，如图 19-41 所示。在 Alpha 通道上可以应用各种绘图工具和滤镜对选区进行进一步的编辑和调整，从而创建更为复杂和精确的选区。

在实际应用中，通道作为一种图像设计的辅助手段，不但能够帮助我们制作出轮廓复杂的选区，还可以让我们对选区形状进行反复的调整，以达到精细控制的目的。

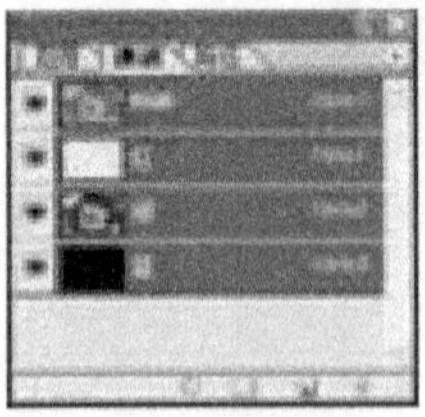

图 19-39　RGB 通道

图 19-40　CMYK 通道

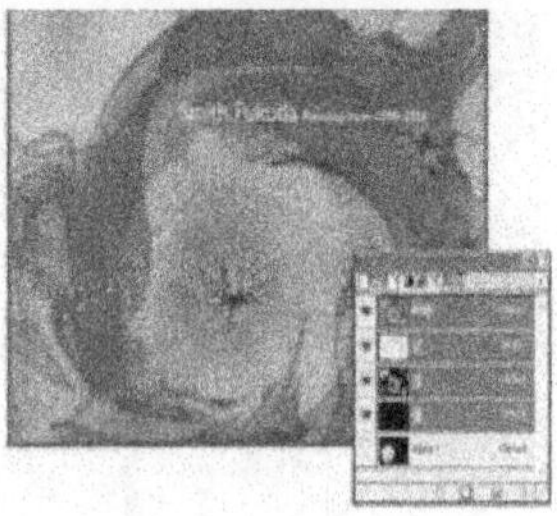

图 19-41　Alpha 通道

Photoshop CS3 允许将一个图像文件的各个通道以单个文件的形式存储。单击通道控制面板右上方的三角形按钮，在弹出的菜单中选择“分离通道”命令，则 Phtotoshop 将 CMYK 图像文件分离为 4 个独立的文件，分别保存图像文件的青色、洋红色、黑色、黄色通道信息，如图 19-42 所示。合并通道就是将多个灰度图像合并成一个图像，所有被合并的图像都必须为“灰度”模式，并且具有相同的像素尺寸。首先，选取要合并的通道的图像文件，打开通道控制面板菜单，选择“合并通道”命令；然后打开对话框，设置图像文件的色彩模式及通道数，即可完成通道的合并，如图 19-43 所示。

图 19-42　分离通道

图 19-43　合并通道

19.5.2　蒙版

蒙版通常为一种透明的模板，覆盖在图像上保护被遮蔽的区域，而且只允许对未被遮蔽的区域进行编辑处理。图层蒙版用来控制图层中的部分区域被遮蔽还是显示，通过修改图层蒙版，可以对图层的显示范围进行编辑，而且不影响图层的像素。

进行图像处理时，人们常常要对局部图像进行编辑、处理和加工，而且不至于影响到其他区域，这时就需要使用蒙版。在工具箱中，专门为快速使用蒙版提供了图标按钮和。分别双击两个蒙版工具按钮，都会弹出一个快速蒙版选项的对话框，在“色彩指示”栏中，可设置蒙版中色彩覆盖区域的含义。若选中的是被蒙版区域，则工具箱显示的图标是；若选中的是所选区域，则工具箱中显示的图标是。颜色和不透明度用来设置蒙版的显示模式，而不会对图像本身造成影响。

下面通过一个简单的例子来看看图层蒙版是如何使用的。在这个例子中，我们用“图层蒙版”将金鱼缸里的金鱼换成我们喜欢的东西。

首先打开两幅素材图像，选中图像 1 窗口，按 Ctrl+A 快捷键，将图像 1 全部选中，按 Ctrl+C 组合键复制选中的图像；切换到图像 2 窗口，按 Ctrl+V 快捷键，将图像 1 粘贴到图像 2 中。完成后效果如图 19-44 所示。

执行“窗口”→“显示图层”命令，打开图层面板，单击图层面板底部的添加蒙版按钮，为上面的图层创建图层蒙版，如图 19-45 所示。

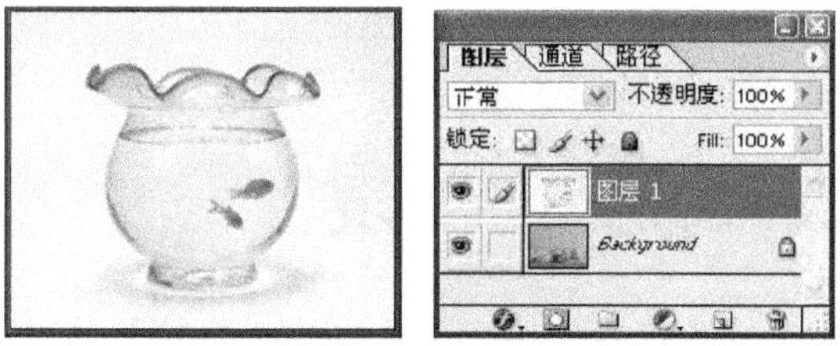

图 19-44　完成效果

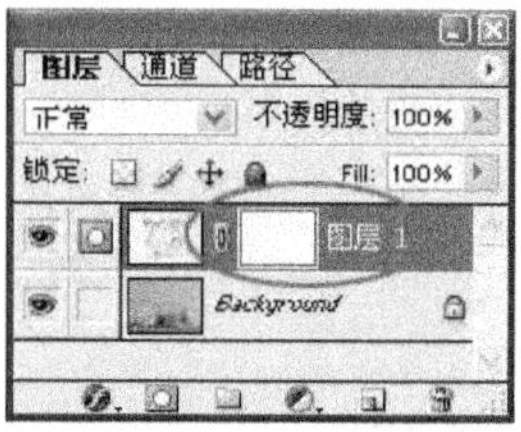

图 19-45　添加图层蒙版

在工具箱中将“前景色”设置为黑色，然后选择笔刷工具，用柔角类的笔刷在蒙版上绘制，将图层中需要隐藏起来的地方用蒙版蒙住，这样底下的图像就显露出来了，效果如图 19-46 所示。

我们可以将蒙版删除，用鼠标将蒙版的缩览图拖放到图层面板的删除图层按钮上，在弹出的提示框中单击“应用”按钮，如图 19-47 所示。

图 19-46　蒙版编辑效果

图 19-47　删除蒙版效果

在上面的例子中可以发现，图层蒙版中填充黑色的地方是使图层图像完全隐藏的部分，填充白色的地方是让图层图像完全显示的部分，而从黑色到白色过渡的“灰色地带”则是让图层图像半透明显示的部分，这是使用图层蒙版的一个重要规律。

在 Photoshop CS3 中，可以直接通过绘制的路径来建立蒙版，我们称之为矢量蒙版。在图层控制面板上选取要加上图层矢量蒙版的图层，执行“图层”→“添加矢量蒙版”命令，选择当前路径，可以在路径控制面板上建立一个矢量路径，并将其选取，执行“图层”→“矢量路径”→“当前路径”命令，则图层上的图像会以矢量路径显示区域。

此外还可以通过使用文字蒙版工具在图像中创建文字型的蒙版。在工具箱中选取横排文字蒙版工具，由它们创建的文字蒙版区域是浮动于原图层之上的虚框文字，对它可以进行各种编辑操作，如变形、移动、羽化、填色和喷涂等处理。所创建的文字虚框可以作为选区保存到通道中，如图 19-48 所示。

图 19-48　文字蒙版

19.6　本章小结

本章介绍了 Photoshop 中图像编辑的重要内容——图层。读者需掌握图层的基本操作，如图层上的绘图、输入文字、调整图像、使用蒙版及添加图层特效等。对于图层的特殊效果，一方面读者应了解图层的几种特效，另一方面应学会如何使用这几种特殊效果来编辑图像。此外，图层的不透明度与混合模式也是非常重要的，读者应能够灵活运用。

习题

1．Photoshop 中能够设置图层的特殊效果包括哪几种？
2．什么是图层混合模式？
3．通道的功能是什么？
4．蒙版是什么？

第 20 章　滤　　镜

滤镜是 Photoshop 中具有代表性的功能之一。滤镜的使用可以为图像处理增添丰富的奇妙效果。本章将详细介绍 Photoshop CS3 中几种常用滤镜的编辑方法和应用效果。

20.1　图像的抽出

图像的“抽出”提供了一种将图像从背景中分离出来的方法，常用于对一些比较纤细、有复杂边缘的图形进行主体选取的编辑。操作如下：

（1）要对图像进行抽出去背操作，需执行“滤镜”→“抽出”命令，调出“抽出”对话框（如图 20-1 所示）；然后在对话框左边的工具箱中选取边缘高光器工具，接着在“工具选项”设置栏中进行相应设置。

图 20-1　“抽出”对话框

- 画笔大小：设置抽出工具的画笔大小。
- 高光：可以选择使用边缘高光器工具描绘的抽出边缘的颜色，可以选择以红、绿、蓝或其他颜色来显示抽出边缘的颜色。
- 填充：设置填充的蒙版颜色。
- 智能高光显示：勾选此项，在描绘出边缘时，Photoshop 会自动判断并选择适合的画笔大小，以达到最佳的去背效果。

（2）在“工具选项”设置栏中设置完毕后，使用边缘高光器工具对需要去背的图像进行边缘轮廓的描绘。描绘过程力求精确，可以使用和工具来协助描绘抽出线条，还可以用工具擦去失误的地方。

（3）用填充工具在前一步骤描绘的图像的取出线条所封闭的选区中单击，这时会在图像上填入蓝色的图像蒙版。见图 20-2。

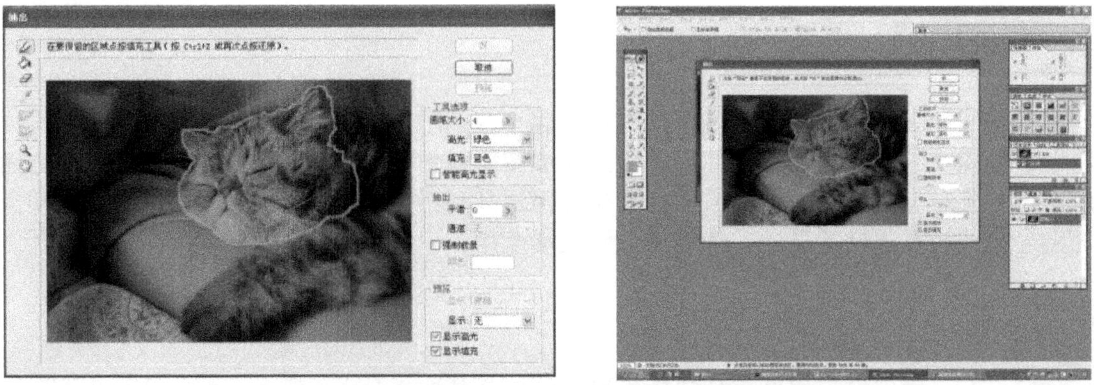

图 20-2　描绘抽出边缘和填入蓝色图像蒙版

（4）在“抽出”设置栏中进行抽出设置。

- 平滑：设置抽出边缘的柔化程度。

- 通道：如果图像文件有 Alpha 通道，就可以在这里选取该通道作为抽出的范围。
- 强制前景：勾选该选项后，用吸管工具在取出边缘上吸取一个颜色作为前景颜色，那么在抽出边缘中的图像时，该颜色将被强制保留下来。

（5）按下“预览”按钮，可以在面板中及时预览图像去背后的效果，相应的设置如下。

- 显示（预览设置栏中的第一个）：可设置图像的预览模式，选取“原稿”会以不去背的方式显示图像，选取“抽出”会以去背的方式显示图像。
- 显示（预览设置栏中的第二个）：指定相应的颜色作为底色，勾选蒙版选项则以蒙版的方式预览。
- 显示高光：图像去背预览后可以再显示绿色的抽出边缘。
- 显示填充：图像去背预览后可以再显示蓝色的填充蒙版。

图 20-3 所示为抽出的预览效果及进行抽出处理后的图像。

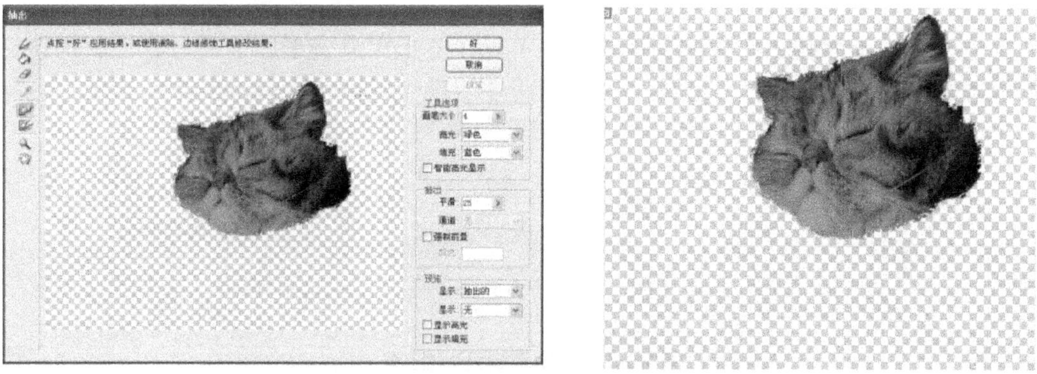

图 20-3　抽出的预览效果及进行抽出处理后的图像

（6）使用清除工具可以修改不满意图像抽出的预览效果。按住 Alt 键并使用清除工具，可以消除图像内容，将挖空的图像还原成原样。

选取边缘修饰工具，可以对抽出后的图像边缘进行修整。按住 Ctrl 键涂抹图像边缘，则可以将图像的边缘挖空。

重新对图像进行抽出，按住 Alt 键，即可将“取消”按钮变换为“复位”，重新设置图像的抽出。

20.2　液化

液化也称扭曲，可将图像进行比较自然的任意变形，用于查看其他图层、缩放、全景显示、还原步骤，还可以存储自定义网格并将它们应用于其他文件。

打开要使用液化效果的图像，执行“滤镜”→“液化”命令，或按下“Ctrl+Shift+X”组合键，可以调出“液化”对话框，从而进行各项设置，见图 20-4。

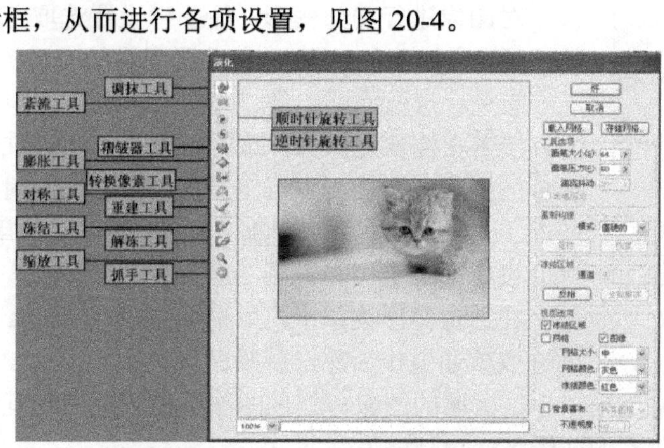

图 20-4　“液化”对话框及其工具箱功能

在“液化”对话框中共有10种变形工具，可分别应用在不同的变形用途上。此外，“液化”对话框还提供了变形工具的工具选项、视图选项等参数的设置。详细内容如下。

1．工具选项

（1）画笔大小：设置变形工具的画笔大小。

（2）画笔压力：设置变形工具的变形程度，数值越大则变形程度越明显。

（3）紊流抖动：设置变形变动数量，与紊流工具配合使用。

（4）光笔压力：勾选此项则可配合外置绘图设备（如数字手写板）使用。

2．重新构建

图像在经过变形后，可以使用重建和恢复命令复原图像。此项设置在重新构建栏中，如图20-5所示。

（1）重建按钮：全面减小图像的变形结果，可以在变形工具变形图像后，在重新构建栏中选取重新变形模式，然后按下“重建”按钮，则图像将逐步地全面减小图像的变形结果。

原图　　变形的图像　　重建变形图像的结果

图20-5　使用重建还原图像

（2）使用恢复按钮：可将图像的变形结果全部去除并还原到原图像。

（3）使用重建工具：选用重建工具，并在重新构建栏的模式菜单中选取不同的重建变形模式，在变形后的图像部分进行涂抹，可以还原图像的原始模样。见图20-6。

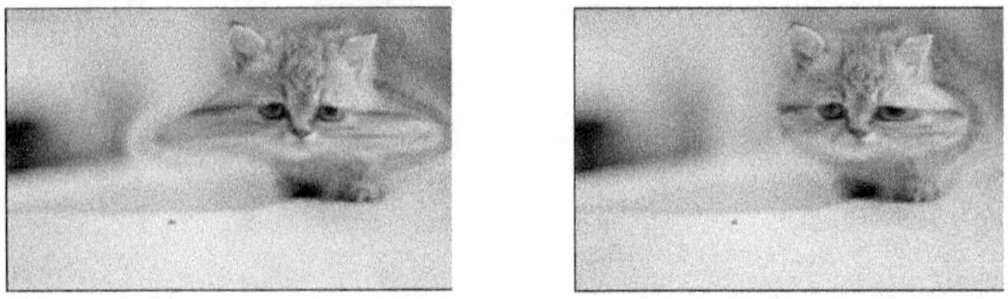

变形的图像　　还原局部图像结果

图20-6　使用重建工具

3．冻结区域

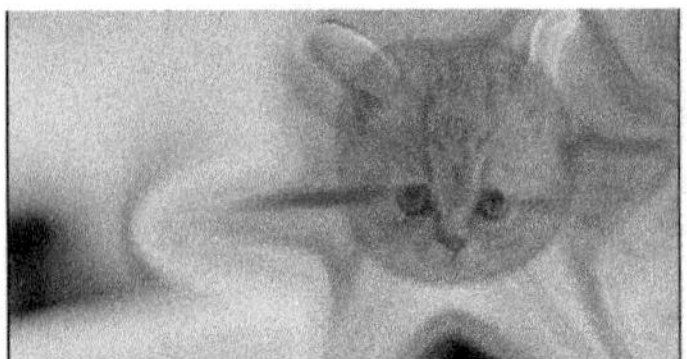

图20-7　冻结局部图像

对图像进行局部变形，除了可设置选取范围之外，还可以使用冻结工具和解冻工具来设置图像的变形范围。

首先，选取冻结工具，并在工具选项栏中设置其画笔的大小与压力；接着在图像上涂抹，这时图像上会出现红色的冻结保护膜，使该部分的图像不会受到变形工具的变形影响。对于冻结保护膜，可使用解冻工具将冻结区域擦除掉；此外，还可以使用冻结区域栏中的设置，协助设置变形范围。见图20-7。

在通道弹出菜单中，如果图像中有Alpha通道，可以在弹出菜单中选取该通道作为冻结薄膜区域。

（1）反相按钮：可将原来在冻结区域的图像与红色的冻结薄膜区域相互调换。

（2）全部解冻：将所有的冻结区域全部解冻。

4．视图选项

（1）显示冻结区域：显示红色的冻结薄膜区域。

（2）网格：显示变形的网格。

（3）图像：显示要变形的图像。

（4）网格大小：在弹出菜单中可选择变形网格的大小。

（5）网格颜色：可选择变形网格的颜色。

（6）冻结颜色：选择冻结区域的颜色。

（7）背景：显示图形未变形前的样子，可通过设置不透明度来显示变形的强度。

5．使用变形工具

在使用变形工具前，需要先设置画笔大小、压力、冻结区域等。

（1）调抹工具：直接用调抹工具拖拉图像，可将图像顺着鼠标拖拉的方向变形，其效果有些像涂抹工具。如图 20-8 所示。

（2）紊流工具：这是 Photoshop CS3 新增的变形工具，使用紊流工具拖拉图像时，可以将图像沿着鼠标拖拉的方向产生柔顺的弯曲变形，它很适合用在火焰、云彩、布纹等需要产生柔顺而纷乱的变形环境下。使用这个工具时，还需要结合工具选项栏中的紊流抖动的设置来使用。如图 20-8 所示。

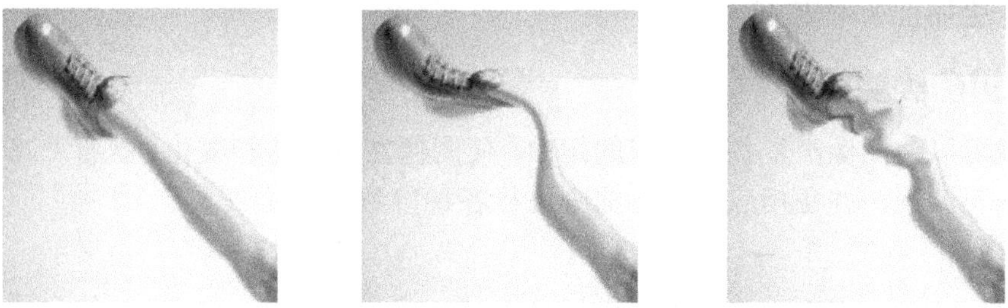

原图　　调抹效果　　紊流效果

图 20-8　调抹与紊流效果图像

（3）旋转扭曲工具：要对图像进行旋转变形时，可以使用顺时针旋转扭曲工具和逆时针旋转扭曲工具拖拉图像，将图像进行旋转扭曲变形。如图 20-9 所示。

（4）褶皱变形和膨胀变形：利用褶皱变形工具可以将图像向内侧压缩，造成图像仿佛缩小的样子，而膨胀变形工具则刚好相反，可以将图像向外鼓起制造出图像膨胀变大的样子。如图 20-10 所示。

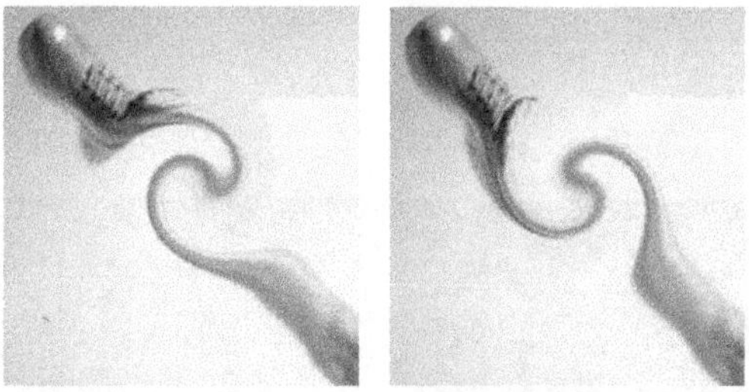

顺时针　　逆时针

图 20-9　旋转扭曲效果

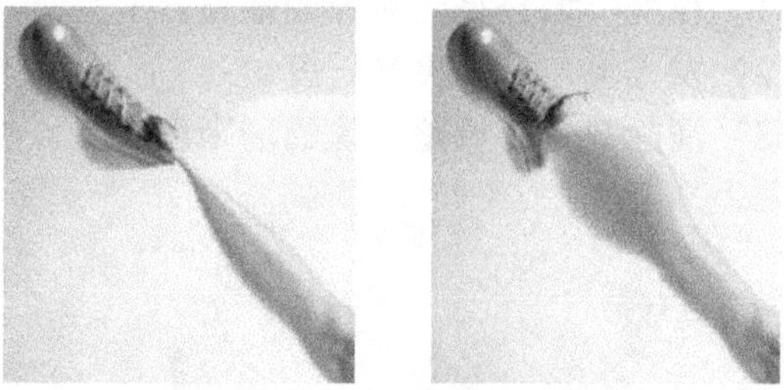

褶皱　　膨胀

图 20-10　褶皱与膨胀效果

（5）移动像素变形工具：使用移动像素变形工具拖拉图像，图像将以与移动方向垂直的方向移动，生成图像被推挤的效果。向左移动则图像向下推挤，向右移动则图像向上推挤，向上移动则图像向左推挤，向下移动则图像向右推挤。如图 20-11 所示。

（6）使用对称变形工具：对称变形工具与移动像素变形工具所生成的效果有些类似，用对称变形工具拖拉图像，则图像将被复制并推挤垂直方向的图像，生成图像变形的效果。向左移动则恢复至上面的图像，向右移动则会复制下面的图像，向上移动则会复制右面的图像，向下移动则会复制左面的图像。如图 20-12 所示。

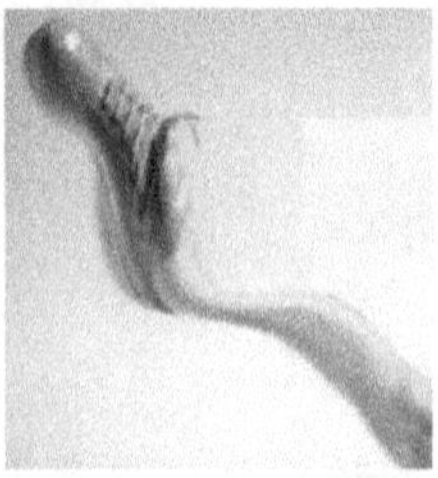

图 20-11　移动效果

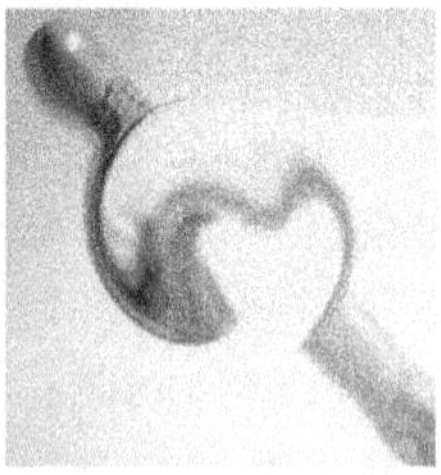

图 20-12　对称效果

20.3　传统滤镜

Photoshop CS3 准备了大约 100 个内置的图像滤镜，用以处理图像的各种丰富的变化效果，帮助我们快速完成许多特效的创建。恰当地使用多种滤镜来配合处理图像效果，可以使平面设计作品更具表现力，但首先需要对这些滤镜有比较完整的实践认识。传统滤镜的使用方法很简单，选取某种滤镜后，进行相应的设置，确定后滤镜效果就会出现在图像上。部分滤镜在滤镜库中可以直接从缩略图看到效果，更加直观方便。

20.3.1　扭曲类滤镜

扭曲类滤镜可以使图像产生各种形式的扭曲，使图像富有动感和变化。执行“滤镜”→“扭曲”，选择不同的扭曲类滤镜，并在相应的对话框中进行各种参数的设置。

1．切变

切变滤镜可以使图像产生弯曲变形，有点类似哈哈镜的效果（见图 20-13）。使用时拖拉设置窗口中的曲线到适当位置即可。参数如下。

（1）折回：在空白区域中填入溢出图像之外的图像内容。

（2）重复边缘像素：在空白处填入扭曲边缘的像素颜色。

2．扩散亮光

扩散亮光滤镜使图像产生好像辉光照射物体后的一种效果（见图 20-14）。参数设置如下。

（1）粒度：调整亮光颗粒的数量。

（2）发光量：调整亮光程度。

（3）清除数量：调整图像的清晰度。

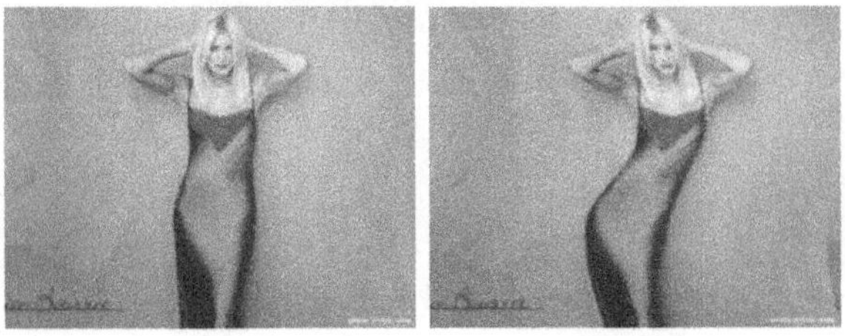

原图　　效果

图 20-13　切变效果

原图　　效果

图 20-14　扩散亮光效果

3．挤压

挤压滤镜可以将图像向内或向外挤压，使图像的中心产生凸起或凹下的效果（见图 20-15）。参数如下。

数量：控制挤压的强度，正值为向内挤压，图像向内收缩；负值为向外挤压，图像向外膨胀。范围是-100%～100%。

原图　　向内挤压　　向外挤压

图 20-15　挤压变形效果

4．旋转扭曲

旋转扭曲滤镜可以产生旋转风轮的效果（见图 20-16），参数如下。

角度：调节旋转角度值，负值表示逆时针扭曲，正值表示顺时针扭曲，范围是-999°～999°。

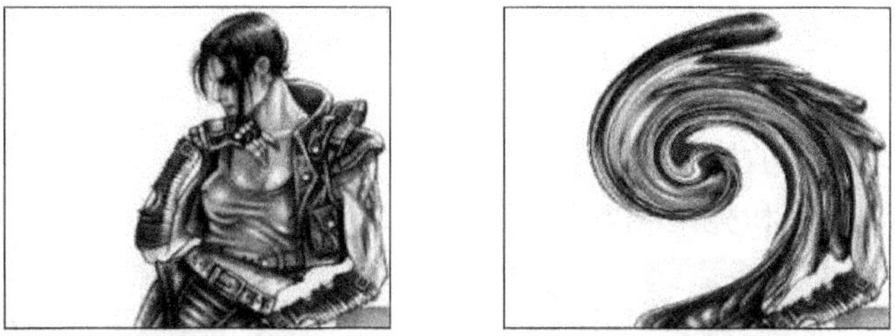

原图　　旋转变形

图 20-16　旋转扭曲效果

5．极坐标

极坐标滤镜可以将图像的坐标从直角坐标系转换到极坐标系，或从极坐标系转换为直角坐标系（见图 20-17）。相关参数设置如下。

（1）平面坐标到极坐标：从直角坐标系转换到极坐标系。

（2）极坐标到平面坐标：从极坐标系转换到直角坐标系。

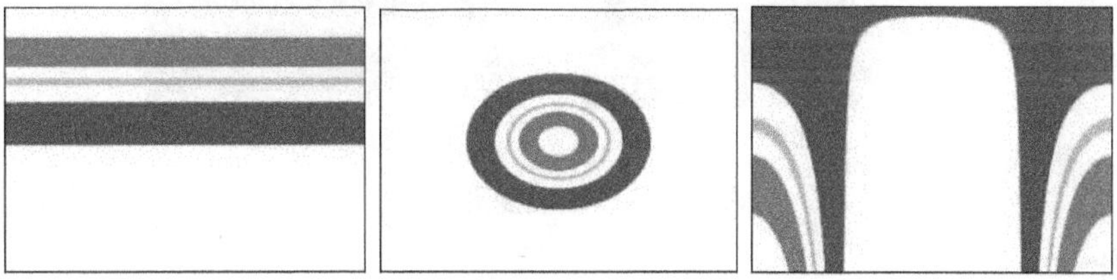

原图　　平面坐标到极坐标　　极坐标到平面坐标

图 20-17　极坐标变形效果

6．水波

水波滤镜可以对图像进行径向扭曲，产生类似于同心圆状的水面波纹效果（见图 20-18）。其参数设置如下。

（1）数量：设置水波的数量。

（2）起波：设置从波源到边缘的波浪数目，控制波纹的密度。

（3）样式：设置水波纹的样式。

（4）围绕中心：将图像的像素绕中心旋转。

（5）从中心向外：靠近或远离中心置换像素。

（6）水池波纹：将像素置换到中心的左上方和右下方。

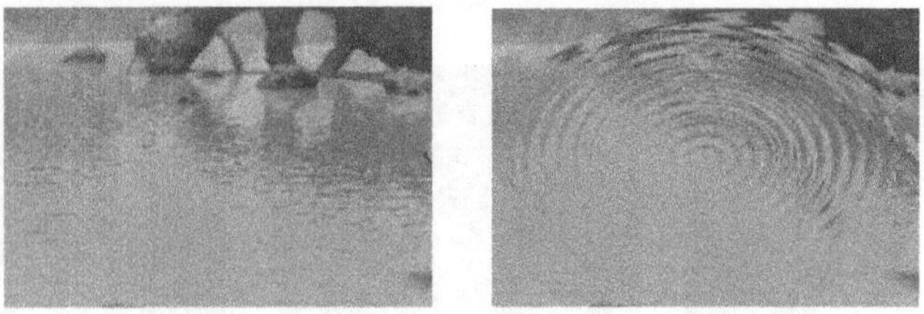

原图　　水波效果

图 20-18　水波变形效果

7．玻璃

玻璃滤镜用来制造一些细小的纹理，看上去像如同隔着玻璃看图像一样（见图 20-19）。此滤镜不能应用于 CMYK 和 Lab 模式的图像。相关设置如下。

（1）扭曲度：控制图像的扭曲程度，范围是 0～20。

（2）平滑度：平滑图像的扭曲效果，范围是 1～15。

（3）纹理：指定图像的玻璃纹理类型。可以选择已有的结霜、块、画布和小镜头纹理，也可以载入其他纹理。

（4）缩放：控制纹理的缩放比例。

（5）反相：使图像的暗区和亮区相互转换。

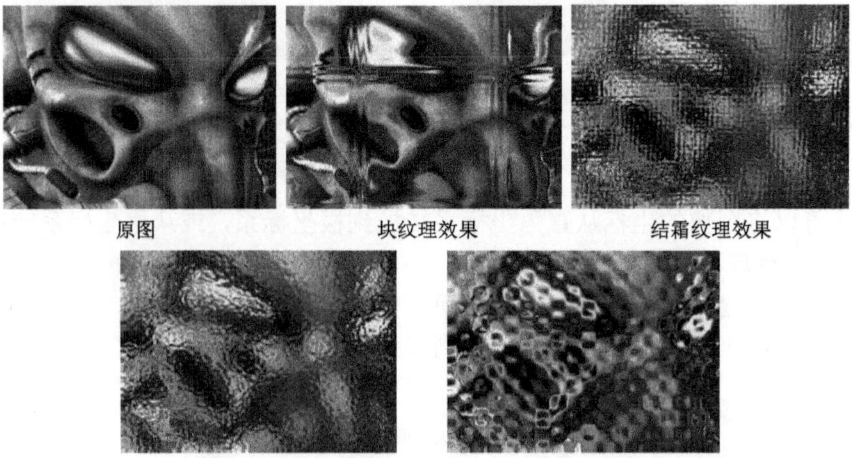

原图　　块纹理效果　　结霜纹理效果

画布纹理效果　　小镜头纹理效果

图 20-19　玻璃变形效果

8．球面化

球面化滤镜可以将选区中心的图像转换为球形，产生凸出或凹陷的球体效果，使文字或物体增加三维或变形效果（见图 20-20）。参数如下。

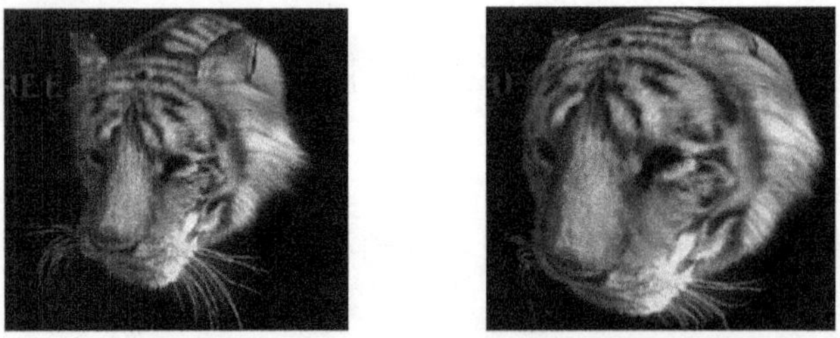

原图　　球面化效果

图 20-20　球面化变形效果

（1）数量：控制图像变形的强度，正值产生凸出效果，负值产生凹陷效果，范围为-100%～100%。

（2）正常：在水平和垂直方向上同时变形。

（3）水平优先：只在水平方向上变形。

（4）垂直优先：只在垂直方向上变形。

9. 置换

置换滤镜用来产生移位、弯曲、碎裂的图像效果（见图 20-21）。该滤镜的特殊之处是：设置完毕后，还需要选择一个图像文件作为位移图，滤镜根据位移图上的颜色值移动图像像素。在其对话框中的参数设置如下。

（1）水平比例：设置像素在水平方向的移动距离。

（2）垂直比例：设置像素在垂直方向的移动距离。

（3）置换图：设置位移图的属性。“伸展以适合”表示移位图像会覆盖原图并放大，以适合原图大小；“拼贴”表示位移图像会直接叠放在原图上，不进行任何大小调整。

（4）未定义区域：设置未定义区域的处理方法。“折回”表示将图像中未变形的部分反卷到图像的对边；“重复边缘像素”则将图像中未变形的部分分布到图像的边界上。

原图　　位移图　　置换效果

图 20-21　置换变形效果

20.3.2 杂色类滤镜

随机地在各色阶中增加或减少噪点及像素，通过混合干扰，制作着色像素图案的纹理，利用此类滤镜可以使选区与周围像素自然融合起来，还可移去图像上不需要的痕迹、杂点等。

1. 中间值

中间值滤镜可以通过混合图像内像素的亮度来减少图像中的杂色。在中间值对话框中，可以通过调整半径值来清除或减弱图像的动感（见图 20-22）。参数如下。

半径：此滤镜将用规定半径内像素的平均亮度值来取代半径中心像素的亮度值。

2. 去斑

去斑滤镜用来自动探测图像中有明显颜色变化的区域，并模糊边缘以外的所有部分。此滤镜没有设置选项，可在同一张位图上多次使用。其效果如图 20-23 所示。

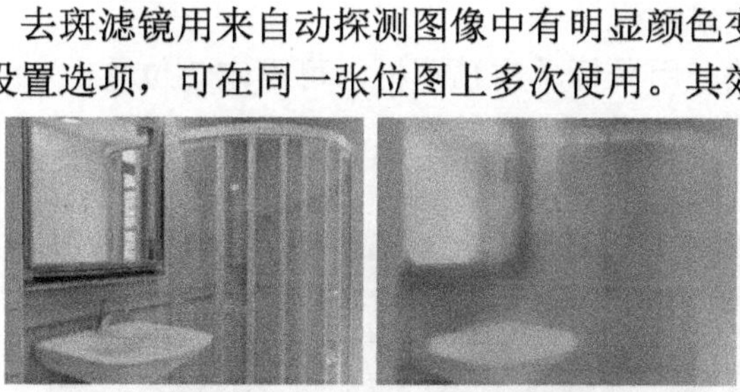

原图　　中间值效果

图 20-22　中间值变形效果

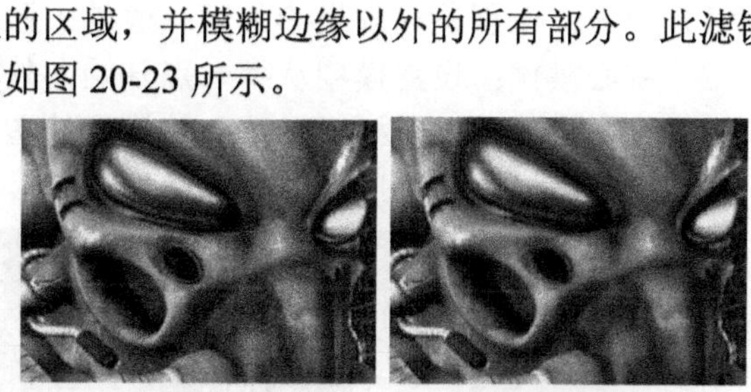

原图　　去斑效果

图 20-23　去斑变形效果图

3. 添加杂色

添加杂色可在图像上随机添加像素，并与图像混合，使过度修饰的区域显得真实（见图 20-24）。参数如下。

（1）数量：设置杂色的数量，值越大效果越明显。

（2）分布：设置杂色的分布方式。选择“平均分布”则颜色杂点统一平均分布；选择“高斯分布”则颜色杂点按高斯曲线分布。

（3）单色：设置是否为单色色素，勾选此项，杂点只影响原图像像素的亮度而不改变其颜色。

原图　　添加杂色效果

图 20-24　添加杂色效果

20.3.3　模糊类滤镜

模糊类滤镜能使图像或选区的边缘产生模糊化效果，从而可以光滑图像过于锐化的部分。另外，模糊滤镜还可以用于制作多种阴影效果，或者使图像的背景模糊，从而突出前景。

1．动感模糊

动感模糊滤镜能在某一方向对像素进行线性位移，可以产生一种动感（见图 20-25），其对话框设置如下。

（1）角度：设置运动模糊的方向。

（2）距离：设置像素移动的距离，即模糊的强度。

原图　　动感模糊效果

图 20-25　动感模糊效果

2．径向模糊

径向模糊滤镜能使图像产生旋转或从中心向四周呈放射状的模糊效果（见图 20-26）。相关参数设置如下。

（1）数量：设置模糊效果的强度，值越大模糊效果越强。

（2）中心模糊：设置模糊从哪一点开始向外扩散。用鼠标单击预览框，可设定该位置。

（3）模糊方法：设置模糊方法。被模糊的图像从模糊中心处开始放大。

（4）品质：设置模糊质量。模糊质量越好，处理的速度越慢。

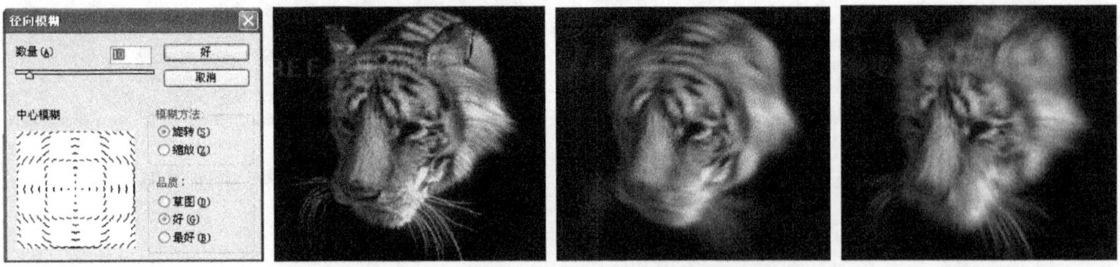

“径向模糊”对话框　　原图　　旋转效果　　缩放效果

图 20-26　“径向模糊”对话框及径向模糊效果

3．模糊

模糊滤镜可以使图像产生极轻微的模糊效果。这种滤镜可以在同一图像中多次使用，不必设置参数，效果不是很明显。

4．进一步模糊

进一步模糊滤镜和模糊滤镜的使用方法一样，但效果比后者要好些。

5．特殊模糊

特殊模糊允许创建多种模糊效果，产生一种清晰边界的模糊效果（见图 20-27）。参数设置如下。

（1）半径：值越高，模糊效果越明显。

（2）阈值：只有相邻像素间的亮度差别不超过临界值所限定的范围内的像素时，特殊模糊才能起作用。

（3）模式：在正常模式下，与其他模糊滤镜差别不大；在边缘优先模式下，适用于边缘有大量颜色变化的图像。增大边缘，图像边缘将变白，其余部分将变黑；在叠加边缘模式下，滤镜将覆盖图像的边缘。

原图　　正常模式　　边缘优先模式　　叠加边缘模式

图 20-27　特殊模糊效果

6．高斯模糊

高斯模糊滤镜依据高斯曲线调节像素色值，有选择地模糊图像，产生从轻微柔化图像边缘到难以辨认的薄雾效果（见图 20-28）。在其对话框中需设置半径值，即图像的模糊强度，该值越大模糊效果越明显。

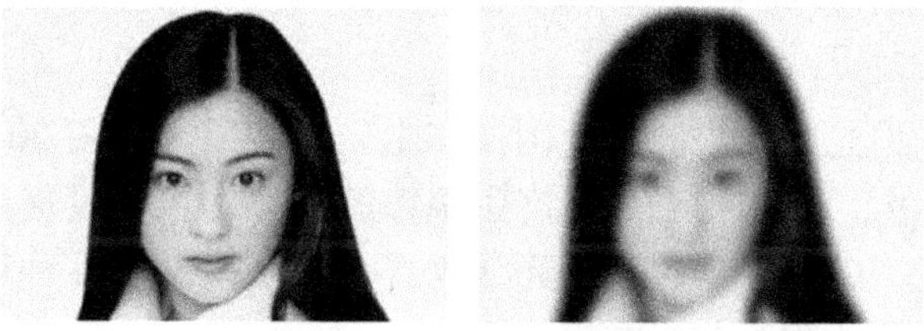

原图　　高斯模糊效果

图 20-28　高斯模糊效果

20.3.4　渲染类滤镜

渲染类滤镜可在图像中创建三维形状、云彩图案、折射图案和模拟光线反射等效果，可以产生不同的照明效果和肌理纹案，还可以用灰度文件创建纹理进行填充。

1．3D 变换

3D 变换滤镜能够在二维中产生三维效果，将图像映射为立方体、球体或圆柱体，并且可以对其中的图像进行三维旋转，但不能应用于 CMYK 和 Lab 模式的图像（见图 20-29）。其对话框中的工具及选项如下。

（1）选择工具：可以选择线框并对其进行移动。

（2）直接选择工具：可以选择并调节线框上的锚点位置。

（3）立方体工具：可在图像上拖出一个立体线框，同时只能使用直接工具调节其顶点。

（4）球体工具：可在图像上拖出一个球体线框，同时只能使用直接工具调节其顶点。

（5）圆柱体工具：可在图像上拖出一个圆柱体线框，同时可向其右边框上添加锚点，然后用直接选择工具进行调节。

（6）角点工具：可将一平滑角点变成尖锐角点。

（7）增加锚点工具：此工具可以在线框上增加锚点。

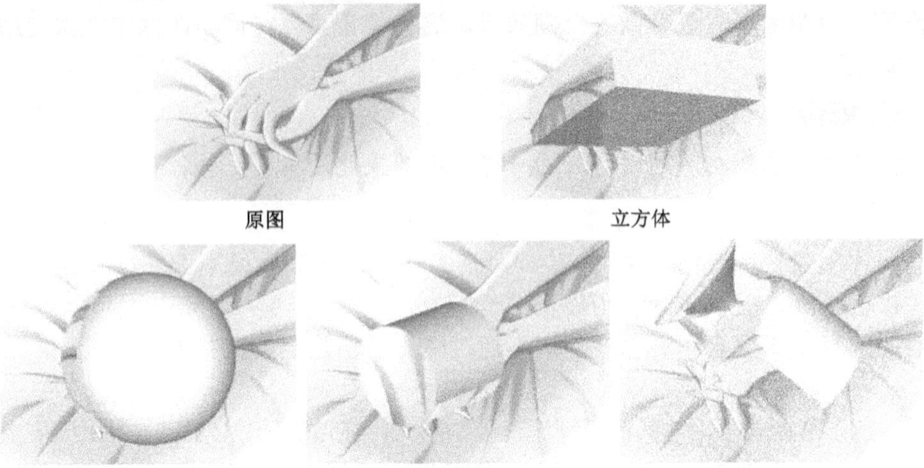

原图　立方体

球体　圆柱体　变形圆柱体效果

图 20-29　3D 变换效果

（8）删除锚点工具：可在线框上删除锚点。

（9）全景相机工具：单击此按钮，图像将映射到绘图的线框上，使用此工具进行移动操作。

（10）轨迹球工具：单击此按钮，图像将映射到绘图的线框上，使用此工具进行旋转操作。

（11）手形工具：当图像无法在窗口中完全显示时，使用此工具移动图像。

（12）缩放工具：对图像进行缩放操作。

（13）选项按钮：单击此按钮，可以在弹出的窗口中设置分辨率的高低和消除锯齿的质量，还可以选择是否显示背景。当按住 Alt 键时，选项钮变为复位钮，单击此按钮可以复位所做的修改。

2．光照效果

光照效果滤镜使图像产生光照效果（见图 20-30）。这项滤镜的设置和使用比较复杂，功能比较强大，运用得当可以产生很棒的效果。相关设置如下。

（1）样式：设置光源款式。该项模拟了各种舞台光源，系统默认提供了 17 种款式，还可以保存和删除某些光源模式。

（2）光照类型：设置灯光类型。

（3）强度：调节灯光亮度，值越大，光亮越强；若为负值，则产生吸光效果。

（4）聚焦：调节灯光的衰减范围。

（5）光泽：设置反光物的表面光洁度。滑动钮从杂边到发光端，光洁度越来越低，反光效果越来越差。

（6）材料：设置材质。

（7）曝光度：设置光线的亮暗度。

（8）环境：产生一种舞台弥漫效果。可利用其右侧的颜色设置框进行灯光颜色的设置。

（9）纹理通道：该项能在图像中加入纹理，产生一种浮雕的效果。若选择“无”以外的设置，则可在高度栏中调整纹理通道的深浅。

（10）高度：若选中白色部分凸出，则表示纹理中凸出部分用白色表示，凹陷部分用黑色表示。从“平滑”到“凸起”，纹理越来越深。

3．云彩

使用介于前景色和背景色之间的随机值生成柔和的云彩效果（见图 20-31），如果按住 Alt 键使用云彩滤镜，将会生成色彩相对分明的云彩效果。

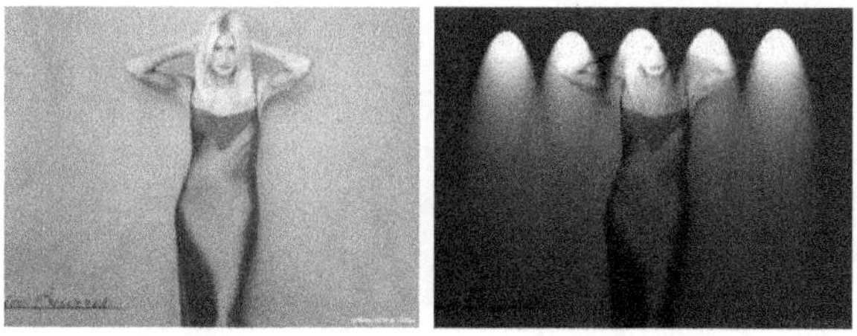

原图 光照效果

图 20-30 光照效果对照

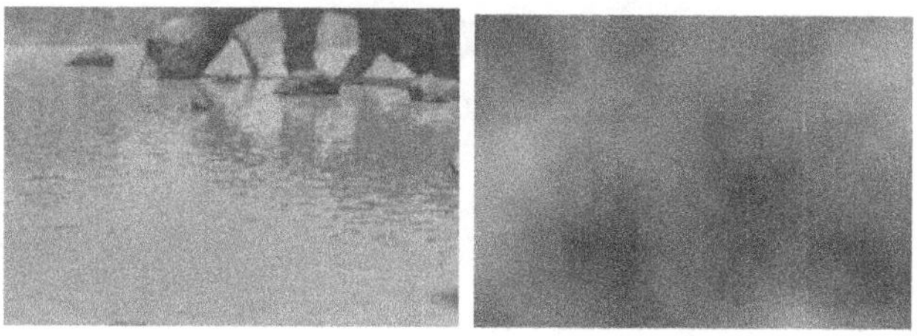

原图 云彩效果

图 20-31 云彩变形效果

20.3.5 画笔描边类滤镜

这组滤镜主要用于实现不同的笔划描绘图像的效果，也可以对图像进行涂抹。

1. 喷溅

喷溅滤镜能使画面上的色彩像水一样喷溅，类似透过浴室玻璃观看图像的效果（见图 20-32）。其参数如下。

（1）喷色半径：设置喷溅的范围，值越大喷溅范围越广。

（2）平滑度：喷溅色块之间的轻重或过渡平滑度。值越大，喷溅浪花越光滑，但也会越模糊。

原图 喷溅效果

图 20-32 喷溅效果

2. 喷色描边

使用所选图像的主色，并用成角的、喷溅的颜色线条来描绘图像，可以使用图像产生斜纹的飞溅效果（见图 20-33）。与喷溅滤镜的效果很相似。其参数如下。

（1）线条长度：设置笔画长度。参数设置在 3 以下，图像才能够产生一定的效果。

（2）喷色半径：设置喷溅的范围，值越大喷溅的范围越广。

（3）描边方向：设置描边方向。

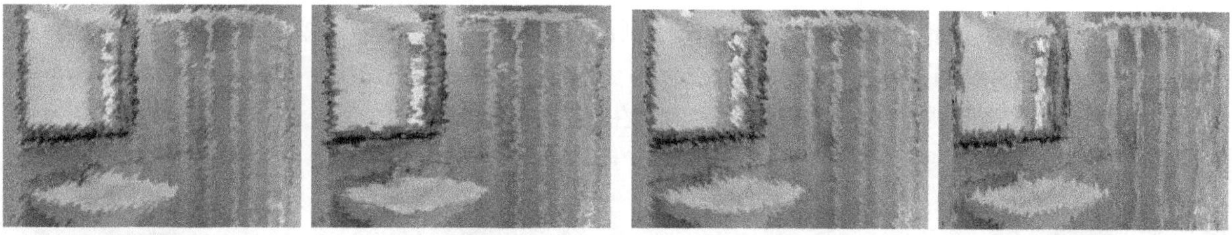

右对角线 水平 左对角线 垂直

图 20-33 喷色描边效果

3. 强化的边缘

强化的边缘滤镜能强化图像的相近颜色之间的边界，从而进行加宽和增光处理（见图 20-34）。其参数如下。

（1）边缘宽度：设置边缘宽度，值越大边界越粗。

（2）边缘亮度：设置边界的亮度。值越大则用白色强化边缘，否则用黑色强化。

4. 油墨概况

用纤细的线条勾画图像的色彩边界，类似钢笔画的风格（见图 20-35）。其参数如下。

（1）线条长度：设置笔画长度。

（2）深色强度：设置黑色轮廓强度。数值为60时，图像中深色的区域将变成黑色。

（3）光照强度：设置白色区域强度。数值为60时，图像中浅色的区域将变得更亮。

原图　　强化的边缘效果

图20-34　强化边缘效果

原图　　油墨概况效果

图20-35　油墨概况效果

5. 阴影线

类似用铅笔阴影线的笔触对所选图像进行勾画，与成角的线条滤镜的效果相似（见图20-36）。

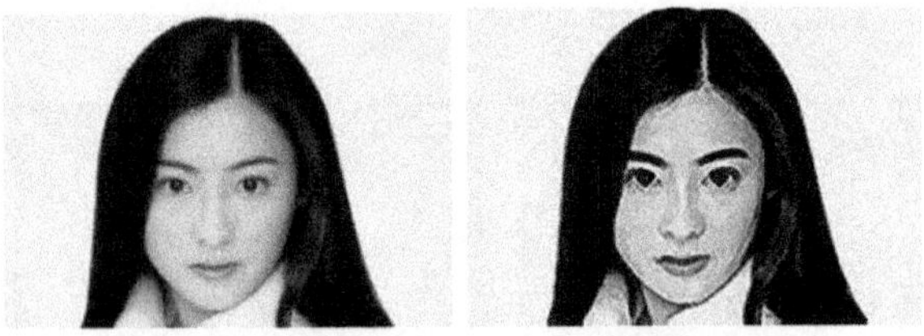

原图　　阴影线效果

图20-36　阴影线效果

20.3.6　素描类滤镜

素描类滤镜用来模拟素描、速写等手工艺术效果，其中多数滤镜要配合前景色和背景色来使用，一般在使用滤镜前最好先设置好前景色和背景色。使用这类滤镜时，如果在图像中加入底纹即可产生立体效果。

1. 便条纸

便条纸滤镜可模拟凹凸不平的手工造纸的效果，利用轻微的浮雕效果和纹理纸，很适合制作图像背景（见图20-37）。其参数如下。

（1）图像平衡：设置前景与背景色在效果中的平衡。

（2）凸现：设置浮雕的程度。

2. 半调图案

半调图案滤镜可模拟产生用半调网屏来印刷图像的效果，同时仍保留图像原有色调的连续性（见图20-38）。其参数如下。

大小：设置网格间距的大小，取值越大，产生的网格间距越大。

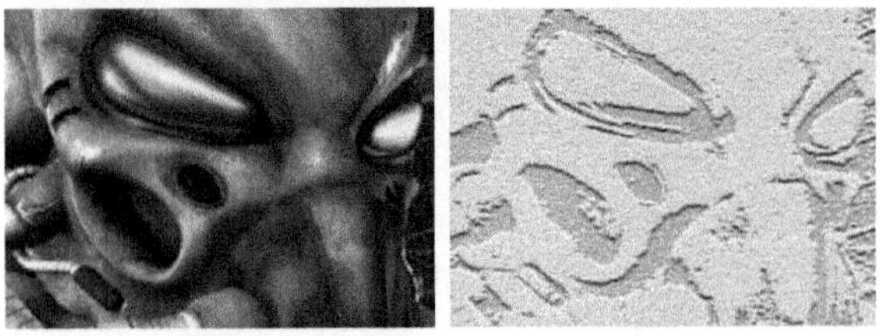

原图　　便条纸效果

图20-37　便条纸效果

原图　　半调图案效果

图20-38　半调图案效果

3. 图章

简化图像，使之呈现图章盖印的效果，此滤镜用于黑白图像时效果最佳（见图20-39）。其参数如下。

（1）明/暗平衡：设置前景色与背景色的平衡比例。

（2）平滑度：设置图像边缘锯齿的多少。设置为1时，图像边缘没有锯齿。

4. 基底凸现

变换图像使之呈浮雕和突出光照共同作用下的效果（见图 20-40）。在较暗的区域使用前景色替换，而在较亮的区域采用背景色代替。

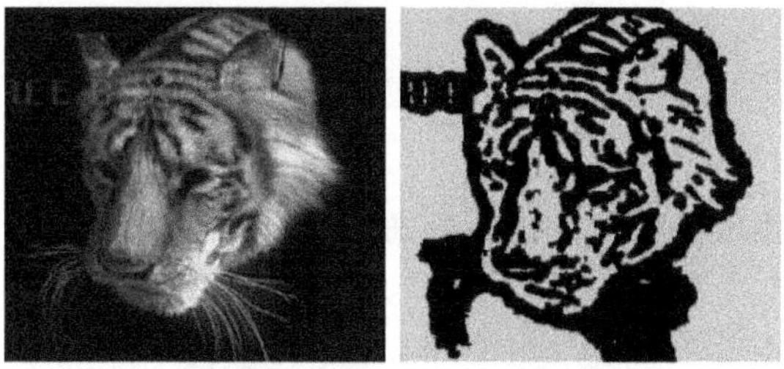

原图　　图章效果

图 20-39　图章效果

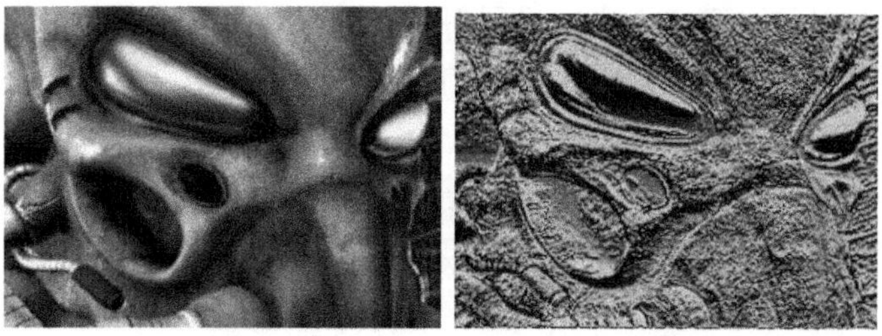

原图　　基底凸现效果

图 20-40　基底凸现效果

5. 塑料效果

模拟塑料浮雕效果，并使用前景色和背景色为结果图像着色。暗区凸起，亮区凹陷。见图 20-41。

6. 影印

模拟影印图像效果。暗区趋向于边缘的描绘，而中间色调为纯白或纯黑色。见图 20-42。

原图　　塑料效果

图 20-41　塑料效果

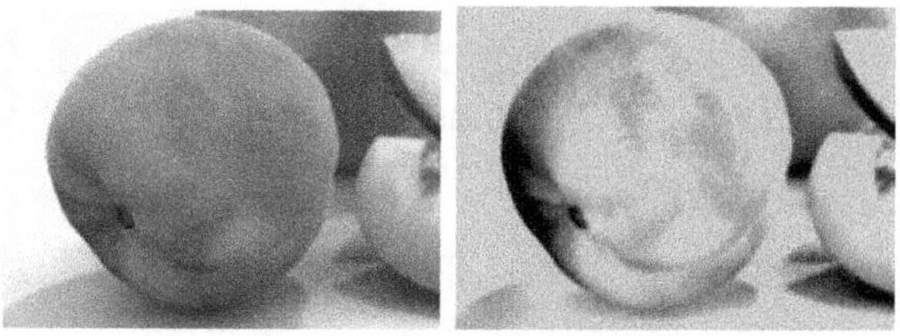

原图　　影印效果

图 20-42　影印效果

7. 水彩画纸

产生类似在纤维纸上的涂抹效果，并使颜色相互混合（见图 20-43）。参数如下。

纸纹长度：设置纸张湿润的程度及笔画的长度。

8. 粉笔和炭笔

创建类似炭笔素描的效果。粉笔绘制图像背景，炭笔线条勾画暗区。粉笔绘制区应用背景色，炭笔绘制区应用前景色（见图 20-44）。参数如下。

粉笔区：设置粉笔的深浅程度。

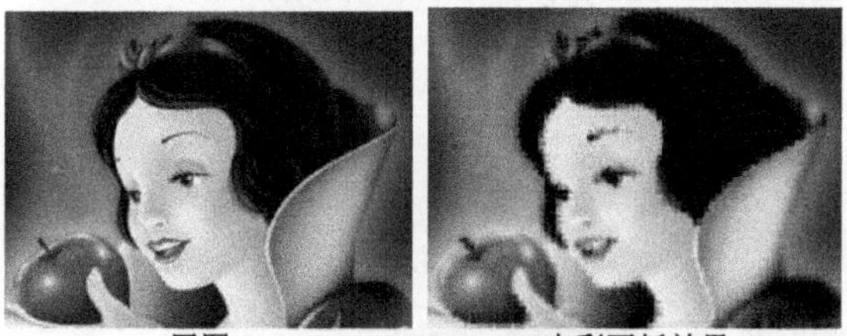

原图　　水彩画纸效果

图 20-43　水彩画纸效果

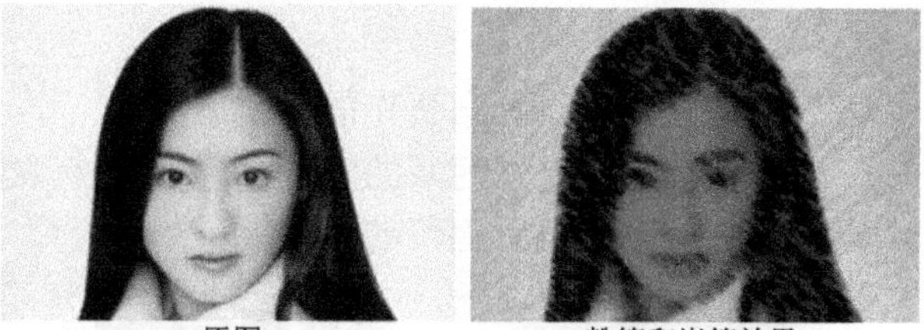

原图　　粉笔和炭笔效果

图 20-44　粉笔和炭笔效果

20.3.7　纹理类滤镜

使用纹理类滤镜可以向图像加入纹理，使图像产生深度感和质感。同时增强像素的对比度，使图像纹理产生加粗、夸张的效果。

1. 拼缀图

将图像分解为由若干方形图块组成的效果，就像建筑磁片拼贴一样，图块的颜色由该区域的主色决定（见图 20-45）。参数如下。

（1）平方大小：设置每个正方形拼块的大小。

（2）凸现：调整图块的突出效果。

2. 染色玻璃

染色玻璃滤镜可以使图像产生不规则的、分离的彩色玻璃格子的效果，每一格的颜色由该格的平均颜色来确定（见图 20-46）。

原图　　拼缀图效果

图 20-45　拼缀图效果

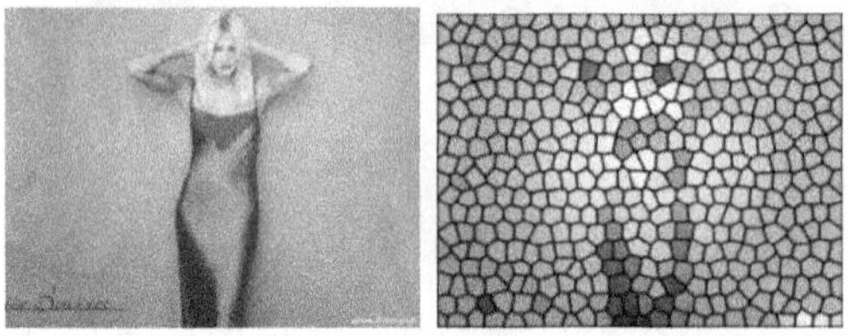

原图　　染色效果

图 20-46　染色玻璃效果

3. 纹理化

纹理化滤镜使图像产生多种纹理压纹效果（见图 20-47）。参数如下。

反相：反转纹理表面的亮色和暗色。

4. 颗粒

模拟不同的颗粒纹理添加到图像的效果（见图 20-48）。参数如下。

强度：设置颗粒的强度。

原图　　纹理化效果

图 20-47　纹理化效果

原图　　颗粒效果

图 20-48　颗粒效果

5. 马赛克拼贴

使图像看起来由方形的马赛克拼贴块组成，而且图像呈现出浮雕效果（见图 20-49）。参数如下。

（1）拼贴大小：设置马赛克的大小。

（2）缝隙宽度：设置泥浆的宽度。通常该参数值应小于拼贴大小的值。

（3）加亮缝隙：设置泥浆的亮度。

原图　　马赛克拼贴效果

图 20-49　马赛克拼贴效果

6. 龟裂缝

龟裂缝滤镜使图像产生凹凸的裂缝效果，见图 20-50。

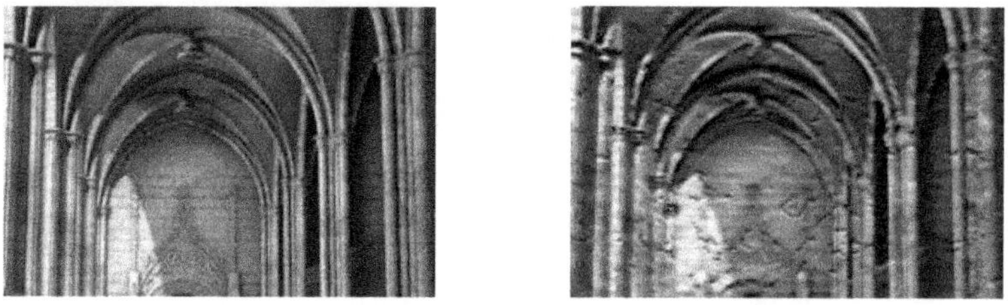

原图　　　　龟裂缝效果

图 20-50　龟裂缝效果

20.3.8　艺术效果类滤镜

艺术效果类滤镜主要提供模仿传统绘画手法的途径。对于 CMYK 或 Lab 等模式的图像，需要先转换成为 RGB 模式后，此类滤镜才有效，并且要求图像的图层不能全空。

1. 塑料包装

塑料包装滤镜使图像蒙上一层质感很强的塑料薄膜（见图 20-51）。参数如下。

高光强度：设置塑料包装效果中高亮度点的亮度。值越大，高亮度上产生的反光也越强。

2. 壁画

壁画滤镜使图像产生潮湿斑驳的、日久风化的古壁画的斑点效果，见图 20-52。

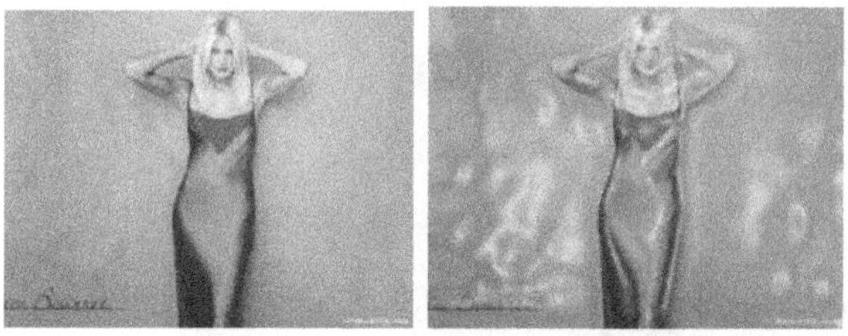

原图　　　　塑料包装效果

图 20-51　塑料包装效果

原图　　　　壁画效果

图 20-52　壁画效果

3. 干画笔

干画笔滤镜使图像产生一种介于油画和水彩画之间的效果，见图 20-53。

4. 霓虹灯光

霓虹灯光滤镜可以产生彩色氖光灯照射的效果，给人以虚幻、朦胧的感觉。图像的前景色与背景色都极大地影响着表现效果。见图 20-54。

原图　　　　干画笔效果

图 20-53　干画笔效果

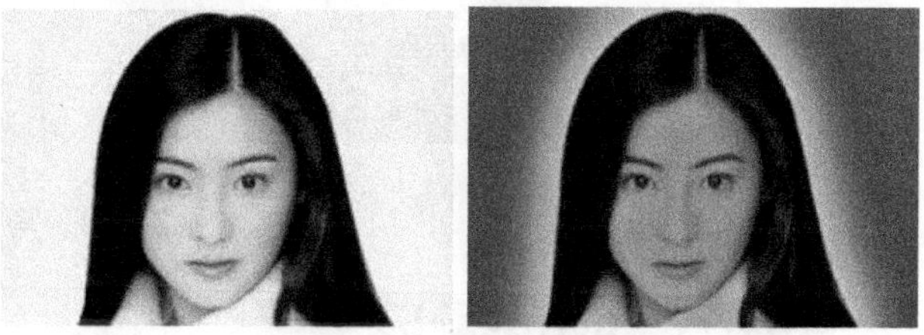

原图　　　　霓虹灯光效果

图 20-54　霓虹灯光效果

20.3.9　像素化滤镜

这类滤镜通过将颜色相近的像素结合为新的单元，对所选处理区域进行定义。利用这些滤镜可以将图像变为由指定的元素组成的图像，还可以将图像分块或平面化。

1. 彩块化

彩块化滤镜使图像中色彩相似的像素点组成色彩统一、大小和形状不同的色块而形成一种手绘的效果，见图 20-55。

2. 彩色半调

彩色半调滤镜使图像产生一种彩色半调加网印刷图像的效果，可将图像分成矩形栅格，然后向栅格内填充像素，产生铜板画的效果，见图 20-56。参数设置如下。

（1）最大半径：设置栅格的大小。

（2）网角（度）：设置屏蔽度数，共有 4 个通道，分别代表填入颜色之间的角度。

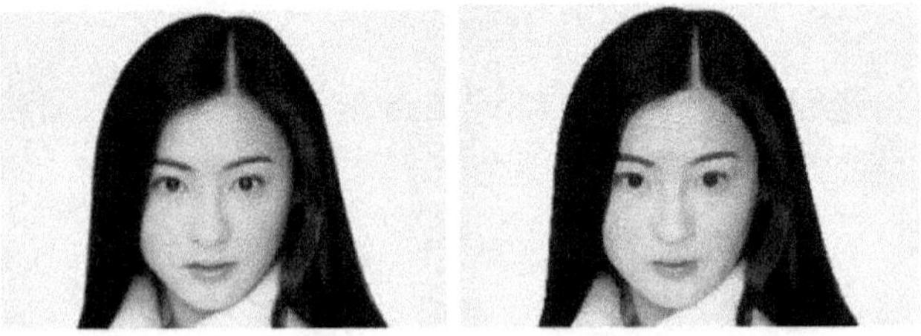

原图　　彩块化效果

图 20-55　彩块化效果

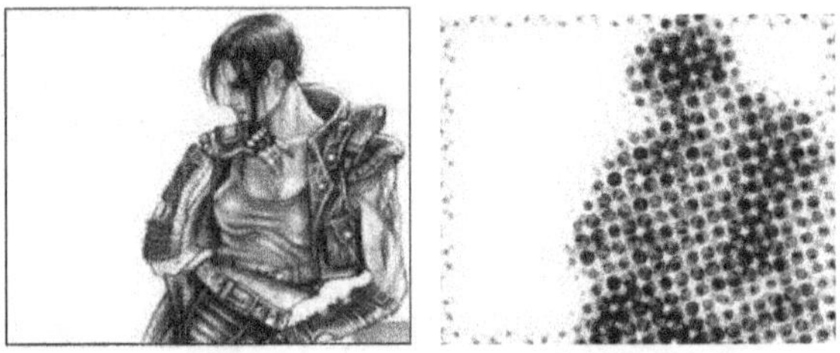

原图　　彩色半调效果

图 20-56　彩色半调效果

3. 晶格化

使用多边形纯色结块重新绘制图像，见图 20-57。

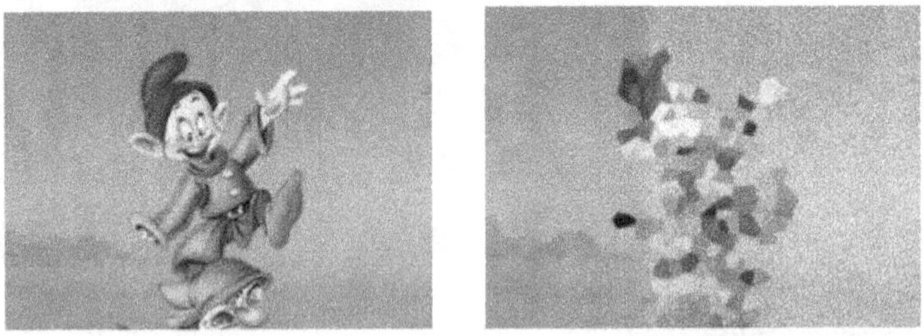

原图　　晶格化效果

图 20-57　晶格化效果

4. 马赛克

马赛克滤镜把具有相似色彩的像素进行统一，以更大的方块产生马赛克效果，见图 20-58。

原图　　马赛克效果

图 20-58　马赛克效果

20.3.10　锐化类滤镜

锐化类滤镜通过增强临近像素的对比度来消减图像的模糊度，使图像更加清晰。

1. USM 锐化

USM 锐化滤镜能在处理过程中使用模糊的遮罩，使图像边缘轮廓锐化，改善图像边缘的清晰度，见图 20-59。参数如下。

（1）数量：设置锐化的程度。值越大，锐化效果越显著。

（2）半径：设置图像轮廓周围被锐化的范围。

（3）阈值：设置参与锐化的相邻像素必须达到的最低差值。只有对比度差值高于比值的像素才会得到锐化效果。

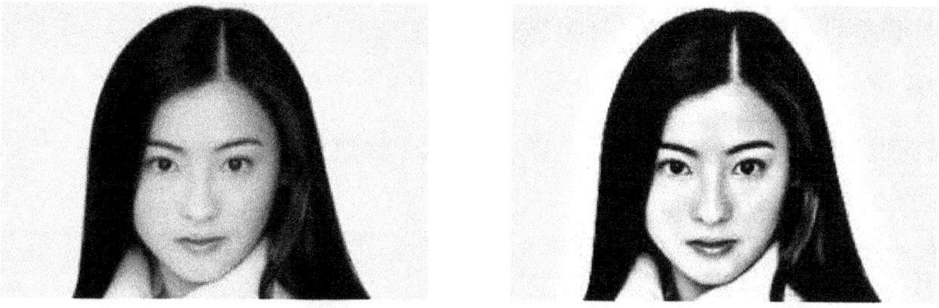

原图　　USM 锐化效果

图 20-59　USM 锐化效果

2. 进一步锐化和锐化

进一步锐化滤镜和锐化滤镜都是提高相邻像素点之间的对比度，使图像更加清晰，见图 20-60。

3. 锐化边缘

锐化边缘滤镜可锐化图像的轮廓，使不同颜色之间的分界明显，使图像更清晰，见图 20-61。

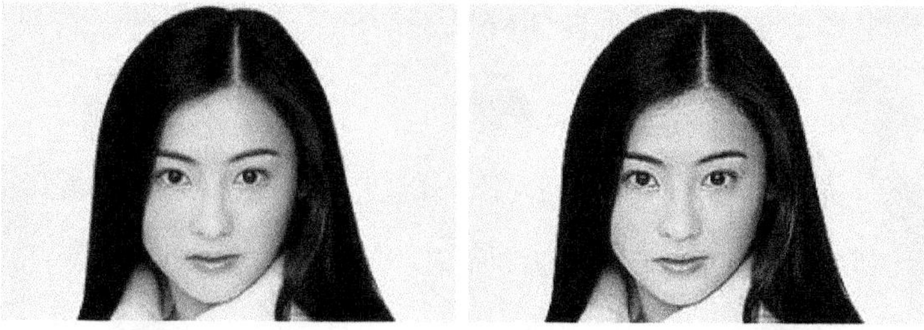

锐化效果　　进一步锐化效果

图 20-60　锐化和进一步锐化

锐化边缘效果

图 20-61　锐化边缘效果

20.3.11　风格化类滤镜

风格化滤镜通过置换像素并查找和提高图像的对比度，在区域上产生一种绘画作业或者使图像产生印象派及其他风格化作品的效果。

1. 凸出

将图像分割为指定的三维立方块或棱锥体，使图像产生立体感效果，见图 20-62。参数如下。

（1）立方体正面：勾选此项，则对立方体表面而不是对整个图案填充物体的平均色。此项必须在“类型”选项中选取“块”类型才有效。

（2）蒙版不完整块：勾选此项，则生成的图像中将不完全显示三维块。

原图　　块　　金字塔　　立方体正面

图 20-62　凸出效果

2．拼贴

将图像按指定的值分裂为若干个正方形的拼贴图块，并按设置的位移百分比的值进行随机偏移，见图 20-63。参数如下。

（1）拼贴数：设置图像中每行方块的数目。

（2）填充空白区域用：设置填充空白区域的方式。

3．浮雕效果

浮雕效果滤镜使图像产生浮雕效果，见图 20-64。参数如下。

数量：设置原图像颜色使用的百分比。

原图　　拼贴效果

图 20-63　拼贴效果

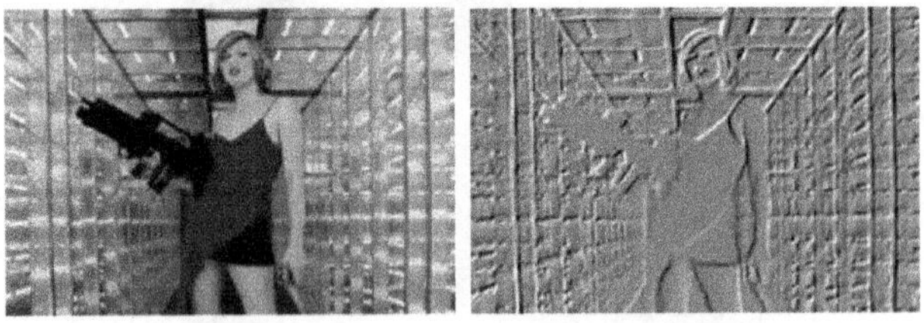

原图　　浮雕效果

图 20-64　浮雕效果的效果

4．风

风滤镜使图像产生一些水平线，产生风吹的效果，见图 20-65。

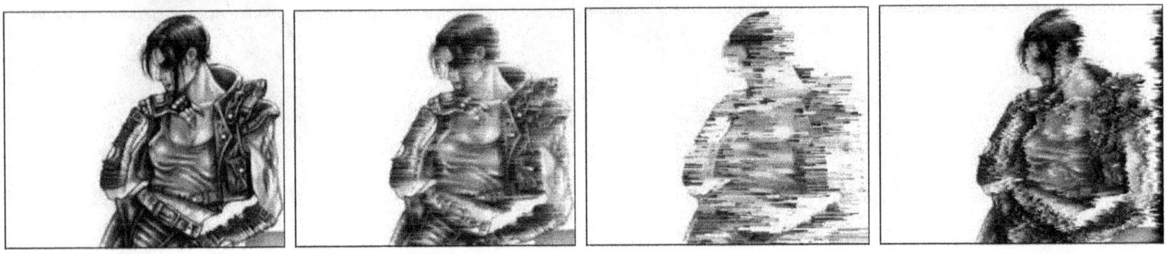

原图　　风效果　　大风效果　　飓风效果

图 20-65　风效果

20.4　本章小结

本章介绍了 Photoshop 中具有代表性的功能之一——滤镜，它可以为图像处理增添丰富的奇妙效果。读者应掌握滤镜的基本编辑方法，如图像的抽取、液化等；了解传统滤镜的种类并会灵活地使用。

习题

1．什么是液化？

2．滤镜的种类有哪些？